belle vue

人生風景・全球視野・獨到觀點・深度探索

belle vue 45

別理假訊息，擁抱真科學

從疫苗施打、新藥開發、成癮問題、毒品合法化，到憂鬱症、安樂死、氣候變遷、科技發展，15個當今人類面臨最大挑戰的科學解決方案

作　　者　路克・歐尼爾（Luke O'Neill）
譯　　者　甘錫安
總 編 輯　曹　慧
主　　編　曹　慧
編輯協力　陳以音
封面設計　Bianco Tsai
內頁排版　思　思
行銷企畫　林芳如
出　　版　奇光出版／遠足文化事業股份有限公司
　　　　　E-mail：lumieres@bookrep.com.tw
　　　　　粉絲團：https://www.facebook.com/lumierespublishing
發　　行　遠足文化事業股份有限公司（讀書共和國出版集團）
　　　　　http://www.bookrep.com.tw
　　　　　23141新北市新店區民權路108-2號9樓
　　　　　電話：(02) 22181417
　　　　　郵撥帳號：19504465 戶名：遠足文化事業股份有限公司
法律顧問　華洋法律事務所 蘇文生律師
印　　製　成陽印刷股份有限公司
初版一刷　2023年11月
定　　價　440元
I S B N　978-626-7221-38-9　書號：1LBV0045
　　　　　978-626-7221402（EPUB）
　　　　　978-626-7221396（PDF）

歡迎團體訂購，另有優惠，請洽業務部（02）22181417分機1124、1135
特別聲明：有關本書中的言論內容，不代表本公司/出版集團之立場與意見，文責由作者自行承擔

國家圖書館出版品預行編目資料

別理假訊息，擁抱真科學：從疫苗施打、新藥開發、成癮問題、毒品合法化，到憂鬱症、安樂死、氣候變遷、科技發展，15個當今人類面臨最大挑戰的科學解決方案 / 路克.歐尼爾（Luke O'Neill）著；甘錫安譯. -- 初版. -- 新北市：奇光出版, 遠足文化事業股份有限公司, 2023.11

面；　公分

譯自：Never mind the b#ll*cks, here's the science : a scientist's guide to the biggest challenges facing our species today

ISBN 978-626-7221-38-9（平裝）

1. CST: 科學

300　　112016839

線上讀者回函

Never Mind the B#ll*cks,
Here's the
Science

別理**假訊息，**
擁抱**真科學**

愛爾蘭免疫學家暨英國皇家學會院士

Luke O'Neill

路克・歐尼爾——著　甘錫安——譯

Contents

獻給我姊姊海倫，她一生都在照顧孤獨的人。

前言

「人生沒什麼事需要害怕，
只需要理解。
現在開始增加理解，
就能減少害怕。」
——居禮夫人（Maria Sk odowska Curie）

歡迎收看《別理假訊息，擁抱真科學》。各位從書名就能看出這本書的主要內容。這本書講的是目前人類面臨的幾個重大議題背後的科學知識。這些議題包括掌控人生、施打疫苗、飲食法、心理健康、成癮、毒品合法化、種族主義、性別平權、狗屁工作、氣候變遷、安樂死和未來進展等，我覺得這些議題很有趣，希望也能吸引各位讀者。我運用自己接受過的科學訓練，探討這些議題的相關科學知識。借用麥特·戴蒙在《絕地救援》（*The Martian*）的名言，我「用科學解決這些鬼東西」。又是假訊息又是鬼東西？這兩個都不是什麼好詞，尤其是在科學書裡面！

科學的可貴之處就在於它以得自實驗的資料和由不同科學家分別審查和重現的數據為依據。科學家彼此競爭，也酷愛科學競爭，彼此合作時則是所向無敵。最優秀的科學家都想得知事實。科學是假訊息的解藥，所以現在我們更加需要科學。我們都對新冠肺炎的流行感到十分震驚。這次疫情凸顯出我們比以往更需要科學知識，我也準備藉由這種危害極大的病毒探討好幾個問題，目標是以科學當成唯一依據，盡可能發掘隱藏在這些問題中的事實。

科學家都是懷疑論者，所以會互相爭論。最近我讀到取自一九二四年麻省理工學院《科技工程新聞》（*Tech Engineering News*）的一句名言（從這裡就可以知道我有多麼多疑，我還跑去查以前的MIT通訊）。這句話是「曾經接受科學訓練的重要特徵是探究因果關係的能力。這類人不會滿足於知識和事實有什麼用途，而會追問原因。他們永遠處於不安、躁動和煩惱的狀態。此外，這類人天生喜歡、也很想知道「為什麼」。不安、躁動和煩惱？聽起來還不錯對吧？但因此形成了一件很重要的事情。科學家非常執著於探究因果關係。用另外一種方式來說，就是判定相關與因果之間的關聯。疫苗與疾病相關，而且能預防疾病。飲食法與減重相關，而且可能帶來減重效果。抗憂鬱劑與改善心理健康相關，而且是心理健康改善的原因。遺傳變異與犯罪行為相關，而且可能造成犯罪行為。身為女性與深富同理心相關，而且是同理心豐富的原因。人類行為與全球暖化相關，而且是全球暖化的原因。

相關與因果問題在科學中十分重要。我們或許能確定一件事與另一件事之間相關，但相關不代表兩者間有因果關係。舉例來說，吸菸和癌症之間相關。有很長一段時間，菸草公司宣稱兩者僅止於相關。但後來科學證據顯然沒有否認餘地：吸菸導致癌症。這個結論可以藉助嚴謹的統計數字及提出致病機制來證明。以吸菸這個例子而言，致病機制是菸草煙中的化學物質導致生成蛋白質的基因發生變異，進而導致癌症。吸菸導致癌症起自一九五三年科學家指出，小鼠身上塗抹菸草焦油後出現腫瘤。許多研究證實這個觀察結果並加以擴展，提出關聯機制，大勢就此底定。這使菸草公司大感驚慌，因此在紐約的廣場飯店祕密開會，開始洗白宣傳行動，這次會議後來稱為「史上最令人驚奇的企業騙局」[1]。

相關與因果之間的關係往往十分錯綜複雜，還有個例子是某項研究指出，新生兒數目與在附近築巢的送子鳥數目相關[2]。這個例子的用意是說明我們不應該直接做出結論。研究人員發現兩者相關，而且這個相關通過嚴謹的統計測試。這代表嬰兒是送子鳥送來的，對嗎？沒這麼快。仔細檢視將會發現，這個相關的形成原因是送子鳥通常在較大的村莊附近築巢（因為可供牠們築巢的煙囪較多），所以新生兒數目也會較多。因此即使兩者之間相關，也不代表嬰兒是送子鳥送來的。兩者間的相關其實源自村莊規模，村莊越大，煙囪越多，煙囪越多，送子鳥越多，但新生兒也越多。要證明嬰兒是送子鳥送來的說法，最終依據應該是機制，機制的功能是說明相關如何形成：科學家觀察到嬰兒確實是送子鳥送來的。世事很難說的，身為科學家，我必須對各種可能抱持開放甚至鼓勵的態度。最傑出的科學家常有點瘋狂，因為他們往往會橫向思考。甚至有一項研究指出英國的狂牛症發生地點和脫歐贊成者的居住地點相關[3]。這個說法相當諷刺，我們科學家笑了很久。但有時候我們又覺得……

大眾不一定希望科學家是懷疑論者，他們希望的是科學家依據手上的證據堅持到底。傳聞和草率決定是科學的大敵，科學需要的是實驗、資料、統計數字和經過深思熟慮的回應。可惜的是，這些準則往往不符合政治人物或媒體編輯的標準，甚至也和科學期刊編輯不合，而科學期刊往往是問題的起點。川普支持新冠肺炎藥物羥氯奎寧（hydroxychloroquine），正是政治遇上科學往往導致可怕後果的例證。川普因為政治上的理由，希望獲得治療新冠肺炎的特效藥。他說羥氯奎寧能治療新冠肺炎的證據「非常好」又「強而有力」。他還說：「我們會有什麼損失嗎？」美國醫學會主席派翠西亞．哈利斯博士（Patricia Harris）回應：「會失去你的生命。」羥氯奎寧可能傷害心臟，而且從來沒有針對可能造成心臟損傷的新冠肺炎進行過測試，因此用它來治療類風溼性關節炎等疾病時儘管相當安全，醫師對用它治療新冠肺炎仍然十分謹慎。川普執政時的白宮新冠肺炎特別小組主要成員，著名免疫學家安東尼．佛奇博士（Anthony Fauci）表示：「資料最多只能算具有參考價值。就科學上說來，我認為我們不能說它確實有效。」讀者支持哪一方？對科學家而言，重要的只有一件事：資料的地位必須高於政治。

深思熟慮是科學的關鍵，能協助我們認清事實何在，而不是單憑直覺認定。容易受假新聞影響的原因是懶得思考（讀者應該聽過老師這麼說，對吧？），而不是本身的偏見。

這本書大多數主題都很嚴肅。如果做出錯誤決定，就可能毀滅地球，或是害死臨床試驗的參與者。在這些議題上，科學如何協助我們做出正確的決定？書中的每一章是一個問題，我將以資料及（或）實驗協助我們探討這些問題（科學最愛這兩樣東西）。我盡力為讀者提供明確證據來支持最後提出的結論。讀者可能會想自己查證這些事實，這沒問題。我也可能有疏漏之處。讀者可以指正，但也請提出證據，科學研究就是這樣。現在，大眾必須比以往更相信科學和科學家，而不是相信路上看到的廣告。

我在每一章的開頭引用我喜愛的藝術家、作家或喜劇演員的一句話，帶出這一章的主題。而在每一章的結尾提出我自己的結論。結論是每一章的精華，所以讀者可以偷懶直接看這些結論，當然也可以認真仔細閱讀內文，了解我提出這些結論的科學過程。

希望這本書能協助讀者深思熟慮這些重要議題。如果這些議題對讀者特別重要，也希望讀者對自己的生活感到樂觀。我希望讀者對這些議題感到更放心，當然不見得是全然放心，因為我們本來就會擔憂，這是人類的天性。希望大家能從科學獲得啟發。我們必須透過對話和質疑才能不斷進步。此外我也希望讀者對未來感到樂觀。我們將邁向這個未來，與科學這個真正的朋友一同前進。

所以，讀者請抱持樂觀的心情，科學界人士請一起再次宣告身為科學家的誓詞，如果曾經違反誓詞（這不用不好意思），也會想起來科學為何重要。兩者都不是，我更加歡迎。我們可以一起探討這些極為重要的問題，讀者也將了解為什麼人人都應該當個科學家：隨時提出疑問，總是想著解決問題，最後把不了解的事情弄清楚。

1 我們憑什麼認為自己掌控生活？
What makes you think you've control over your life?

「我們依靠自動導航生活，最後有了房子、家庭、工作和一切，但我們從未真正問自己：『我怎麼變成現在這樣的？』」

——英國音樂家大衛．拜恩（David Byrne）談他的歌曲〈一去不復返〉（Once in a Lifetime）

讀者可能認為讀這本書是自己的選擇，可能認為自己是自由的。我們在人生中權衡各種選擇，決定要怎麼做。我要支持哪個足球隊？我要從事什麼職業？我要不要結婚？要不要生小孩？我要不要放棄學業，戴上鼻環，告訴自己絕對不要買割草機？

從表面上看來，我們在人生中好像能掌握自己的命運。但如果我們深入探究，會發現事情似乎不是那麼單純。舉例來說，我們腦中可能有寄生蟲控制我們的行為。此外如果陰謀論者的說法可以相信的話，我們從小就受到控制，讓我們成為具生產力的納稅公民。當然，我們也被社群媒體玩弄，但我們自己也知道，對吧？事實上，掌控我們人生的不是恆星，而是沒有溫度又不會思考的宇宙隨機統計波動，也可能是Google。很令人振奮吧？看看新冠肺炎的狀況。這一堆隨機統計波動破壞了我們許多計畫。但現在還不算太遲，我們將會打贏對抗它的戰爭，重新掌握人生，獲得真正的自由，對吧？

自由意志是西方文明的重要概念，它的定義是不受阻礙地在不同方案間任意選擇的能力。許多哲學家爭論這個問題時感到困惑不已。就某些方面而言，它可說是哲學的核心問題[1]。有些當代哲學家沮喪地抱怨，這個議題幾百年來進展非常少。許多哲學家甚至喪失了進一步探討這個問題的（自由）意志。我們對自由都有強烈的感受，它讓我們直覺地相信自己擁有自由意志。史賓諾沙認為我們能意識到自己的行動（並將它詮釋為自由意志），但無法意識到決定這些行動的原因。此外，如果我們的所有遭遇取決於先前的狀況，那麼我們的未來就能精準地預測——但我們無法控制自己的未來。一切是否早已注定？讀者了解我說哲學家為此而困惑不已的意思嗎？

我們如果生長在穩定的家庭，雙親有專業工作，如果我們被送進某種類型的學校，接著進入有名的大學，這些先決條件很可能會使我們擁有專業工作，並且過著由生長環境事先決定的生活。如果我們生在美國阿米許人（Amish）這類規定非常嚴格的宗教族群，那我們長大後的生活也會遵守這些規定。我們會和阿米許人結婚，不會擁有汽車，一般說來沒有自由意志。有些宗教相信我們生活在已經決定或命定的世界，所有事件早已事先決定。路德會信徒相信基督徒的人生已經決定，對追尋上帝的人而言，死後的救贖也早已決定。喀爾文教派信徒的看法比較極端，他們認為上帝早在創造地球之前就已經選好要拯救哪些人。沒被選上只能說運氣不好，即使一生不犯過錯，還是不會得救。

德國哲學家尼采，眾多叛逆青少年心目中的英雄，就完全不相信自由意志，而且從他的作品看來，他對這個問題的相關學說如此之多，感到相當惱火[2]。他把自由意志歸因於（男）人的自尊（他很少討論到女性）。他說自由意志這個概念「愚蠢透頂」。即使他宣告「上帝已死」，但他還是曾經提到自由意志使上帝（如果存在的話）得以在人類犯錯時免於負責：如果人類是自由的，那麼人類犯罪時，上帝就可以判人類有罪。尼采也十分喜愛機率。他認為我們的遭遇大多受機率掌控，而不是由我們自己決定。他的重要論點之一是「如果人類和上帝都希望好事發生，為什麼世界上經常發生壞事？」這個問題後來促使他提出疑問：「意志的自由」何在？我們為什麼沒有靠它做更多事呢？

因此科學也加入戰局。物理學家最重視自然定律，自然界中的一切都能依據定律加以預測。只要知道規則，所有後續事件應該都能依據最基本的原理完全預測到，連與人類有關的事件也一樣，這是牛頓的重要看法之一。只要知道先前的狀況，我們就能藉助科學預測未來。如果我們以已知的力發射出一枚已知重量的砲彈，藉由公式就可以預測砲彈發射後會掉在哪裡。許多人因為這類（通常運用數學）預測未來的能力而推崇科學。但有個問題是在鬼魅般的量子世界中，預測只能依據機率。這點與事物已經事先決定的概念彼此抵觸。有些哲學家提出，量子世界和自由意志有某種纏結，但要解釋這點已經遠超出我的能力。有些物理學家相信有平行宇宙，每個決定都會生成兩個不同的宇宙[3]。所以有什麼好擔心？我們都有好多個不同的人生。

神經科學家研究人類做出決定及採取行動的依據，最後一致認為——猜猜看結果是什麼？——自由意志根本不存在[4]。神經科學家班哲明・李貝特（Benjamin Libet）於一九八〇年代進行的實驗可以說明這個結論[5]。他要受測者任意選擇時間動手腕，同時測量受試者的腦部電活動。具體說來，他測量的是準備電位（readiness potential），也就是隨意肌運動前的腦部活動。我們知道準備電位可預測後續的身體活動（在這個例子中是動手腕）。李貝特想知道我們是否能記錄到動作意圖之前的這類活動。他請受試者記下自己覺得即將動作（也就是意識到自己即將做出的動作）的時間，發現腦部活動比即將做出動作的意識認知更早，也就是我們的腦部決定做出動作之後，動作的意圖宣告才會發生，但我們不知道這點。我們以為是自己決定要動手腕（行使本身的自由意志），但其實動作由潛意識控制。這類潛意識控制如何擴大到其他行為還不清楚，而且這個實驗的設計和詮釋雖然都頗具爭議性，仍然是個優秀的實驗。

李貝特的實驗是否也適用於社會參與？假設我們在酒吧，對某個人的外型有興趣，於是去跟這個人聊天。我們認為是自己決定要去聊天，進一步認識對方，但其實我們的腦部只有發送準備電位。因此做決定的不是我們自己，而是我們的腦部。這是神經科學領域的熱門研究主題，而且因為某些實驗的設計問題，所以還沒有定論[6]。

我們成年之後投入許多時間做自己不見得想做的工作，浪費許多錢買我們不見得需要的東西。即使知道世界上有一半的人在挨餓，我們還是吃得太多。如果自由意志確實存在，我們應該會做出更好的決定吧？我們做決定的過程受錯綜複雜的外在事件和內在世界掌控。這類影響相當多，包括人類不斷演變的天性、遺傳、荷爾蒙、我們的成長過程，以及我們接觸的各種事物，甚至我們最近是否吃過東西。瑞典一項研究指出，消化系統在胃部清空時製造的飢餓素（ghrelin）將使大鼠變得格外衝動[7]。其他研究也指出，我們飢餓時比較容易做出能帶來立即滿足的決定，而不會權衡狀況並依據長期效益做出決定[8]。我們或許認為「我運用自由意志做出這個決定」，但其實是因為我們很餓，飢餓素促使我們改變行為。

心理學家建議，做決定前應該記住幾件事。第一是先思考一下，這樣可以提供其他觀點。第二是不要在感到難以支持或疲憊時做決定，這類感覺通常會導致我們做出日後會後悔的決定。第三，最好在吃飽之後做決定[9]。愛爾蘭有句俗話說「男人一定要問過女人之後再做決定」，另一種說法是「一定要問過科學家之後再做決定」。我太太瑪格麗特是傑出的生化學家，我經常問她科學問題（我很聰明吧？）。科學通常以統計數字、可查證的來源和由證據得出的結論釐清問題，以便做出決定。相比之下，政治人物往往只會在公車車身上寫口號。

所以即使我們決定採取動作時，這個決定也可能受我們的飢餓或疲倦程度所操控。

但如果是體內有寄生蟲控制我們呢？弓形蟲（*Toxoplasma gondii*）是常見的貓類寄生蟲[10]，微生物學家對它極感興趣。弓形蟲能寄生在全世界許多動物的腦部，包括人類，但只有寄生在貓身上時會進入有性時期。對弓形蟲而言，貓就是愛情賓館。人類或動物如果被弓形蟲寄生（經由貓的排泄物或吃下遭到寄生的動物），弓形蟲就會以潛伏的胞囊形式寄生在宿主體內一輩子，腦部、心臟和肌肉都會出現這類胞囊。老鼠被弓形蟲寄生後，就會出現怪事：牠們的行為將大幅改變，變得更加輕率魯莽，而且反而會受貓的氣味吸引，最後的結果當然對老鼠非常不利。這是貓、老鼠和弓形蟲三個物種間複雜的相互作用，達爾文應該會很喜歡這個例子。寄生蟲改變老鼠的行為，以便於寄生到貓身上，同時為貓提供可口的點心。

人類被弓形蟲寄生後比較容易出現突發攻

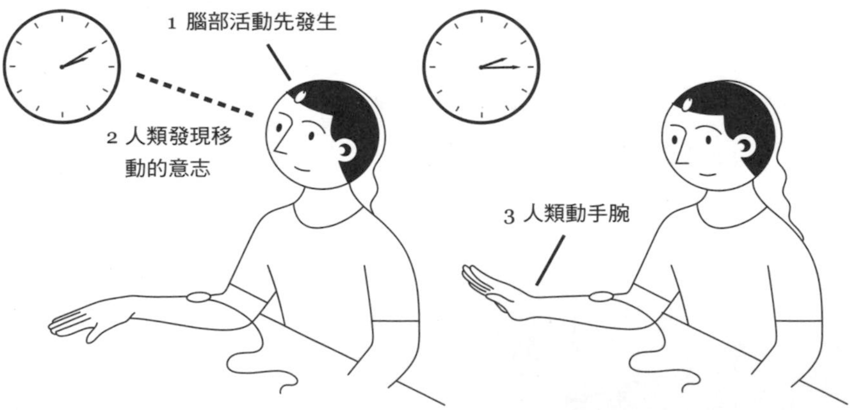

1 腦部活動先發生
2 人類發現移動的意志
3 人類動手腕

▲ 李貝特的自由意志實驗。人類腦部先發生活動，後來才意識到自己即將行動。

擊行為[11]，體內潛伏寄生蟲時在認知測驗中表現也較好[12]。各個國家的感染程度也不同：愛爾蘭人感染率大約是七％，巴西人則高達六十七％[13]——巴西人是不是因為這樣所以比較急躁？男性和女性對感染的反應也不一樣：男性會變得不怕風險但比較固執，女性則變得比較開朗外向[14]。不過同樣地，我們或許認為自己依據自由意志行動，但其實是腦中寄生蟲的傀儡。

人類也可能是統計機率主宰世界中的傀儡。我們遭遇某些事時，通常會說：「這件事發生的機率是多少？」我們經常對影響人生的巧合或顯然偶發的事件驚奇不已。「如果我沒有拿起電車上的報紙，看到關於這個工作的報導，我就不會應徵。」或是「如果我沒有參加那次派對，就不會遇到後來的結婚對象。」我們沒有選擇的那條路可能通往完全不同的結果，但這些事情還是有機會發生，而且或許沒有我們想的那麼無法預測。

我們對巧合感到驚奇大多出自對機率理解不足。我們碰到生日和自己相同的人，或許會說：「哇，這真是太巧了！」發生這類狀況的機率是三百六十五分之一。有個數學問題相當有趣：房間裡有多少人時，其中任兩人生日相同的機率會達到二分之一以上？答案是二十三個人[15]，看起來其實不多。不過全世界有七十億人，以這麼大的樣本數而言，極度不可能的事情果真發生的機率其實相當大。如果有很多人買某一期樂透，會有一個人中獎，這沒什麼好驚奇，真正需要驚奇的只有中獎的那個人。

維奧萊特・傑索普（Violet Jessop）的遭遇十分奇特。她經歷三次著名的沉船事件都存活下來[16]。一九一一年，「奧林匹克號」撞上英國海軍「霍克號」沉沒時，維奧萊特在奧林匹克號上。第二年，也就是一九一二年，她在「鐵達尼號」沉沒時被救起。接著在一九一六年，她又在「不列顛號」沉沒時被救起。怎麼會這樣？一名女性歷經三次著名海難的機率應該相當小吧？的確很小，但其實她是在白星航運（White Star Line）服務的護理師，而且是被派上這三艘船工作。

這些例子指出，我們遭遇的一切都出於機率，所以只要放輕鬆接受它就好。出門去買樂透，或者為了認識新朋友而加入社團，或許真的能改變命運。這兩者似乎都是我們表達自己的自由意志，但其實並非如此。我們買樂透是因為廣告以我們為目標，讓我們認為自己可能有機會中獎，而且我們有閒錢可買。選擇買樂透其實不受我們自己控制。我們買樂透的興趣可能部分源自從雙親繼承來的成癮性人格。事實上，成癮有時也被視為自由意志的證據，因為它奪走了我們選擇不吸食某種毒品的能力。然而另一種觀點是成癮者是每天都做出選擇，逃避戒斷的痛苦及選擇毒品的愉悅。我們可能會在新社團中交到新朋友，但原因很可能是我們認識了想法類似的人。我們對社團的興趣可能早在童年時期就已經決定，我們必然會加入這個社團，原因是生活史促使我們這麼做。

除了隨機事件（有一定的發生機率）和我們依據生活史、基因組成，甚至身上的寄生蟲所做出的決定之外，我們的生活還受什麼因素控制？想想看我們平常的一天。我們（睡足七小時後）起床，選擇要吃什麼（以纖維素為主的玉米片加枸杞），選擇要穿什麼（今天有重要會議，所以要穿整齊的套裝），上班前先去健身房（因為我們看過文章說這樣可以增進工作效率，而且健身手環要我們這麼做），接著上班（為了賺錢和自我實現），回家之前跟朋友喝杯葡萄酒（只喝一杯），接著追看《權力遊戲》（*Game of Thrones*）釋放壓力。我們一整天都在做決定，但我們做出這些決定的依據是什麼？許多人的依據是自己看到或聽到的推薦。當然我們可以不用理會這些建議，但大多數人會聽從，至少大多數時候是如此。如果願意的話，我們可以依照數字生活[17]：專家告訴我們每天要吃五蔬果，如果沒有，各種可怕的事情就會上身。專家告訴我們，女性每星期飲酒不能超過十四單位，男性是二十一單位。專家告訴我們每天晚上至少要睡七小時。我們每星期必須運動五次、每次運動三十分鐘。這些數字都有充分的科學證據，證明對我們非常有益。遵守這些數字有其道理。許多人試圖遵守這些數字，但通常最後還是故態復萌。如果外星人觀察人類的這些健康活動，最後應該會斷定人類不懂得行使自由意志，而是受某種地位更高的指令指揮。

小孩以某種方式養育，長大後就會具有某些特質，這些特質和他們運用自由意志做出的決定同樣受養育主導。當然，許多宗教的核心概念就是這個想法。亞里斯多德曾經說過：「讓我把一個小孩養到七歲，就能知道長大後是什麼樣子。」（創立耶穌會的聖依納爵．羅耀拉（St. Ignatius Loyola）剽竊了這句話。）這樣長大的成人很可能認為自己做的決定都是自主的，但其實早就已經注定。有一項研究以全美各地七百名年齡介於幼兒園和二十五歲之間的人為對象，發現兒童的社交能力與二十年後的成功程度有關[18]。不需要提醒就能與同儕合作和懂得協助他人的兒童，二十五歲時取得大學學位的比率比社交能力有限的兒童高出許多。這項研究指出，協助兒童發展情緒和社交能力是未來成功的關鍵。另一項研究則指出，職業婦女的女兒與全職主婦的女兒相比之下學歷較高，擔任管理職位且收入更多的比率也較高，高出二十三％之多[19]。職業婦女的兒子投入家務以及長大後照顧小孩的時間也較多。一項可以稱之為「完全廢話」的研究指出，雙親的收入越高，小孩的學業表現越好，尤其是標準化入學測驗的ＳＡＴ分數，想進大學的學生都必須接受這個測驗[20]。另一個取得大學學位的重要預測參考是幼年時來自雙親的鼓勵，這個效果稱為畢馬龍效應（Pygmalion effect），也就是一個人對另一個人的期望往往會成為自證預言[21]。

廣告公司利用童年影響塑造成人的選擇來獲利。美國有數項研究指出，七歲以下的兒童接觸速食或含糖飲料廣告後，容易養成攝取這類食物的習慣，而且很難打破。如果給三到五歲兒童內容相同但包裝不同的食物，他們會認為用麥當勞紙張包裝的食物比較好吃[22]。世界衛生組織（ＷＨＯ）表示，食品大廠利用法規漏洞，透過YouTube和Facebook廣告向兒童廣告速食[23]。近年英國一項研究發現，十六歲以下的人有七十五％曾經在社群媒體上看過這類廣告[24]。這個問題相當嚴重，ＷＨＯ也斷定有明確證據指出，童年時接觸速食和含糖飲料，是目前肥胖盛行的主要原因[25]。在英國，高油高糖產品只能在成人觀眾比例超過七十五％以上的時段播放[26]。近來愛爾蘭一項民調也指出有七十一％的民眾支持完全禁止針對兒童播放速食廣告[27]。此外也有明確證據證明，針對兒童進行的速食行銷與兒童肥胖有因果關係。有一位曾是廣告公司主管，後來致力於禁絕速食廣告的人士指出「垃圾食物廣告已經成了怪獸，操縱兒童的情緒和選擇」[28]。到目前為止，愛爾蘭還沒有規範垃圾食物廣告的法規。更糟的是，攝取油脂和糖往往會導致衝動程度提高等行為改變[29]，可能使我們做出更多糟糕的決定。

管制廣告商的戰爭已經擴大到社群媒體，也就是前面提到的「地位更高的指令」。社群媒體出現的時間較晚，但對我們生活造成的影響越來越大。壓倒性的證據是我們已經把生活控制權交給用來觀看社群媒體網站的機器。智慧型手機正悄悄深入我們的生活和意識。手機對睡眠破壞程度相當大。同樣地，我們看似能控制它（只要關掉就好），但許多人已經對iPhone成癮，時不時就看手機，連睡著時也不例外。青少年表示夜間會看手機兩次的比例高達四十％[30]。這樣當然嚴重破壞睡眠，造成焦慮症和憂鬱症風險等各種負面影響。社群媒體對我們施加的各種控制方法中，最狡詐的就是廣告。Facebook和Google等公司的商業模式簡直可說明目張膽，而且非常賺錢。這些公司蒐集使用者的資料，賣給廣告公司，廣告公司再用這些資料抓出類型相同的消費者。這是廣告公司最想做到的事：針對適當的人做廣告。這應該不是壞事對吧？我們會看到真正想看到的廣告，購買真正想買的產品。但其實不是這樣。許多證據指出廣告公司能判定我們的一切，甚至包括我們不希望別人知道的事（例如喜歡義大利菜，因為我們每個星期五晚上都在網路上點披薩）。

我們無意中在社群媒體透露了許多關於自己的事，包括人格特質和政治傾向等。近來一項研究觀察Facebook使用者按的「讚」，並以此把人分成「外向」或「內向」兩類[31]。廣告就能針對這兩類人量身訂做。舉例來說，美容產品公司傳送給內向者的廣告文案可能是「美不是永遠站在前面」，而給外向者的文案則可能是「愛聚光燈及感受瞬間」。這次行銷活動觸及三百五十萬使用者，吸引一萬三百四十六次點擊，最後共成交三百九十次。接觸到依據人格類型量身訂做的廣告時，觀看者購買的比率是平常的一·五四倍。這種技術稱為「心理大眾說服」。美容產品的銷售還算好，如果它針對有賭博成癮風險的人發送賭博廣告呢？或者假如我們是俄羅斯特務，想利用發送廣告或訊息給可能的支持者，藉以造成動亂呢？我們不清楚該怎麼處理這些狀況。我們一旦透露自己是什麼樣的人（這就是社群媒體的主要功能），就很可能遭到利用。

談到民主時，這個問題格外重要。許多人指控俄羅斯情報機構在二〇一六年美國總統大選時透過社群媒體操縱美國選民，劍橋分析公司也參與影響美國大選。劍橋分析公司是英國的顧問公司，結合資料分析（大多取自社群媒體）和選舉過程中的策略傳播。這家公司收了川普競選團隊五百萬英鎊，協助他們針對搖擺選民發送文宣[32]。劍橋分析公司的網站宣稱「我們蒐集了二億二千萬美國人的資料，每個人的資料多達五千項，使用一百多個資料變數建立目標受眾分組模型，預測想法相同的民眾的行為」。此外還有證據指出，劍橋分析公司確實曾在二〇一六年脫歐公投前為脫歐運動和UKIP工作。還有人指出劍橋分析公司未經同意取得數百萬Facebook用戶的資料，並使用這些資訊發送支持英國脫歐的廣告[33]。臉書後來因為這個資料醜聞事件而被罰款五十億美元，罪名是未充分保護使用者[34]。這次爭議導致劍橋分析公司於二〇一八年結束。他們的做法其實是政治團體以數位政治活動當成重要戰略時越來越常見的趨勢：把十分細緻的訊息發送給選民。劍橋分析公司並非始作俑者，歐巴馬和希拉蕊其實也找過行為分析公司。但最大的問題是這麼做有沒有用？世界級網路安全專家賽門・摩爾斯（Simon Moores）認為，運用大數據分析進行的行為模型已經越過反曲點。他說我們可以「預料到未來將是歐威爾、卡夫卡和赫胥黎三人分庭抗禮」[35]。當我們走進圈票處時，會不會完全不是依據自由意志投票？

我們看到類似劍橋分析公司的報導時，忍不住思考我們對自己的生活究竟掌控了多少。我們似乎已經被演算法操控。全世界iPhone使用者，聯合起來！你們除了手機以外已經失去一切了。你們可以改用網頁式服務來避免遭到資料採礦，脫離他們的掌控。生活中的許多事物，從我們做什麼決定到過什麼生活，都已經脫離我們的掌控。我們經常把重病、失去所愛的人、意外、經濟不景氣、飢荒和戰爭等事件歸咎於命運。我們當然可以注意健康，遵照專家建議，嘗試降低這些事件發生的風險，但我們還必須逃離社群媒體對我們的掌控。我們必須運用科學協助我們做出正確的決定，也包括面對新冠肺炎帶來的威脅。

結論：不要在有時差的狀況下狂看社群媒體之後，在拉斯維加斯跟陌生人結婚。我們完全有可能重新掌控自己的生活，更光明的未來就在前面等著我們。現在繼續讀下去，一直讀、一直讀、一直讀，你知道自己想這麼做。

2 為什麼不打疫苗？

Why won't you get vaccinated?

「我寫這首歌的時候就知道他們不會表演它。」

——脊髓灰質炎患者艾恩．迪里談他的歌〈Spasticus Autisticus〉

我有兩個兒子史蒂威和山姆，他們所有能打的疫苗都打了。原因很簡單，我愛他們，所以我想保護他們，沒有懷疑、毫不害怕。

如果真的想惹怒免疫學家，可以跟免疫學家說自己沒帶小孩去打疫苗。預防傳染病的疫苗拯救的生命，超過醫學史上任何一種發明[1]。疫苗每年可預防全世界二百～三百萬人死亡。這是科學事實[2]。還有一個科學事實是疫苗發明之前，美國每年有大約五十萬人罹患麻疹，其中有十分之三造成永久聽力損傷[3]。但現在越來越多父母親和監護人拒絕讓小孩打疫苗。狀況已經變得越來越嚴重，連以守護民眾健康為主要職責的世界衛生組織（WHO），也把「疫苗猶豫」（vaccine hesitancy）列為二〇一九年全球十大威脅之一，危害健康的程度和流行性感冒、伊波拉病毒和抗生素抗藥性相當[4]。這個病毒要犯名單現在有個最新成員，也就是造成新冠肺炎的冠狀病毒，我們亟需疫苗來防範它。

疫苗猶豫當初究竟是怎麼開始的？支持疫苗的證據已經如此明確，為什麼還有這麼多人認為醫學史上最重要的進展大有問題？我們該如何說服不想給小孩打疫苗的父母，他們不僅讓小孩可能患病，還可能讓其他人也陷入危險？新冠肺炎已經造成什麼影響？一九一八年西班牙流感大流行以來最嚴重的疫情是否能獲得我們的心和想法，讓擔憂的父母比較願意給小孩打疫苗？

就某些方面而言，對疫苗不信任可以理解。一位年輕母親帶著健康又可愛的小孩，走進家庭醫師的辦公室。她告訴自己尊敬又信任的家庭醫師，小孩又沒生病，她不想讓小孩打針。她聽說很多可怕的事，不希望發生這些狀況。在麻疹、腮腺炎和德國麻疹疫苗恐懼達到最高峰時，有些擁有法律學位或企管學位的朋友問是否應該給小孩打疫苗。我的答案是：毫無疑問，一定要打。我聽到有讀者問，我覺得應該要打的證據在哪裡？好的，證據在這裡。

就拿麻疹來說。這種疾病的病原是非常容易傳染的病毒。初期症狀是發燒（往往高達攝氏四十度並導致兒童痙攣）、流鼻水、咳嗽和眼睛發炎。接著出現扁平紅疹並擴散到全身。常見的併發症包括腹瀉和耳朵感染，較少見的併發症包括失明和死亡，死亡率約為千分之一到二[5]。與感染者同住或同校的人有十分之九也會感染麻疹。一九八〇年有二百六十萬人死於麻疹，大多數年齡為五歲以下。二〇一四年，全球疫苗計畫實施後，死亡人數減少到七萬三千人[6]。施打疫苗的成效非常好。美國施打疫苗之前，每年約有三百～四百萬人感染麻疹；施打疫苗後，感染人數減少到接近零[7]。只要在手臂上扎一針，就能預防這些病痛、持續終身的併發症，甚至死亡。

還有另一種病毒性疾病脊髓灰質炎（polio），症狀包括喉嚨痛和發燒，患者症狀可能相當輕微，迅速痊癒，但有一百五十分之一的患者神經系統遭病毒侵入而損傷。初期症狀包括頭痛、背痛、昏睡和暴躁易怒。有些人會有麻痺現象，肌肉起初虛弱無力，最後完全麻痺。這種病毒通常隨排泄物或經由口對口傳播。英國著名搖滾樂手伊恩・杜里（Ian Dury）七歲時感染脊髓灰質炎，他認為是在一九四九年脊髓灰質炎流行期間在濱海紹森德一處游泳池感染的。在流行地區（也就是病毒常出現的地區），所有人口都會感染。所有父母親都害怕這種疾病。美國作家理查・羅茲（Richard Rhodes）曾經寫道：「脊髓灰質炎是瘟疫。有一天你突然頭痛，一小時後就麻痺了。父母每年夏天都在擔憂它會不會來襲。感染者一個接著一個。我們留在家裡，躲避其他小孩。夏天變得好像冬天。」同樣地，脊髓灰質炎疫苗問世後效果非常好。美國施打疫苗前，每年有一萬五千～二萬個脊髓灰質炎麻痺病例。開始施打之後呢？數字減少到少於十人[8]。從此再也沒有人因此麻痺，夏天再也不會變得像冬天。二〇〇二年，歐洲宣告脊髓灰質炎絕跡，目前仍然如此。現在全世界只剩下巴基斯坦、阿富汗和奈及利亞三個國家還有脊髓灰質炎。

顯而易見，如果開發出安全又有效的疫苗，就能終結造成恐懼、病痛和死亡的傳染病。這種稱為疫苗的神奇物質是什麼？疫苗是協助產生疾病免疫力的生物製劑。免疫（immunity）這個單字源自拉丁文的*immunis*，意思是「免除」。羅馬時代，這個單字通常代表免除納稅，通常是給予某些羅馬公民的特殊待遇（例如戰後歸來的士兵）。用在傳染病上，這個單字代表免除再次得到這種疾病。古代就有人注意到這種現象，一個人得過某種疾病之後很少再得，所以可以照顧第一次得到這種疾病的人。史上最初的免疫概念相關敘述出自希臘歷史學家修昔底德筆下。他在公元前四三〇年寫到瘟疫來襲時「已經復原的人憐憫地照顧患者和將死的人，他們知道這種疾病的過程，自己不會感到恐懼。因為沒有人會遭到第二次攻擊」。當時這視為神奇或天賜。伊斯蘭醫師拉齊（al-Razi）曾經記錄天花和接觸天花可獲得永久免疫力，在他的作品中可看到早期的臨床描述。天花相當可怕，因為傳染力極強，患者有三分之一死亡、三分之一面部遭到嚴重傷害（還有三分之一因為免疫系統有效抵擋，所以不受影響）。

透過天花防治工作，發現了預防感染的方法，因此對疫苗史和免疫科學而言十分重要。公元一千年左右，中國開始使用取自天花患者皮膚膿疱的乾皮，從鼻子吸入這種乾皮可產生保護作用。印度和東非地區採用的方法是種痘（也就是用針把取自天花膿疱的物質植入皮膚），後來於一七二一年由瑪麗・沃特利・蒙塔古夫人（Lady Mary Wortley Montagu）引進西方[9]。瑪麗夫人是位十分特別的女性。她是公爵的女兒，曾與愛爾蘭貴族克羅沃錫・斯凱芬頓（Clotworthy Skeffington）訂親，但她拋棄了可憐的克羅沃錫，和愛德華・沃特利・蒙塔古（Edward Wortley Montagu）私奔，後來愛德華成為英國駐土耳其大使。瑪麗夫人在土耳其期間記錄了種痘的方法，程序是取得中等病況天花患者的膿液，塗抹在未感染者皮膚上的小傷口。她也用這種方法幫自己的兩個小孩種痘。為了在英國宣傳種痘，她給新門監獄七名等待處決的犯人種痘，用以代替行刑，結果七名犯人全都存活下來並獲得釋放。她對這種疾病極有興趣，是因為她有個弟弟死於天花，而她自己則幸運存活。但在某些狀況下，種痘則會使人**感染**天花，因為種痘物質有時含有活的病毒。

一七九八年，英國格洛斯特郡醫師愛德華・詹納（Edward Jenner）嘗試以另一種更為安全的方法，就是讓人感染牛痘。牛痘症狀比較溫和，但預防天花的效果相當好。種牛痘的點子可能源自擠奶女工皮膚通常相當光滑美麗，因為她們極少感染天花，所以沒有痘疤，但她們可能曾經感染牛痘。牛痘會不會具有某種防止擠奶女工感染天花的功效？事實上，當時的人已經知道牛痘感染者不會感染天花，所以經常讓他們去照顧天花患者。另外至少有五位研究者曾嘗試藉助牛痘預防天花，農民班哲明・傑斯蒂（Benjamin Jesty）也包含在內。傑斯蒂是詹納的鄰居，可能曾經告訴詹納這個方法[10]。詹納後來因為開發疫苗而出名，並獲得三萬英鎊報酬，傑斯蒂向他要求補償，最後獲得兩支金色柳葉刀作為報酬。

這項成就會歸於詹納，部分原因是出於他以八歲小男孩詹姆斯・菲普斯（James Phipps）進行的實驗。根據歷史記載，詹納從擠奶女工莎拉・奈姆斯（Sarah Nelmes）手上的牛痘膿疱刮取膿液，而奈姆斯感染的牛痘來自乳牛小花。詹納用這些牛痘膿液給菲普斯種痘，結果菲普斯輕微發燒。接著詹納又給菲普斯注射取自天花膿疱的物質（原先用於種痘的物質），通常這樣會造成中度感染，但菲普斯完全沒有症狀。詹納在這個實驗中的關鍵貢獻，是演示了牛痘膿液可用在另一個人身上，而且男孩被注射天花病毒後並沒有染病。詹納把疫苗命名為vaccination，字首*vacca*就是拉丁文「牛」的意思。出乎意料的是，科學家現在認為詹納當初用的可能是牛感染到的馬痘，但詹納自己認為是牛痘。所以疫苗的英文說不定其實應該是equination？繼菲普斯之後，詹納又研究了二十三個例子，其中包括自己十一個月大的兒子羅伯。這個部分在醫學科學中相當重要：重複進行實地觀察，研究多名患者。無論牛痘疫苗從何而來，疫苗都在英國逐漸普及，詹納也在歐洲各地成名，俄國女皇還曾經贈送他鑽石戒指表達感謝。此外雖然法國和英國當時處於戰爭狀態，拿破崙仍然說他自己「無法拒絕這個人」。

當時許多人發言反對天花疫苗，可以說是現代反疫苗運動的先驅[11]。神職人員認為天花是由上帝決定的生死事實，試圖扭轉神意是褻瀆上帝。有些虔誠信徒認為天花是上帝淘汰窮人的手段。也有醫師加入這波剛萌芽的反疫苗運動。許多醫師宣稱能治療天花而賺了不少錢，疫苗將影響他們的生計。醫學期刊開始出現奇怪的報告，指出疫苗可能傳播牛的特徵，例如小孩開始哞哞叫和以四肢奔跑等。關於疫苗使小孩變成牛的荒謬說法也開始流傳。

一九〇六年，一位號稱「自然治療師」的女性蘿拉．李托（Lora Little）宣稱疫苗是醫師、疫苗製造廠商和政府編造的騙局。她說天花疫苗造成危害的例子多達三百個，連她自己七歲大的兒子也因為被強迫施打疫苗而死（但其實是死於白喉）。英國有知名人士發言反對疫苗，連劇作家蕭伯納也反對，還說疫苗是「極度骯髒的巫術」。此外，拒絕施打天花疫苗的父母遭到罰款或入獄，和這幾年的狀況頗為類似。因此疫苗反對者不是現在才有，對付他們的方法也早就存在。

詹納實驗成功之後，許多其他疫苗隨之問世。一八八〇年代，法國科學家路易．巴斯德（Louis Pasteur）發明雞霍亂和炭疽病等農場動物傳染病的疫苗。此外巴斯德於一八九一年提議，為了紀念詹納，可以用vaccination這個單字指稱所有對抗傳染病的方法。其他疫苗很快隨之問世，包括一八八四年的狂犬病疫苗、一八九〇年的傷風疫苗、一八九六年的傷寒熱疫苗，以及一八九七年的腺鼠疫（又稱為黑死病）疫苗。黑死病曾於十四世紀橫掃歐亞洲，六十％人口因而喪命，疫苗之後終於絕跡。十九世紀晚期，疫苗成為國家尊嚴問題，許多國家號稱要讓人民免於可怕的疾病。二十世紀，新疫苗出現得又多又快，包括肺結核（在愛爾蘭等許多國家曾是絕症，二十世紀初期每年至少有一萬人因而死亡）、白喉、猩紅熱、黃熱病、流感、脊髓灰質炎、麻疹、腮腺炎、德國麻疹、腦膜炎和B型肝炎。曾經奪取數百萬人生命的疾病一一被疫苗擊敗。

疫苗被視為史上最重要的醫學貢獻，原因顯而易見。在詹納的傑出成就之後，隨之而來的科學問題是：這些神奇物質如何發揮作用？種痘原先被視為由來不明的民俗療法。詹納和巴斯德的研究促成免疫學問世。牛痘預防天花的效果為疫苗發揮作用的機制提供了初步線索。現在我們知道牛痘病毒與天花病毒類似，但不會導致天花。病毒相似，代表注射牛痘病毒後，人體將針對病毒發動免疫反應，清除這些微弱感染。後來真的感染天花時，免疫系統已經有了先前對付牛痘的經驗，因此認得天花病毒與牛痘病毒相似的部分，並加以消滅。如果人體沒遭遇過牛痘，免疫系統就無法辨識並加以消滅，天花也將任意肆虐。這有點像一群瘋狂球迷穿著球隊代表色的衣服，想要進入某個夜店，但被保鏢擋了下來。後來又出現一群穿著相同顏色衣服的球迷，但這次帶著武器，不過保鏢這次立刻從衣服的顏色認出他們，並阻止他們進入。牛痘和天花穿著相同顏色的衣服（也就是成分類似），但天花攻擊力更強，造成的症狀更嚴重。牛痘和天花是同類病毒，所以免疫系統的同一個部分認得它們。

現在的疫苗主要分為兩大類：死亡或不活化的感染性有機體（穿著球隊代表色但已弱化的足球迷），以及這些有機體純化後的物質（只有衣服本身）。想到「去活性」（inactivation）或降低毒性這個方法的科學家是巴斯德。當時他正在研究困擾家禽業的傳染病雞霍亂，在某次實驗中，他用剩下的腐敗霍亂菌讓雞感染。後來他想用新鮮霍亂菌讓雞感染時，發現雞已經具有抵抗力。腐敗霍亂菌的效力降低，無法致病，但成分與正常霍亂菌相同。腐敗霍亂菌讓免疫系統學會如何對付毒性更強的細菌。因此史上最早的疫苗與腐敗的雞霍亂菌類似。這類疫苗以化學物質或加熱使活性降低，通常稱為「減毒」，包含脊髓灰質炎、A型肝炎、狂犬病、黃熱病、麻疹、腮腺炎、德國麻疹、流感和傷寒疫苗等。約納斯・沙克（Jonas Salk）以福馬林降低脊髓灰質炎病毒的活性，亞伯特・沙賓（Albert Sabin）則在感染脊髓灰質炎的動物身上發現毒性減低的病毒。這兩者預防脊髓灰質炎的效果都很好。傷寒疫苗的發明者是阿姆羅斯・萊特（Almroth Wright），曾經在都柏林聖三一大學攻讀醫學。這種疫苗曾在第一次世界大戰中挽救千萬人的生命，在它發明之前，士兵死於傷寒的人數比死於戰役的還多。而在肺結核方面，卡介苗（以發明者卡爾梅特〔Calmette〕和介林〔Guerin〕命名）已經使用數十年，於一九五〇年代由桃樂西・史托福特・普萊斯（Dorothy Stopford Price）引進愛爾蘭，同樣挽救了許多生命。卡介苗可促成免疫系統出現非特定強化，也就是可建立屏障（由稱為單核球的免疫細胞構成），對抗麻疹等其他病毒感染，甚至也能抵抗新冠肺炎。卡介苗或許可以用來預防新冠肺炎，但本書撰寫時仍在試驗中。

許多疫苗使用感染物質的部分成分，可能包括去活性的毒性成分（稱為類毒素〔toxoid〕），這類疫苗包括破傷風和霍亂疫苗。次單元疫苗的成分是取自感染物質的蛋白質，包含B型肝炎、流感和人類乳突蛋白（HPV）疫苗，HPV疫苗可預防人類乳突病毒造成的子宮頸癌[12]。流感是衛生機關留意的重點，因為它可能導致老年人、兒童和病人等高危險群死亡。流感病毒分成A、B、C、D四類，四類的外殼都有血球凝集素（H）和神經胺酸酶（N）等蛋白質。H和N有不同的種類，病毒每一季都可能改變，因此每次流感流行季節可能都有不同的疫苗。許多人投注心力尋找瘧疾（病原是惡性瘧原蟲）和愛滋病（病原是人類免疫不全病毒）的疫苗。雖然有進展，但這些疾病都很難以疫苗預防，尤其是瘧疾[13]。近年開發成功的疫苗是伊波拉疫苗。伊波拉病毒在西非地區造成極為危險的疾病，整體死亡率高達九十%。二〇一三年伊波拉病爆發後，因死亡率極高，症狀也十分嚴重，包括體內和體外出血與器官衰竭等，大規模疫苗開發工作隨即展開該病。伊波拉疫苗於二〇一五年問世後，仍在持續開發新疫苗[14]。新冠肺炎疫情也引發規模空前的疫苗開發行動，二〇二〇年四月時至少有四十一種疫苗正在開發[15]。科學家試驗各種可能的方法，包括死病毒、減毒活病毒，以及取自病毒的成分等。這些成分包括病毒用來穿透肺部細胞的棘刺蛋白質。科學家甚至還嘗試以病毒用於生成棘蛋白的RNA來開發疫苗。把RNA注射到我們的手臂肌肉時，體內就會製造這種棘蛋白，接著免疫系統將會製造抗體，像黏土一樣附著在棘蛋白上，消滅棘蛋白，阻止病毒進入細胞。真實病毒入侵時，這種病毒就能保護我們。疫苗必須仔細檢查是否有副作用，再進行試驗了解確實效果。

雖然疫苗的主要成分是毒性減弱的微生物或微生物的一部分，但還有個重要成分稱為佐劑（adjuvant）。佐劑是加強免疫反應的化學物質，大多數疫苗都需要佐劑才能發揮作用。佐劑類似讓汽車引擎發動的導線。常見的佐劑是氫氧化鋁（Alum）[16]，其他佐劑包括A型肝炎疫苗使用的單磷酸脂質A（MPL）。這類物質可激發免疫反應。以MPL而言，它可觸發免疫系統蛋白質TLR4，進而加強免疫細胞活化反應。新佐劑的研究目標是強化疫苗，克服愛滋病和瘧疾等疾病。在確定免疫系統有哪些部分需要強化以加強疫苗效果方面，目前已有很大的進展。新冠肺炎疫苗的佐劑也在疫情期間進行測試，包括AS03。

使用佐劑和其他添加物往往帶來疫苗可能有害的疑慮。疫苗接種率降低稱為疫苗猶豫，定義是「即使已有疫苗可用，仍然不接受或拒絕接種疫苗」，全世界有這種現象的國家高達九成以上。例如在英國，三合一疫苗的接種率已經降到九十一．二%，而且達到二〇一一年十二月以來的最低點[17]。疫苗當然可能對某些人有不良影響，但發生率極低，而且以疫苗對人類的巨大效益而言，應該不足以讓受害事件影響到疫苗施打。不過對受害者或發生不良反應的兒童的雙親而言，疫苗造成的傷害當然非常大。那麼疫苗危害的實際狀況究竟如何？

近來一項研究說明了疫苗傷害的罕見程度。美國聯邦政府曾設立一項主動計畫，對受到疫苗傷害的民眾提供補償，而近十二年來，美國總共施打了一億二千六百萬劑麻疹疫苗。這段期間共有二百八十四人提出受害申訴，其中有一百四十三件獲得補償，因此麻疹疫苗造成傷害的機率是八十一萬八千一百一十九分之一。這些資料來自開始於一九八八年的無過失制度，美國國家疫苗傷害補償計畫[18]。相比之下，未施打疫苗的兒童死於麻疹的機率是五百分之一，營養不良的兒童更上升到十分之一。此外，耳朵感染造成永久聽力喪失的機率是十分之三[19]。整體說來，數億美國人注射了幾十億劑疫苗，只有六千六百人因為受害而需要補償，付出的補償金總額為四十一．五億美元。在此同時，美國疾病管制中心（CDC）估計，疫苗預防了二千一百萬人次住院醫療和七十三萬二千名兒童死亡[20]。這些兒童都因為疫苗而保住生命。

疫苗仍然可能有手臂酸痛和微幅發燒等輕微副作用，比較嚴重一點的副作用包括三合一疫苗造成的癲癇發作，兒童發生的比率是四千分之一[21]。此外在一項含括二十萬名女孩的研究中，對抗人類乳突病毒的HPV疫苗造成二十四人頭暈[22]。造成疑慮的原因之一是有些兒童剛打完疫苗就生病，但這類狀況絕大多數是巧合。這類巧合的另一個例子是嬰兒猝死症候群（SIDS），它與疫苗無關，但未注射疫苗的兒童發生機率相同。

一九九八年，安德魯．韋克菲爾德（Andrew Wakefield）指出三合一疫苗與自閉症有關[23]的論文，為疫苗反對運動提供強大的助力。這篇論文嚇得許多父母不敢讓小孩施打疫苗，因此可能導致許多兒童重病甚至死亡。但該項研究有許多瑕疵，包括研究患者人數不足等。韋特菲爾德向打算控告疫苗製造廠商的人收取金錢，因此他這篇三合一疫苗與自閉症有關的論文有嚴重利益衝突問題。二〇一〇年《刺胳針》（*Lancet*）醫學期刊最後撤回這篇論文，英國醫學總會（GMC）也取消韋克菲爾德的會員身分。英國醫學總會認定韋克菲爾德的行為抵觸「患者的最大權益」，並且在研究中不誠實。他的發表成果有些部分造假，《英國醫學期刊》（*British Medical Journal*）也指出他的研究成果是「精心製作的騙局」。韋克菲爾德還被發現把有自閉症跡象的兒童當成白老鼠，進行大腸鏡檢查和疼痛的腰椎穿刺等檢驗。他曾到某個兒童派對中，付給幾名兒童五英鎊取得血液樣本。許多科學家進一步探討這個可能關聯，但其後發表的研究都找不出三合一疫苗和自閉症間的關聯。美國疾病管制中心、美國兒科學會（擁有六萬二千名兒科醫師會員）和美國食品藥物管理局（FDA，負責核准新藥物的美國政府機構）都表示三合一疫苗是安全的[24]。

羅伯・甘迺迪的兒子小羅伯・甘迺迪（Robert F. Kennedy）曾說疫苗中的添加劑硫柳汞（thimerosal）含有汞，有人因此生病，藉此鼓動對疫苗的恐懼。小羅伯・甘迺迪有個兒子有自閉症。他和知名演員勞勃・狄尼洛提供十萬美元獎金，獎勵證明硫柳汞的安全，但這幾乎是不可能的，有誰能證明水很安全？二〇一四年一項研究探討十項獨立研究，含括對象超過一百二十五萬名兒童，最後斷定三合一疫苗或硫柳汞與自閉症無關[25]。對我而言真是好消息。而韋克菲爾德則持續為他的發現辯護，據說還曾經在陰謀論愛好者郵輪上演講，同台者包括一群麥田圈迷、一位宣稱曾經造訪火星的女性，以及堅稱自己曾經死後重生三次的男性[26]。

反疫苗運動持續提出反對疫苗的理由，因此導致麻疹再度流行，愛爾蘭的病例數也在二〇一九年增加一倍以上[27]。聯合國兒童基金會（UNICEF）指出二〇一〇~二〇一七年間，全球共有一億六千九百萬名兒童未施打第一劑麻疹疫苗，有九十八個國家的麻疹病例增加。父母為什麼這麼害怕疫苗？網路上的疫苗反對者可能散播恐懼和懷疑。法律是否應該規定必須給小孩注射疫苗，如同二十世紀初預防天花一樣？有些人主張此舉侵犯人權，但也有人主張我們對其他議題的做法本來就是這樣。雖然安全帶可能造成脾臟損傷，但開車還是必須繫安全帶。這是為了維護公眾利益的公衛問題，就像法律禁止酒駕一樣。

我們從群體免疫來說明父母為什麼應該給小孩注射疫苗。全體注射疫苗的比例必須達九十五%以上，才能阻止麻疹病毒散播，讓它們沒有地方躲藏[28]。如果不給小孩注射疫苗，就是把免疫系統較弱的人置於風險之中。免疫系統弱化的原因，可能是正在服用免疫抑制藥物（接受器官移植或治療類風溼性關節炎等發炎疾病的患者）、罹患糖尿病或心臟病，或是單純只是年紀較大，因為免疫系統和身體其他部分一樣，會因為老化而遲鈍。這些高風險族群當然可以注射疫苗，就像注射流感疫苗一樣，但要降低感染風險，群體免疫是另一層保障。新冠肺炎對年長者和有這些病症的人而言格外危險[29]，因此注射疫苗和群體免疫對於防止高危險群感染新冠肺炎更加重要。

我們該如何教育父母？最好的方法是由醫師放下身段，以同理心向父母或監護人說明（醫師與患者間的互動應該也要如此）。醫師一開始或許可以說：「我們都愛自己的小孩，都是為了孩子好。我了解你們不想傷害小孩，現在我們來談一下。」講話的聲調非常重要。如果要問：「你們為什麼這麼想？」不要說：「你們為什麼**這樣想**？」應該充分理解對方的疑慮，也可以說說自己的個人經歷，因為這樣可以產生情緒共鳴。極受喜愛的英國兒童文學作家羅爾德・達爾（Roald Dahl）曾經描寫他七歲的女兒感染麻疹時的狀況。他寫到女兒似乎正在復原，從床上坐起來。他開始教她用菸斗通條做動物，後來他發現女兒的手指活動有點不協調。一小時後，女兒失去意識，十二小時後去世。一年後，麻疹疫苗才開發出來。告訴父母這個故事或給他們看達爾在女兒去世後寫的散文，對於不容易勸說但容易恐懼的父母而言，效果可能比科學事實更好。

但有些人不同意：恐懼可能會使事情更糟。二〇一五年，一項研究把三百一十五人分成三組[30]，給第一組破解三合一疫苗與自閉症之間關聯的資料，給第二組與疫苗無關的科學資料，最後一組則是腮腺炎、麻疹或德國麻疹兒童患者的照片。後來詢問時，第三組對疫苗的支持程度高於其他兩組，這個結果相當好。但另一項研究給受試者觀看可怕的感染照片和悲慘故事，反而使他們不想注射疫苗。有證據指出，可能造成傷害的行動（例如給小孩注射疫苗）被視為比可能造成傷害的不行動更糟，因為不行動而受害會被視為命中注定，而不是父母親的錯。

因此我們的目標是以多重方式克服疫苗猶豫。醫師或科學家絕對不要批判，這點十分重要。一個有用的方法是提出科學家的共識，例如「九成醫學科學家同意疫苗安全，而且所有父母親都應該給小孩注射疫苗」[31]，或「兒童因為痲疹而造成腦部損傷的機率是注射疫苗的一萬倍」。這類敘述可以避免想打破這些迷思卻反而一再提到它們。

美國國家過敏和傳染病研究所（NIAID）所長安東尼・佛奇站在美國對抗新冠肺炎的最前線。他曾經在美國國會聽證會中指出，造成疫苗猶豫的主要因素是假資訊。不接受疫苗的父母親在網路上搜尋資料的頻率高於接受疫苗的父

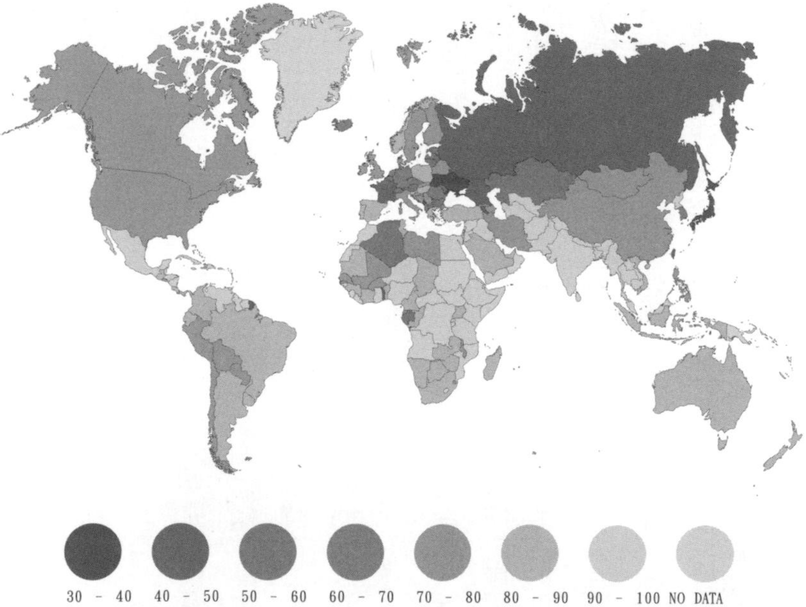

▲ 認為疫苗安全的人數百分比。資料來源：WELLCOME GLOBAL MONITOR。

母。因此Facebook宣布將從其推薦演算法中刪除散播反疫苗錯誤資訊的社團和網頁。希望提升疫苗施打率的醫療專業人員認為這項行動十分重要，因為有助於傳播疫苗效益的真實資訊。這些真實資訊告訴了我們什麼？整體來說，疫苗造成嚴重過敏反應的機率是百萬分之一。其中某些疑慮則可用以下的方式對應[32]：

注射太多疫苗會擾亂小孩的免疫系統。真實情況是：現在兒童注射的疫苗確實比以前多，有時還會混合，但整體而言，每種疫苗的物質量比以前少了很多，所以整體接觸量其實比較少。與小孩每天自然接觸到的物質相比，疫苗的物質量其實微不足道。

小孩的免疫系統不夠成熟，所以某些疫苗晚一點打比較安全。真實情況是：這個說法不正確。晚打疫苗將提高感染風險，而且以晚打三合一疫苗而言，更可能提高熱痙攣的風險。

疫苗的成分究竟是什麼？不會含有化學物質和毒素嗎？真實情況是：疫苗確實含有鋁和甲醛等物質，但濃度比小孩在環境中接觸到的低得多。

某些疫苗的副作用好像比真正的疾病還嚴重。真實情況是：疫苗全都通過嚴謹的安全性測試，測試期間往往長達十～到十五年。美國食品藥物管理局和歐洲藥品管理局（EMA）負責監督和檢查這些測試，全都沒問題才會發給許可。沒有一家公司會投資生產為了預防疾病反而造成更多健康問題的產品。

如果其他方法都沒有效果，可能必須規定不施打疫苗就違法。在美國，父母沒有給小孩打疫苗時，如果要送小孩去上學，必須以健康或宗教理由取得許可。這樣一定可以提高疫苗施打率。法國已經規定兒童必須施打十一種疫苗才能入學。這個做法儘管嚴格，或許卻是保護孩子的最佳方法。新冠肺炎已經導致民眾健康和世界經濟的嚴重損失，因此更應該如此。欠缺疫苗保護的嚴重傳染病所造成的後果現在已經相當明顯，包括大規模隔離、影響正常活動，以及為公共利益而不得不限縮人權等。疫苗已經成功預防數千萬人患病和死亡，所以研究工作仍在持續進行。目前有許多人投注大量心力，開發癌症等各種疾病的新疫苗。想像一下，如果有疫苗能預防癌症多好。其實現在已經有HPV疫苗可以預防子宮頸癌，其他癌症或許以後也會有對應的疫苗。美國疾病管制中心指出，在三萬二千一百個子宮頸癌病例中，有九十%可以藉助HPV疫苗加以預防。這些人都不會罹患癌症。如同先前提過的，許多傳染病仍是最高優先，許多人投注心力開發瘧疾和愛滋病疫苗，並且開發更好的新疫苗用來預防肺結核——當然還有新冠肺炎。新進展不斷出現，未來將是一片光明。

結論：我的小孩所有疫苗都打了。世界各國所有衛生機關一致認為：請給小孩接種疫苗。

3 新藥為什麼這麼貴，成本又該由誰負擔？

Why are new medicines so expensive and who should bear the cost?

「我非常凶悍，連藥物都受不了。」

——美國拳擊手阿里（Muhammad Ali）

我有許多工作時間在做醫學研究。我研究體內的發炎現象，發炎過程可防止我們遭到傷害，並且可在身體受損時加以修復。問題是，發炎往往突然發生，讓我們得到類風溼性關節炎、克隆氏症、多發性硬化症和帕金森症等痛苦又導致衰弱的疾病。這些疾病都是身體發炎後嚴重受損，因此造成各種症狀。好消息是這些疾病的藥物開發工作已有進展。除了這些疾病以外，再看看新冠肺炎的狀況，新疫苗、抗病毒和抗發炎療法都在迅速開發和進行測試。由此可以得知，科學家和藥物開發人員在需要時都會投入大量心力，尋找解決方案。這個工作相當漫長，但希望一直存在。

從表面上看來，我們會覺得醫學未來一片光明。數十萬名科學家和醫師為了一個目標努力數十年，尋找新療法或新方法，預防這些使人類深陷痛苦的疾病。目前已有許多新藥取得許可，用來治療以往療效不佳甚至無法治療的各種疾病。許多治療方式都在開發中（石油公司和製藥公司常用的說法），從新藥錠、針劑、缺損基因修改到替代器官等，各種療法都將陸續問世。但有個問題始終存在，姑且可以說是燙手山芋。誰要出錢進行這些開發工作？我們會嗎？我們能嗎？政府應該負擔這些費用嗎？它對我們的醫療服務會有什麼影響？該如何為我們的生命和孩子的生命標價？

每個人的生命歷程都不一樣，有起有落，又有各種挑戰。這些都只是人生的起伏。但有件很不公平的事，是我們的健康：儘管每個人都逃不過最後的變化，也就是老化，但有的人罹患重病，有的人則沒有。古代人類還未透過科學了解疾病時，無法理解有些人生病而有些人沒生病這類看來毫無道理的現象。是不是有人詛咒我們？是不是我們做了壞事，所以遭到神明懲罰？各種迷信四處流傳，試圖避免疾病侵襲。愛爾蘭的古老迷信包括在手腕綁上一包薄荷可以阻擋感染；如果有人死於發燒，應該趕一群羊穿過房子，保護其他居住者。疾病患者的床應該坐北朝南，或者依照創作歌手夏恩・麥高文（Shane McGowan）的說法，如果是愛爾蘭神話人物庫丘林，就在腳邊擺一杯水果調酒，在頭上擺一個天使。聖巴拉斯是喉嚨痛（以及經常喉嚨痛的羊毛梳理工）的守護聖人。我們的祖先生活很辛苦，需要倚靠好幾個疾病守護聖人，包括守護乳癌的聖佳德、腳部疾病的聖雅芳撒、精神疾病的聖女克里斯蒂娜（她一定十分了不起），脖子僵硬的聖烏西息諾。儘管有點拐彎抹角，還有聖奧拉夫是艱苦婚姻（可能造成數種健康風險）的守護聖人，聖伊比狄德則是拖延的守護聖人（我寫這本書時經常向他祈求保佑）。我們不禁好奇，這些聖人是否是史上最早的醫學專家。有些宗教戒律可能源自對抗疾病的方法，包括對健康好處多多的禁食[1]和或許能預防寄生蟲的不吃豬肉等。

在一生可能遭遇的各種狀況中，我們最害怕的就是疾病。疾病不僅帶來莫大的折磨，而且和找工作或尋找伴侶等煩惱完全不同，理由是我們完全無法掌控疾病。任何癌症或神經退化疾病（包括帕金森症和阿茲海默症等多種疾病）或各種發炎性疾病都可能引發憂鬱症。癌症患者罹患憂鬱症的比例是二十五％，帕金森症患者為五十％，心臟病患者更達三分之一[2]，原因可能是疾病過程影響腦部（與發炎相同），也可能是對診斷帶來的焦慮和失去掌控產生的反應。有個很好的例子是被診斷感染人類免疫不全病毒（HIV）時的反應，這種病毒可能導致愛滋病。抗反轉錄病毒療法問世之前，患者得知感染HIV後罹患憂鬱症的比例高達三十一％[3]。這麼高的比例主要源自焦慮和知道這種疾病無藥可醫。抗反轉錄病毒療法出現之後，憂鬱症罹患率大幅降低。憂鬱症沉默地伴隨著目前仍然難以治療的疾病，對於病程難以確定（或者應該說非常確定）的可怕疾病而言，這樣的反應也算合理。

生物醫學研究的目標十分簡單，就是以科學方式解釋疾病，以這些知識提供診斷依據，接著提出有效的治療方法，可能的話還包括預防這種疾病的方法。現在我們對某些

3 新藥為什麼這麼貴，成本又該由誰負擔？

疾病已經達成這個目標，未來還有許多疾病也將降服在科學之劍下，防止我們受害。疫苗透過免疫系統保護我們，是預防疾病的最佳方法（請參閱第二章）。如果疫苗能預防所有疾病就好了，可惜事與願違。

這個目標看似簡單直接，但實際要達成極為困難。現在回頭看來，登陸月球很容易，但當時美國前總統甘迺迪有句名言：就是因為很難，所以我們決定要這麼做。阻止氣候變遷的挑戰當然相當困難（請參閱第十三章），但開發新藥物呢？開發新藥物需要各種專業的科學家參與，依疾病而各不相同，包括免疫學、生物化學、遺傳學、神經科學、分子生物學、藥理學、生物資訊學和細胞生物學等，還有化學家（製作藥物）、醫師（當然也包含各科）、臨床試驗專家，以及法規方面的專家，確認程序完整合法。這些艱鉅的工作必須有人提供經費，所以需要納稅人（繳稅以支應許多開發新藥物的研究）、慈善家和慈善基金會、金融家、創投人、製藥公司、業務推展人員和律師等，讓所有工作順利進行。總而言之，這是由許多專業和技能構成的複雜生態系統，不是村莊，而是整個城市。

如果複雜到這種程度，那麼從發現新藥物、臨床試驗到取得許可，整個藥物開發過程的實際成本是多少？可以想見，金額很大、非常大。一項研究分析二〇〇三～二〇一三年間九十八家公司的藥物開發成本，發現要讓一種新藥上市並開始回收成本，平均成本是二十六億美元[4]，是一九七〇年代的十四．五倍、一九八〇年代的六．三倍。成本增加的原因，包括臨床試驗複雜程度提高、法規負擔、開發工作逐漸集中在失敗率較高的領域（這項成本包含失敗和成功的影響），以及最終付費者（例如保險公司）對效果證據的要求增加。這個數字顯然相當龐大，相比之下，第一支iPhone的開發成本只有一億五千萬美元[5]。所以想賺錢最好做電子業而不是製藥業。

製藥公司投下龐大的經費在研發上，目標是製造新藥。舉例來說，羅氏藥廠（Roche）平均每年花費八十四億美元在研究上[6]，與世界首屈一指的醫學研究支持機構美國國家衛生研究院（NIH）相比之下，羅氏的經費是NIH全部預算的二十五%。二〇一八年，英國醫學研究委員會的全部研究經費僅略多於十億美元，只有大藥廠研究經費的五分之一[7]。這些比較有個問題，就是製藥公司的成本包含臨床試驗，但製藥公司投入生物醫學研究的錢仍然比政府多出許多。獲利可再投入研究，但也會回饋給投資人。令人擔憂的是獲利一旦減少，再用於開發新藥物的研究經費將會減少許多，不過這點還有爭議[8]。當然，最理想的狀況是取得政府經費的研究機構和製藥公司合作，政府和業界逐漸共同提供經費，同時合作達成為患者提供新藥物的終極目標。

如果進一步探究成本，看看活動和花費各占多少，將可看到幾個有趣的特徵[9]。藥物開發部分花費的時間最多。製藥公司可能在這個階段針對某種疾病尋找藥物治療標的，或是以藥物治療其他人發現的標的。這個階段通常需要在動物身上測試新藥物，讓動物得到特徵與人類疾病相仿的某種疾病。許多疾病有所謂的動物模式（animal model），包括癌症、關節炎、炎症性腸病和神經退化疾病。以動物進行測試還有爭議，但目前仍然需要藉由動物測試來因應政府對大多數藥物的法規要求。此外，以人類組織和細胞進行這類測試也已經有所進展，這麼做也比較容易預測用在人類身上的效果。這個臨床前階段的時間可能從三年到二十年，成本可能從幾百萬到數十億美元。

公司開發出新藥物後，就向FDA進行新藥申請（NDA）。提出申請之後，公司就可進入臨床試驗階段。FDA和歐洲藥品管理局（EMA）發給許可之後，新藥物才能進行臨床試驗，更重要的是才能在美國或歐洲上市。FDA設立於一九〇六年，部分原因則是一九〇二年曾發生白喉疫苗導致美國密蘇里州十三名兒童死亡[10]的事件，所以FDA必須確保在美國銷售的食品和藥品均屬安全。尤其一九三七年抗生素磺胺酏劑（Elixir Sulfanilamide）藥水配方有毒，且沒有接受檢驗而造成上百人死亡之後，FDA的首要目標就是檢查在美國銷售的產品是否摻假，。該次事件促使FDA有權認證藥物安全，並且只能在醫學專業人員監督下使用。FDA和製藥公司與患者間經常互相角力，製藥公司和患者總說FDA規範毫無道理地拖延藥物上市時間。關於這個問題的疑慮在愛滋病流行時達到顛峰，HIV社運團體向FDA施壓，要求加快審查過程。為了回應這些批評，FDA開始實施關鍵途徑方案（Critical Path Initiative），在解決審查時程爭議上提供了些許助力。

FDA規定臨床試驗分為三個階段。這個過程是漸進的，FDA認為這種測試方式最安全。第一階段的用意純粹是安全考量，讓健康的人使用實驗藥物，同時密切監測任何不良反應。不良反應可能是頭痛、噁心，或是肝臟酵素比較明顯的改變——這代表新藥物可能傷害肝臟（因為體內代謝毒素的地方是肝臟）。第二階段是實驗藥物初次在疾病患者身上進行測試，通常包含數十名患者和數十名對照組。黃金標準是雙盲安慰劑對照試驗。所謂的「雙盲」，是患者和醫師都不知道誰服用藥物、誰服用安慰劑。最後的第三階段是重複第二階段的工作，但患者人數增加許多，治療組和對照組往往多達數千人。如果第三階段一切順利，FDA就會准許藥品上市。最後在上市之後，製藥公司將會觀察許多患者使用新藥後的狀況，稱為第四階段。在這段複雜又耗時的過程中，新藥物隨時都可能失敗告終。

臨床測試每個階段都所費不貲[11]。依疾病而定，第二階段試驗可能花費超過五千萬美元，第

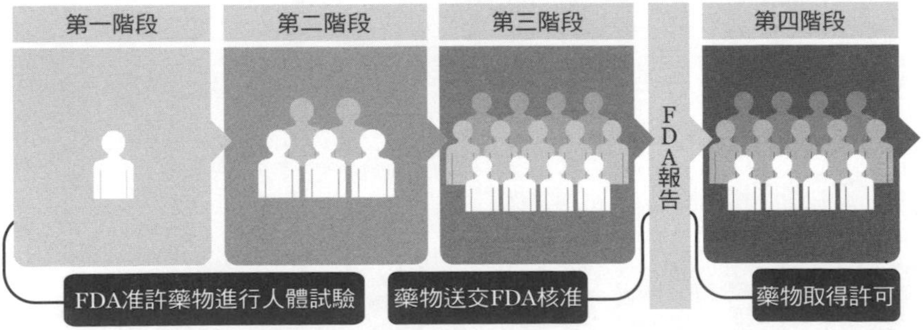

▲ FDA規定新藥物的測試工作分成四個階段。每個階段包含的患者越來越多，第三階段確認效果和安全性後取得許可。第四階段是觀察藥物上市後的狀況，整個過程往往花費十年以上才完成。

三階段可能花費數億美元。FDA本身向製藥公司收取的新藥申請費用可能高達兩百萬美元，這時還沒有患者使用這種藥物。真正通過艱辛申請過程的藥物數量相當少[12]。從實驗室到患者身上大約需要十二年，而進行試驗的藥物大約只有五%～十%能上市。每家製藥公司隨時都在開發數百種藥物，他們只能透過成功上市的藥物回收失敗所造成的損失。

近來一項詳細的成功率分析讀來讓人感到心酸。製藥業有個用語是「許可可能性」（likelihood of approval, LOA）[13]。從第一階段試驗開始，測試藥物的LOA就只有九・六%。投身藥物開發領域必須具備強大的意志力。從第一階段進入第二階段的藥物只有六十三・二%。第一階段只是安全性試驗，成功機率應該高於其他階段，因為通常在動物實驗（包括猴子）就已經測試過安全性。進入第二階段後，有三十・七%的藥物進入第三階段。第二階段是患者首次使用該種藥物，而該種藥物可能因為各種理由而在這個階段宣告失敗。最常見的理由是效果不佳，原因通常是整體假設（亦即這種疾病的關鍵標的）錯誤或說服力不足。有時可能是劑量不對，或是患者沒有反應。有時則是商業決策使然，也就是新藥在商業上的吸引力不足（可能因為競爭對手已經先開發成功），或是製藥公司因為第三階段測試的成本太龐大而裹足不前。藥物進入第三階段的比例是五十八・一%。進入第三階段後，取得FDA許可並成功上市的比例是八十五%。最後，整體LOA是九・六%，也就是十分之一左右。有誰願意投注幾百萬美元（進入第一階段的花費）在一匹勝率是一比十的賽馬身上？製藥公司投注許多匹勝率與此相仿的賽馬，這樣至少有一匹馬輕鬆獲勝的機率會比較高。創投業者經常投資剛成立的生技公司，也是基於這個想法。這類高耗損率遊戲中常可看到成功的例子。

接下來的問題是，製藥公司如何提高勝率？科學是最主要的方法。在成功率方面，有一項有趣的研究觀察了產業界和學術界在藥物開發過程中的相對角色[14]。一九八〇年，拜杜法案（Bayh-Dole Act）允許大學在政府提供經費從事研究成功後取得專利及營利，這表示大學也能賺錢，途徑通常是和製藥公司簽署授權協定和後續收取權利金，當然前提是藥品能順利上市。這個法案激勵各大學進行藥品開發研究，進而增加收入，以便在政府縮減大學經費時支持學術活動的需求。FDA在一九九八～二〇〇七年間發給許可的二百五十二種新藥中，有一百九十一種來自製藥公司，六十一種來自大學或小型生技公司，這些小型公司的創辦者通常也來自學術界。學術界人士經常提供新的想法和概念給大型製藥公司，學術界和產業界間的關係也持續增長發展。學術界人士試圖協助提高新藥成功上市的機率，但目前沒有證據指出他們發現的標的或開發的藥物上市成功率較高。不過近來一項研究指出，整體成功率提高到十四%[15]。

新方法「精準醫學」也能提高成功機率。我們是否能由確切症狀精準判斷哪些患者罹患了某種疾病？關鍵可能在於患者體內基因或蛋白質的精確差異，這些差異甚至早在症狀顯露前就已存在。要找出不同疾病的實際病因是很大的挑戰。藥物開發產業現在視為最簡單的某些疾病，已經可以指出某個症狀是什麼疾病，並且據以進行治療。有個簡單的例子是細菌引起的傳染病。答案呢？就是用抗生素消滅細菌。另一個例子是缺乏胰島素造成的第一型糖尿病。答案呢？就是補充胰島素。這些發現挽救了許多人的生命。

但如果要治療比較複雜的疾病，生物標記（biomarker）就相當有用。生物標記是疾病過程中患者體內的變化，這個變化如果修正了，就可預測藥物有效。對於某些癌症而言，這種方法特別有用。有個很好的例子是HER2陽性乳癌[16]，如果乳癌腫瘤具有HER2生物標記，就能使用以HER2為標靶的藥物治療。女性乳癌患者有五分之一為HER2陽性（也就是腫瘤中可偵測到HER2標記）。使用賀癌平（Herceptin）治療時，HER2陽性患者的疾病發展時間將會延長，整體而言就可延長患者生命。重要的是，這種藥物只對HER2陽性乳癌患者有效。近來一項分析指出，目前進行的藥物試驗約有五％納入生物標記[17]。使用生物標記時，成功率提高，LOA提升到二十五．九％，代表成功率從十分之一提高到四分之一，還不是百分之百，但已經大有進展。生物標記研究工作進展迅速，成功率也將持續提高。

這些工作將促成我們都想要的東西：治療特定疾病的新藥。這類新藥有許多將在未來數年出現。但以如此龐大的心力和開發成本而言，製藥公司應該對新療法收多少錢？

想了解新療法成本與由誰支付的拉鋸關係，以及未來可能會如何發展，有個很好的方法是觀察特定疾病。萊伯氏先天性黑矇症（LCA）是一種罕見遺傳性疾病，將導致兒童失明，發生率約為四萬分之一，有十八個基因與這種疾病有關[18]。這些基因有缺陷，導致視網膜內負責偵測光線的光受器（photoreceptor）特化細胞發育異常。有一種LCA與RPE65基因有關，FDA於二〇一七年核准這種LCA的基因療法[19]，而該療法的開發工作開始於二〇〇七年，由此可知一種療法進入臨床階段所需的時間。然而，這種治療的效用是防止罹患此罕見疾病的兒童失明，它為遺傳性疾病帶來開創性的醫療進展，並且預言了未來面對許多遺傳性疾病時的方法。Spark Therapeutics公司為此病開發出的藥物商品名稱為Luxturna，價格高達八十五萬美元，也就是一隻眼睛四十二萬五千美元。醫療保險公司或政府衛生機構是否會支付這筆費用？還是會落在瀕臨失明的病童的父母身上？製藥公司曾經提出支付這筆龐大費用的方法。Spark提出了分期支付或治療失敗時退費等選項。然而，美國藥價觀察機構臨床與經濟評論研究所（ICER）指出，這種藥物的價格應該降低五十%～七十%[20]。ICER評定價格合理程度的方式是假設治療效益為十到二十年，再比較治療效益與患者未接受治療時對醫療系統和整體經濟造成的影響。ICER和英國國家健康與照護卓越研究所（NICE）等機構的宗旨是維護患者和確保價格合理。Spark正在和美國政府和民間醫療保險機構協商價格。就Spark和Luxturna的例子而言，這種藥物對患者而言是十分重大的突破。這些討論可能左右未來發展，希望可以討論出結果，讓患者有機會使用新藥物。

制定藥物價格所面臨的挑戰，還有個例子是囊狀纖維化（CF）。這種疾病的新藥開發工作近來有很好的進展。囊狀纖維化是一種遺傳性疾病，主要侵襲肺部，但也包含胰臟、肝臟、腎臟和腸。新生兒罹患這種疾病的機率為三千分之一。長期健康影響包括呼吸困難和肺部經常感染，最後導致肺衰竭死亡。這種疾病的原因是負責生成囊狀纖維化穿膜傳導調節蛋白（CTFR）的基因發生突變。CTFR在肺部細胞表面運作，調節細胞外的鹽平衡。突變蛋白無法發揮正常作用，使肺內的液體變得比較濃稠，這些液體對肺部造成壓力，同時促使細菌增生，造成發炎。具有一個突變基因和一個正常基因的人（別忘了我們都有兩組基因，一組來自父親，另一組來自母親）是帶因者，但如果兩個都是突變基因，造成突變蛋白將無法正常運作，因此罹患CF。

這種疾病有遺傳性，所以我們一直希望基因療法可以治療這種疾病。損壞的基因是否可能換成正常基因？有個選項是肺部移植，但因為缺乏適合的捐贈者，所以這個方法也有問題。然而美國福泰製藥（Vertex Pharmaceuticals）和囊狀纖維化基金會（CFF）合作開發新藥Ivacaftor，並於二〇一二年取得許可。這個基金會是非營利機構，宗旨是改善囊狀纖維化患者的生活品質[21]。Ivacaftor適用於具有特定突變組合的患者，它可與突變蛋白結合，強化其功能，也就是使突變蛋白正常運作。Ivacaftor在臨床試驗中效果相當好，也取得FDA許可。Ivacaftor的費用是每年三十一萬一千美元，價格與其他和囊狀纖維化同樣罕見的疾病藥物相仿[22]。《美國醫學會雜誌》一篇評論說這個價格「過高」[23]，該文提到一個慈善基金會曾經支持開發這種藥物，以及美國國家衛生院的政府經費研究曾經提供CTFR和CF相關的重要初步資訊。福泰製藥則發表聲明指出，在這種藥物取得許可之前，該公司花費了十四年進行研究，大部分經費來於公司自身[24]。囊狀纖維化基金會提供一億五千萬美元經費取得權利金權益，後來以三十三億美元賣出這些權益，用於進一步研究[25]。福泰製藥也表示將把這種藥物免費提供給沒有保險及家庭年收入低於十五萬美元的美國民眾。英國曾經進行生活品質標準化後壽命年（QALY）評估，藉以評估預期壽命和疾病對患者生

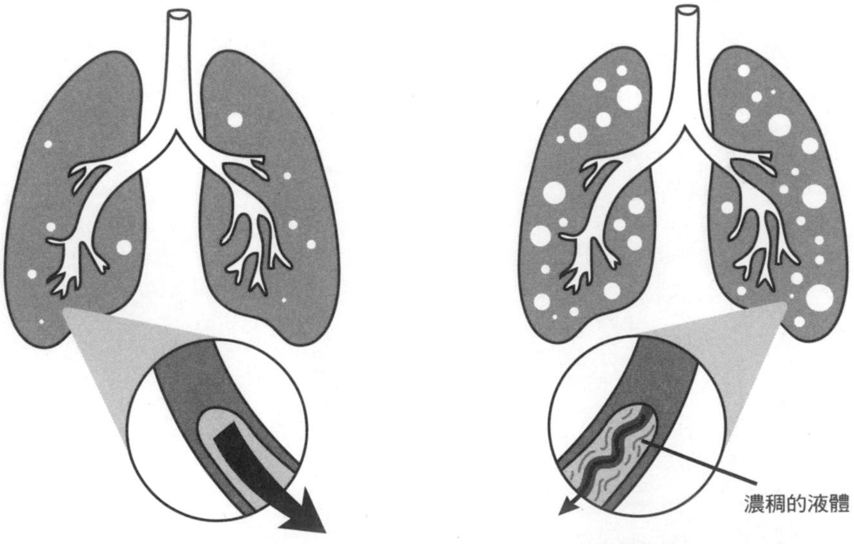

▲ 囊狀纖維化。肺內鹽不平衡使液體變得濃稠，促使細菌增長，導致發炎和肺部損傷。最新的藥物可恢復鹽平衡。

活造成的負擔，一QALY相當於完全健康的一年，分數範圍從一（完全健康）到零（死亡）。對囊狀纖維化患者而言，這個數字將隨時間進展而減少，直到最後死於該病。新藥物必須對這個數字造成影響，可能是減緩數字減少程度（Ivacaftor藥物的功能就是如此），也可能是完全阻止惡化（也就是治癒疾病）。這項研究最後斷定，以它為患者帶來的治療效益而言，這麼高的價格合理[26]。

福泰製藥另一種藥物Orkambi[27]接著取得許可。這種藥物是Ivacaftor和Lumacaftor兩種藥的組合。Orkambi適用於具有較常見的F508D突變的患者，在愛爾蘭囊狀纖維化患者中大約占八十%。具有這種突變的患者不同於單用Ivafactor就有療效的患者。以F508D突變患者而言，CTFR蛋白的損傷不只一種，而是兩種，它無法在細胞表面正常運作，甚至永遠無法到達細胞表面，只能停留在細胞內部。Lumacaftor能把突變的CTFR推到細胞表面，接著交給Ivacaftor處理，讓突變的蛋白正常運作。Orkambi在美國的價格是一年二十五萬九千美元[28]。

最後，第三種藥物Trikafta取得許可。這種藥物包含三種成分，分別是Ivacaftor、Elexacaftor和Tezacaftor[29]。它的效果大約是Orkambi的五倍（就目前而言），在美國的牌價是一年三十一萬一千美元[30]。愛爾蘭政府剛剛宣布已經與福泰製藥達成協議，將為愛爾蘭的CF患者補償藥費[31]。福泰製藥日前提供總值四億歐元的Orkambi給患者，愛爾蘭囊狀纖維化慈善基金會對此消息表示十分高興。約有八百名患者有資格接受治療，並將大大受惠於Trikafta。因此囊狀纖維化疾病的未來發展將完全改觀。

但囊狀纖維化是罕見疾病。如果是比較常見的疾病出現效果極好的新療法，又會是什麼狀況？對新藥物而言，制定價格的第一步是製藥公司評估它的價值，評估依據則是公司「認為市場能接受的」價格。初次問世的熱門藥物（也就是重大疾病的全新藥物，而不是類似已有藥物的產品）可以喊出高價。有個很好的例子是吉利德（Gilead）推出的C型肝炎藥物索華迪（Sovaldi）。C型肝炎病毒相當危險，感染肝臟後將造成無法復原的損傷，還會提高罹患肝癌的機率[32]。全世界每年有一億五千萬人感染C型肝炎，造成四十萬人死亡。

吉利德開發出能消滅這種病毒的藥物，臨床試驗效果相當好。FDA核可之後，吉利德把價格訂為每錠一千美元，完整療程為八萬四千美元[33]。在市場競爭下，這個價格後來持續降低，這當然是好事。競爭對手艾伯維（AbbVie）公司推出競爭產品，並把價格訂為二萬六千四百美元。時間更接近一點，埃及藥廠Pharco Pharmaceuticals進行吉利德的藥物與Ravidasvir合併使用的臨床試驗[34]。這種新藥物在第二到第三階段試驗中能治癒九十七%的患者，治癒率高於單獨使用索華迪。雖然吉利德率先開發索華迪，但Pharco已經訂定其混合療法的價格為每位患者總價三百美元。

埃及其實是個不錯的例子，因為該國C型肝炎發生率高於全世界。埃及衛生部長阿德爾・艾爾阿瓦迪（Adel El-Awadi）說過，埃及如果要以牌價使用吉利德的藥物治療所有C型肝炎患者，將會花光全國的衛生預算。值得稱道的是，吉利德後來和埃及協商，把價格降低到牌價的一%。整體而言，依據目前C型肝炎藥物的平均價格，只有三百萬人能接受治療[35]，但競爭對手進入市場後，狀況將會改變，未來將可挽救數百萬人的生命。

吉利德也率先開發抗新冠肺炎病毒藥物。這家公司的瑞德西韋（Remdesivir）可對抗與新冠肺炎病毒相似的伊波拉病毒（兩者都是RNA病毒），而且可用於治療新冠肺炎[36]。本書出版當時瑞德西韋的價格尚未確定，但吉利德公司執行長丹尼爾・歐戴伊（Daniel O'Day）表示會讓患者「負擔得起」[I]。在新冠肺炎疫苗方面，在疫苗開發領域首屈一指的嬌生公司（Johnson & Johnson）曾經表示會免費提供疫苗。這將是空前的創舉，但有部分原因是美國政府提供了一半疫苗開發經費。

製藥公司訂出牌價後，就可以開始議價，議價有點像在市場上跟攤商討價還價[37]。雇主資助方案或個人醫療保險計畫可以享有折扣，支付藥費的政府（例如愛爾蘭的健康服務管理署〔HSE〕）當然也有折扣。藥局也會參與議價。價格可在多個層級協商。持續留意狀況也是必要的，無論即將上市的新藥如何，製藥公司也可能提高已經上市的藥物價格。

有個很糟糕的價格哄抬案例是邁蘭（Mylan）公司把腎上腺素注射筆（EpiPen）產品價格提高五倍，從不到一百美元提高到超過六百美元[38]。腎上腺素注射筆的用途是挽救劇烈過敏反應患者的生命。還有另一個例子是二〇〇二至一三年間，胰島素（也是用於挽救生命的藥物）的價格上漲到三倍[39]。此外，二〇一二至一九年間，艾伯維的類風溼性關節炎藥物復邁（Humira）價格從一萬九千美元上漲到六萬美元[40]，這種藥物可消除類風溼性關節炎中的發炎蛋白TNF。目前的實際狀況是這類原廠藥的價格上漲速度遠超過通貨膨脹幅度。

近來有一項市調，指出愛爾蘭和其他國家有幾項有趣的差別[41]：愛爾蘭人支付學名藥的價格是國際平均價格的六倍。學名藥與先前有專利保護的藥物成分完全相同，當專利到期，學名藥就可上市。藥物專利的期限是二十年，但包含藥物從取得專利到臨床使用的時間，平均是八年，因此製藥公司訂定藥價時，可回收成本和獲取利潤的時間平均是十二年。在愛爾蘭，學名藥比大部分歐洲其他國家貴，但勃起功能障礙藥物威而鋼（Viagra）的價格在評估含括的五十個國家中最低（這是不是為了鼓勵愛爾蘭男性多多使用？），而且預防心臟病發的降膽固醇藥立普妥（Lipitor）也最便宜。整體說來，愛爾蘭的藥價是全世界第十六高。

在原廠藥方面，愛爾蘭的價格略低於平均價格。愛爾蘭健康服務管理署和其他十四

I　編按：二〇二〇年六月二十九日，吉利德公司表示因瑞德西韋製造成本高昂，每個病人的五日療程，所需費用高達二千三百四十美元，若能改良製程以降低成本，將嘉惠更多患者。

個國家聯手和各製藥公司協商原廠藥的價格，所以愛爾蘭在藥價方面排名不算太差，愛爾蘭健康服務管理署也盡力讓每個人都能獲得所需藥物。不過有個問題是取得新藥，愛爾蘭政府被指太晚取得許可和價格協定[42]。愛爾蘭的藥物總支出在二〇一八年增加到二十五億歐元，而且問題越來越嚴重[43]。防止藥價攀升，讓患者能使用新的藥物和療法至關重要。

新藥物和藥價未來將會如何發展？近十年來大多數時間，FDA每年核准約二十～二十五種新藥物。二〇一八年，FDA核准了五十九種新藥，未來可能也將維持這樣的數字[44]。這些新藥包括治療偏頭痛、多種癌症（包含數種白血病）、子宮內膜異位疼痛、化療造成噁心和嚴重癲癇的全新藥物。過去幾年的幾項重要許可，包括發動免疫系統對抗腫瘤的癌症療法，以及治療罕見疾病的基因療法。同樣，這些藥物都十分昂貴。諾華藥廠（Novartis）發表治療脊髓性肌肉萎縮症的新基因療法Zolgensma，這種藥物在臨床試驗中效果相當好。諾華表示這種單次療法的價格是二百一十萬美元[45]，如此昂貴的原因是這種疾病的患者相當少，所以分攤開發成本的人數較少。它是目前價格最高的藥物。

這些新藥都能幫助患者，但價格十分高昂。如果愛爾蘭健康服務管理署（HSE）在少數嚴重疾病患者身上花費龐大，會不會影響可能讓更多人受益的其他領域？醫師治療患者必須做某些決定時就有點類似這種情況，資源有限的時候更是如此。新冠疫情期間，可用的呼吸器數量不足，所以醫師有時必須決定讓誰使用呼吸器。同樣地，HSE也必須決定如何使用預算，面對新的昂貴藥物時，挑戰將變得越來越大。經費額度有限，我們必須衡量患者不使用新療法的醫療服務成本，以患者的一生而言，成本可能相當龐大，因此高昂的藥價或許也算合理。我們或許可以擬定基本醫療體系的最低藥物需求核心清單，列出對優先狀況而言最有效、安全和經濟的藥物[46]，新藥物可接受評估後再加入清單。

無論我們如何看待，未來都令人期待，也充滿挑戰。我們必須做出艱難的決定，但無論每個人的經濟能力如何，所有醫學研究都將造就讓所有人受益的新療法。讀者可能會問，我們有可能達成目標嗎？已開發和開發中國家醫療體系不是已經受這個問題困擾好幾十年了？

結論：讓我們一起期待未來能找出為需要的人開發新藥物的方法，而不需要考慮患者的經濟能力。

4 為什麼相信飲食法？

Why do you believe in diets?

「我試過書上講的各種飲食法，書上沒講的也試過。我還試過直接吃書，其實書比大多數飲食法還好吃。」

——美國鄉村音樂歌手桃莉．芭頓（Dolly Parton）

我從來沒用過什麼飲食法。但現在我要懺悔！我有一點過重（請留意是**一點**），但很多人確實過重。專門協助大眾減重的企業「愛爾蘭體重觀察者」（Weight Watchers Ireland）擁有十萬名會員[1]，其中九十五%是女性。愛爾蘭女性大約有半數過重，而且絕大多數想減重。國際瘦身產業每年產值高達數十億歐元，但足以證明他們宣傳的飲食法確實長期有效或效果大於單純減少熱量攝取的科學證據其實極少，甚至完全沒有。愛爾蘭男性的狀況更加糟糕，有六十六%像我一樣過重[2]。更令人擔憂的是，愛爾蘭兒童有四分之一過重，但他們這個年齡應該會經常跑來跑去，消耗熱量[3]。愛爾蘭的肥胖率位於歐洲前幾名，符合肥胖標準的成人多達四分之一[4]。以全球而言，過重或肥胖也越來越普遍。一九七五年到現在，全球肥胖率增加到接近三倍。二〇一六年最近一次全面評估時，共有十九億成人過重，其中有六億五千萬人肥胖[5]。這麼多人肥胖，這麼多人採取某種飲食法，可不是件小事。究竟哪裡出了問題，我們又該怎麼應對？

首先應該說清楚過重或肥胖的定義。營養學家用身體質量指數（BMI）來定義這些名詞。首先提出BMI概念的是比利時社會學和統計學家阿道夫．凱特勒（Adolphe Quetelet）[6]。人類的身材和體型各不相同，所以他想設計定義人類特徵平均值的方法。他提出使用BMI（原本稱為凱特勒指數），在測定身體質量同時考慮身高和體重（只用體重顯然不夠，因為高的人通常會比矮的人更重，但不一定過重）。一九七二年，美國生理學家安瑟．凱斯（Ancel Keys）創造出BMI這個名詞，為了回應同業競爭對手的攻擊（這在科學界不算少見），他說：「BMI即使不完全讓人滿意，至少也和其他相對體重指數差不多，可以當成肥胖的相對指標。」BMI是體重（單位為公斤）除以身高的平方（單位為公尺）[7]，數字小於十八．五時是體重過輕，介於十八．五～二十五之間是體重正常。BMI介於二十五～三十之間是體重過重，超過三十就有「大」問題了，因為這樣就是肥胖。肥胖又分成三個等級。第一級是三十～三十五之間，第二級是三十五～四十之間，第三級是四十以上。還有一種常用的方法是腰圍，和BMI一樣可以用來評估是否過重或肥胖。測定BMI相當重要的原因是過重和肥胖者罹患許多疾病的風險高得多[8]，這些疾病包括冠狀動脈疾病、第二型糖尿病、高血壓、退化性關節炎、中風、憂鬱症、乳癌和胰臟癌等至少十種癌症，以及最新最熱門的新冠肺炎。過重或肥胖也會明顯提高整體死亡風險。二〇〇九年一項含括九十萬人的研究指出，體重過重或過輕的人死亡率高於ＢＭＩ定義為體重正常的人[9]，主要死因是心臟病發、中風和癌症。整體而言，體重過重的人死於這些疾病的可能性高於體重正常的人。過重現在已經取代吸菸，成為可預防死因中的首位[10]。

體重過重還有一個危害更大的問題與身體意象有關。對於女孩和女性以及越來越多男孩和男性而言，維持苗條的壓力相當龐大。但其實不一定如此。歷史上人類對身體意象的看法相當有趣。在古埃及，女性的完美身材是修長窄肩。古希臘時代認為男性身體比較賞心悅目，女性比較不用擔心自己的外表，所以也容易有點過重。義大利文藝復興時期喜歡女性身材豐腴一點，因為這是多產和富裕的象徵。英國維多利亞時代，纖腰是魅力的象徵，而

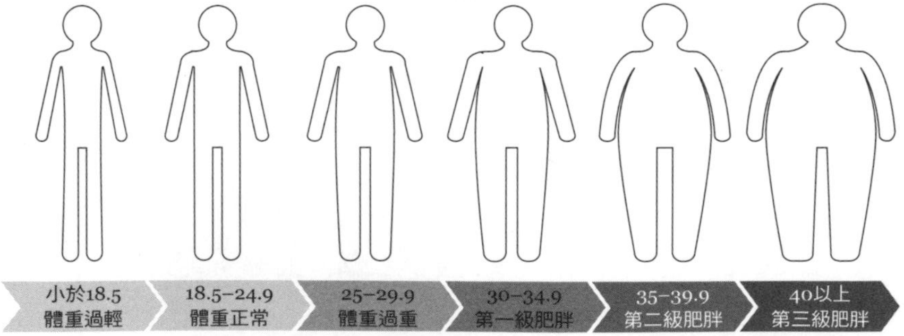

▲ BMI的計算方式是體重（單位為公斤）除以身高的平方（單位為公尺）。
如果BMI超過30，死於新冠肺炎的風險較高。

生活富足讓女性身體其他部位長得更大，因此出現荒謬現象，女性必須用鯨魚骨胸衣緊緊束縛身體。一九二〇年代，女性流行中性打扮。第二次世界大戰後流行又改變，稍微豐滿的身材再度時興起來。事實上在一九五〇年代，女性甚至會吃增重營養食品，以便擁有自己想要的身材。一九六〇年代以後，流行開始無情地朝苗條趨近，美容瘦身手術越來越普遍，飲食法和瘋狂運動也一樣。這些流行趨勢持續至今，對女性而言更變本加厲。一位評論家曾經提到，女性現在仍然難逃他人「依據外貌評價和壓迫」[11]。

對全體女性而言，外貌仍然被視為重要的一面。近來一項由聯合利華公司進行的調查（旗下品牌包含多芬，所以這項調查一定不單純）指出，只有四％的女性認為自己美麗[12]。另一項研究則指出，九十一％的女性對自己的身材大致上不滿意；有四十％認真考慮接受美容手術，修改自己認為的缺陷[13]；九十七％表示對自己的身體意象每天至少有一次負面想法。社群媒體助長人類與他人比較的天性，使狀況變得更糟。這些狀況造成的後果相當嚴重，它是青少年焦慮症和憂鬱症流行的部分原因，但更重要的是，這些狀況提高了厭食症和貪食症等嚴重飲食障礙的風險。這類問題在男性中比較不普遍，但同樣很嚴重，有二十％～四十％男性表示對自己的身體不滿意[14]。

媒體必須改變描寫女性的方式，這是倡議團體幫助少女的長期目標[15]。激發女孩的自尊心也是重要關鍵，但這些目標都不容易達成。無論就醫學和心理上而言，體重過重或肥胖都可能是嚴重問題。詹姆斯·柯登（James Corden）日前在他的節目《深夜秀》

（*Late Late Show*）中特別提到他與體重奮戰的過程對心理的影響。他說，儘管他非常努力，但一直無法控制體重，而且說他「順利的時候只有幾天，不順利的時候則有好幾個月」。詹姆斯也曾經公開反擊美國另一位談話節目主持人比爾．馬厄（Bill Maher）說應該再次鼓勵「肥胖羞辱」的言論。馬厄激烈批評體重過重人士，說他們缺乏自我控制。柯登指出這是霸凌，並且說霸凌絕對不會產生效果，只會讓人失去自信。柯登說的是「肥胖汙名」。一個跨學科國際專家團隊日前發表共同聲明，致力於終結肥胖汙名，「鼓勵體重污名教育對肥胖採用新的公共敘事，與現代科學知識同步。」[16]。這可說朝終結「肥胖羞辱」跨出了正確的一步。

那麼使人體重過重或肥胖的原因是什麼？理由顯而易見：食物攝取過多和運動過少。如果從食物攝取過多開始探究，有些可信的建議告訴我們每天應該攝取多少熱量。我們每天至少必須攝取一定量的食物以維持生命，食物為我們提供能量，用來生長肌肉和維持腦部和其他器官運作。營養專家把食物分成三大類：碳水化合物（例如糖）、脂肪（例如奶油）和蛋白質（包含在植物和動物肉中）。此外我們還必須攝取維生素和礦物質，因為體內許多過程需要它們才能正常運作，例如維生素K在我們受傷時協助血液凝結，維生素D協助維持骨骼強度，又如消化過程需要維生素B群協助酵素正常運作。

我們以食物的能量評估自己應該吃多少食物。國際單位制（公制的現代版本）採用焦耳為能量單位。有些國家以千焦（kJ）標示食物的能量，但另外還有一種較早期的能量度量單位稱為卡（令人不解地又稱為大卡）。在歐盟地區，食品包裝上會同時標示千焦和千卡，但在加拿大和美國只標示大卡。一大卡的定義是使一公斤水的溫度提高攝氏一度所需的熱量。想知道一定量食物的大卡數，可以測定其碳水化合物、脂肪和蛋白質的含量，再依據這些成分每單位的大卡數，就可以計算出總大卡數。此外也可以使用彈卡計（bomb calorimeter），讓食物在其中燃燒並測定熱量計周圍的水溫改變，得知食物的能量。

脂肪和酒精的熱量最高，每公克分別含有八．八大卡和六．九大卡。許多國家規定食品廠商必須在產品上標示熱量。每日攝取熱量的建議值則頗複雜，依年齡和活動量而不同。舉例來說，目前的男女性每日攝取熱量建議值分別是二千五百大卡和二千大卡[17]。但條件是年齡介於三十一至五十歲間、運動量為每天以時速五～六公里行走二～六公里——你看，是不是很複雜？我們也可針對不同年齡和活動量的人進行類似的計算，但通常以三十一至三十五歲的數字當成整體平均值。我們攝取的食物有二十％用來供應腦部運作（神經元活動相當劇烈，所以熱量需求很大），其餘則供應給體內其他器官。如果不遵守這些建議，可能就會營養不良（甚至可能喪命），或是走到另一個極端，變得過重或肥胖。

除了缺乏運動和食物攝取過多，許多證據顯示肥胖還有第三個原因：遺傳易感性[18]。有越來越多相當可信的證據都指出，基因乃是肥胖的重要原因。針對同卵雙胞胎進行的研究指出，肥胖有七十%～八十%由遺傳決定[19]，如果具有與肥胖有關的基因變異，控制體重就會特別困難。遺傳對體重的影響與對身高的影響一樣大，而且明顯大於遺傳對許多疾病的影響。近年來肥胖普及率越來越高，可能是因為有些人出於遺傳因素而容易變胖，再加上容易攝取到高熱量食物等現代生活方式，使我們吃得太多或運動太少。於是許多肥胖的人有雙重負擔：除了因為基因而天生容易變胖，還被貼上意志力薄弱和懶惰的標籤。

一九九七年，愛爾蘭醫師史蒂芬·歐拉希利（Stephen O'Rahilly）研究一名極度肥胖的四歲男孩時，最早觀察到肥胖可能與遺傳有關[20]。歐拉希利依據這位男孩的家族史，推測他的肥胖可能源自遺傳。這位男孩吃了熱量為一千一百二十五大卡的測試餐（相當於成人**每日**攝取建議值的一半）時，還想吃更多食物。科學家發現他體內生成瘦身素（leptin）這種蛋白質的基因有缺陷，也就是身體無法製造這種荷爾蒙。他接受瘦身素注射後，胃口恢復正常，也不再像狄更斯《孤雛淚》（*Oliver Twist*）中的主角奧利佛一樣一直要食物。這項重要研究支持肥胖可能與遺傳有關的理論，一舉打破馬厄認為我們能自主控制食物攝取的主張。在這個男孩的例子中，瘦身素值是關鍵所在，瘦身素較少時，我們吃下的食物較多。瘦身素由體內的脂肪細胞製造。我們攝取脂肪時，脂肪細胞釋出瘦身素，瘦身素進入腦部，通知我們停止進食。我們體重減輕時，體內脂肪細胞數量減少。此時我們進食之後，體內製造的瘦身素減少，胃口增加，因此吃的更多。它有點像恆溫裝置，其實應該說是「恆脂肪裝置」。脂肪較多，瘦身素較多，吃得較少；脂肪減少，瘦身素減少，吃得較多。人類演化出瘦身素系統的用意是防止我們太瘦，因為太瘦可能有害；此外也能防止我們過重，因為過重會降低活動力，容易被掠食者捕捉，或是提高前面列出那些疾病的風險。

瘦身素的先天性缺乏是罕見的肥胖原因，但生成胃口相關蛋白質的其他基因之間的差異則比較常見。歐拉希利提出最初發現之後，科學家又發現許多基因可能導致肥胖[21]。這些基因全都與胃口和滿足感或

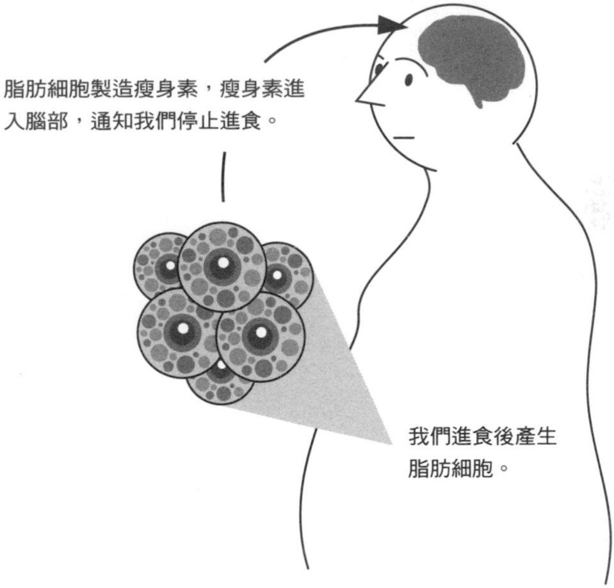
脂肪細胞製造瘦身素，瘦身素進入腦部，通知我們停止進食。
我們進食後產生脂肪細胞。

▲ 愛爾蘭醫師史蒂芬．歐拉希利發現，瘦身素基因突變導致瘦身素不足，使胃口不受控制，最後造成肥胖。

飽足感有關，包括瘦身素受體（功能是感應腦中的瘦身素）基因——如果這個基因受遺傳改變而損壞或缺失，身體就無法對瘦身素產生反應。受這個原因影響而肥胖的人即使注射瘦身素也無法減重，因為他們的身體無法產生反應。其他與肥胖有關的基因變異包括MC4R（約占肥胖人口的五％）、FTO、ADIPOQ、PCSK1和PPAR-gamma等蛋白質的基因。至少有五十種基因變異與肥胖風險有關，而且肥胖者具有的基因組合可能各不相同，每個基因扮演的角色都不大，但綜合起來就會提高風險。這個領域還有待進一步研究，但我們未來或許能檢驗每個人的遺傳風險，觀察哪些基因有缺陷並加以修正，進而降低肥胖風險。但這樣的日子還要一段時間才會到來。

所以如果過重或肥胖，或是覺得自己有這些風險時該怎麼辦？外科手術或許是個選擇，但通常只適用於長期肥胖且行為治療和改變飲食等生活方式也沒有效果的人。最常見的外科手術稱為減肥手術（bariatric surgery），方法是切除一部分胃以縮小胃部容積。這項手術僅核准用於BMI大於四十的人，但越來越多研究指出，它對BMI大於三十且罹患第二型糖尿病、睡眠呼吸中止或高血壓等肥胖相關疾病的人或許也有效[22]。這個方法相當極端，卻可能成為病態肥胖者的救星，使第二型糖尿病患者病情減輕的成功率高達八十％，還可治癒許多人的睡眠呼吸中止。

某些藥物也有幫助[23]。奧利司他（Orlistat）可降低腸道的脂肪吸收力。芬他命（Phentermine）則可增加正腎上腺素（norepinephrine）分泌，進而減少食物攝取量。氯卡色林（Lorcaserin）能與大腦控制食欲的5-HT2C受體作用而降低食欲。研究也指出，二甲雙胍（Metformin）和利拉魯肽（Liraglutide）等某些治療第二型糖尿病的藥物可影響胃口，進而降低體重。其他新療法也在開發中，而且很可能使用這些藥物，並且也可能產生副作用。有些開發中的肥胖對抗藥物，在早期臨床試驗階段的效果與減肥手術的效果不相上下。

但大多數人減重的第一步是採取某種飲食法。飲食法的定義是以特定方式進食，藉以影響體重，其目的有時是增重，但大多是為了減重。飲食法複雜又折磨人，還需要有合格專業人員，稱為營養師。營養師的角色十分重要，因為許多人在營養方面需要協助，包括可能營養不良的年長者、需要補充營養的新生兒，以及各種疾病的患者——這類對象如果無法自行進食，則可能需要營養補充劑甚至必須供應全部營養。對於有飲食障礙的人而言，營養師的角色也十分重要。

史上第一位營養師是英國的肥胖醫師喬治・凱恩（George Cheyne）。他調整自己的飲食，只吃牛奶和蔬菜減重，並於一七二四年發表文章探討這種飲食法[24]。史上第一種流行飲食法是「班廷飲食」（The Banting），發明者是威廉・班廷（William Banting），說他是位殯葬業者應該十分恰當。他撰寫的小冊子《關於肥胖的公開信》（*Letter on Corpulence, Addressed to the Public*）中建議每天吃四餐，餐點包括肉類、綠色蔬菜、水果和一杯不甜的葡萄酒[25]，他提倡不吃糖、啤酒、牛奶和奶油。這本介紹班廷飲食的小冊子一直印行到二〇〇七年。計算卡路里的風潮始於一九一八年，由美國醫師露露・杭特・彼得斯（Lulu Hunt Peters）的書籍《飲食與健康：關鍵在於卡路里》（*Diet and Health: With Key to the Calories*）掀起[26]。接著各種飲食法如雨後春筍般出現，尤其是一九六〇年代之後。依據估計，美國約有四千五百萬人採取某種飲食法，每年花費在各類減重產品的總金額為三百三十億美元。美國人為了減肥每年花費三百三十億美元，但同時全世界有八億人挨餓[27]。人類真的很奇怪，對吧？

飲食法的種類和花樣繁多。一九七〇年代有各種各樣的流行飲食。葡萄柚飲食建議每餐都吃半個葡萄柚。快瘦（Slim-Fast）飲食是以高蛋白奶昔代替早餐和午餐。斯卡斯代爾（Scarsdale）飲食是連續兩個星期每天只攝取七百大卡，這種飲食法的發明者是赫曼・塔諾爾醫師（Herman Tarnower），可惜他後來遭到女朋友槍殺（這兩件事不一定有關係）。更新的飲食法在一九八〇年代陸續出現。高麗菜湯飲食法是每天喝兩碗高麗菜湯搭配香蕉和脫脂牛奶，味道好重。比佛利山飲食法盤據《紐約時報》暢銷書榜三十週之久，方法是連續吃某一種食物十天，再換另一種食物吃十天，如此繼續下去。第一個星期是水果，第二個星期是碳水化合物，第三個星期是蛋白質，實際上很難執行。接著在一九八八年出現了流質飲食（liquid diet），流質飲食的意思不是只喝酒精飲料。美國知名主持人歐普拉是這種飲食的著名支持者，只攝取高蛋白流質飲食。她靠這種方式減了不少體重，但後來又說支持流質飲食是她在電視上最大的錯誤[28]。一九九五年，好萊塢女星珍妮佛．安妮斯頓推廣區域飲食（Zone diet），這種飲食法是攝取特定比例的脂肪、蛋白質和碳水化合物。二〇〇二年，長壽飲食（macrobiotic diet）問世，葛妮絲．派特羅是這種飲食法的支持者，方法是不吃肉類、乳製品、蛋、加工食品和糖，只吃大量蔬菜、豆類和黃豆。二〇〇七年，生機飲食（raw food diet）出現，沒錯，從英文名稱可以知道這種飲食就是只吃生的食材。二〇一二年，冷壓果菜汁大為流行，這種飲料或許不會影響體重，但至少能獲得水果和蔬菜的益處。原始人飲食（Paleo diet）於二〇一四年出現，支持者包括女星潔西卡．貝兒和鄔瑪．舒曼等。這種飲食法是攝取和原始人一樣的食物——就是我們的祖先藉由狩獵和採集所能獲取的食物，也就是未經加工的食品，包括均衡的水果、蔬菜、堅果和一些肉類。研究人員近來發現，某些原始人其實也吃人肉[29]，但至少目前還沒有人建議把人肉納入這種飲食內。原始人飲食和近十年來的各種風潮一樣，宣稱對我們有許多幫助，但沒有一種獲得科學支持。這些風潮包括吃羽衣甘藍、喝大骨湯、站著工作、吃藜麥、戴健身手環，以及女性（甚至男性）保養用的晶蛋（Yoni egg）等。

近年來特別受到注目的飲食法是地中海飲食[30]，原因出自稱為「藍色地區」（blue zone）居民的相關研究。藍色地區居民多半相當長壽，經常超過百歲。義大利的阿恰羅利（Acciaroli）和薩丁尼亞（Sardinia）這兩個地區有最多人研究。這些地區居民長壽的原因很多，包括適量運動和緊密的家族和社區連結等，但許多人的飲食是最重要的一環。地中海飲食法是攝取高達九十%的蔬菜（尤其是豌豆和豆類等豆科植物），還包括迷迭香等香草植物和橄欖油。這種飲食的重要特徵是份量相當少，傍晚或晚間份量最少。這些地區的老年人口鮮少過重或肥胖，而且吃得都相當少[31]，有些藍色地區還鼓勵每天喝一杯葡萄酒。

現在壞消息來了。目前科學上沒有確實證據可以證明這些飲食法有效——或者這麼說，如果這些飲食法確實能有效減重，那麼我們的體重就能繼續減輕。有些飲食法純屬無稽，例如葡萄柚飲食。這類飲食法大多可以分成三類：低脂飲食、低碳水化合物

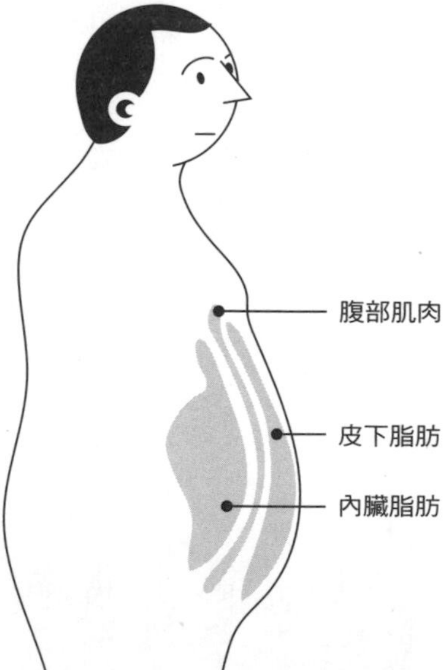

▲ 脂肪分成好幾種。形成中廣身材的內臟脂肪格外危險。

飲食和低卡路里飲食。低脂飲食顧名思義，就是大幅減少脂肪攝取量。這種飲食不一定減少熱量攝取量，只是改變食物種類。其重點在於我們如果吃下太多脂肪，脂肪就會積存在體內，「吃在嘴裡一分鐘，留在身上一輩子」很可能是真的。儲存脂肪的細胞稱為脂肪細胞（adipocyte）。儲存在腹部的脂肪格外危險，稱為內臟脂肪或「活性脂肪」，因為它會增加嚴重健康問題的風險[32]。測量腰圍有助於維持健康，就是因為能測量出內臟脂肪量。女性腰圍如果超過八十九公分，就可能出現健康問題，男性則為一〇一公分[II]。還好，運動和飲食都能減少內臟脂肪，採取低脂飲食的效果尤其好。一個有趣的發現是壓力荷爾蒙皮質醇（cortisol）也會增加內臟脂肪量，所以慢性壓力也是造成肥胖的風險因素[33]。有一項統合分析含括為期二～十二個月的十六項低脂飲食試驗，結果指出體重平均減輕三．二公斤，其中有相當比例是內臟脂肪[34]。讀者如果正在採用這類低脂飲食，可能需要把腰帶放鬆一格，因為這樣才會注意到腰圍縮小了一點。

低碳水化合物飲食是減少攝取碳水化合物，多吃一點蛋白質和脂肪。我們可以選

I 編按：比利時人口統計學家米榭・普蘭（Michel Poulain）和義大利醫生吉昂尼・佩斯（Gianni Pes）於二〇〇四年提出，他們發現薩丁尼亞島努奧羅省（Nuoro）的百歲男性人瑞占西方國家之冠。國家地理研究員丹・布特尼（Dan Buettne）以此基礎尋找其他長壽地區並著有兩本相關暢銷書，「藍色地區」因而成為健康長壽生活的代名詞。

II 譯註：台灣國民健康局的建議為女性八十公分、男性九十公分。

擇減少穀類、水果和添加碳水化合物的某些加工食品，包括麵包、義大利麵、餅乾、蛋糕和含糖飲料。一般認為這種飲食法有兩個作用。第一個作用與人體有趣的生化作用相關，人體能把碳水化合物轉換成脂肪，儲存養分以備不時之需，一旦減少攝取碳水化合物，則儲存的脂肪就會減少。第二個機制和胰島素有關。我們進食之後，為了使用血液中的碳水化合物，胰臟會開始分泌胰島素這種荷爾蒙，協助細胞吸收碳水化合物，當成能量來源。飢餓時胰島素降低，身體則會燃燒儲存的脂肪以取得能量。低碳水化合物飲食可降低胰島素，進而燃燒更多脂肪。大多數人減少攝取碳水化合物都能減輕體重。如果每個星期想減輕〇．五～〇．七公斤，則每天必須減少攝取五百～七百五十大卡[35]，相當於五罐汽水、十個馬鈴薯或十片麵包。

二〇一五年一篇文獻綜述發現，增加蛋白質及減少碳水化合物的飲食似乎有助於減輕體重[36]。另一個有趣的機制是飲食中的蛋白質越多，越容易感到飽足[37]。這種飽足反應與μ型類鴉片受體（mu-opioid receptor）有關。這種受體位於從內臟輸送血液的大血管壁內，當它活化時，會發送訊號給腦部，攝取更多食物。而蛋白質（更精確地說，是稱為胜肽〔peptide〕的蛋白質片段）可抑制這類受體活動，進而降低食欲，讓我們有飽足感。低碳水飲食有多種蛋白質來源，包括肉類、魚類和乳製品，還有豆類和豆科植物等植物性蛋白質。但有些研究指出，長期採取高蛋白質飲食可能造成腎臟損傷等問題[38]。然而大多數研究都指出，低碳水高蛋白質飲食可能有益於減重，至少短期是如此。

有種相當普遍的低碳水高蛋白質飲食稱為阿金飲食（Atkins diet），以發明這種飲食法的美國心臟科醫師羅伯・阿金（Robert Atkins）命名。阿金飲食法的基本理論和前面提到的相同，就是從燃燒碳水化合物轉換成燃燒儲存的脂肪。這個轉換過程稱為酮症（ketosis），可能導致頭痛、疲倦、便祕和口臭等問題。證據顯示阿金飲食採用者大多確實能減重，但也發現很難堅持下去[39]。

最後來談談最常見的低卡路里飲食，也就是減少攝取的卡路里數，同時維持均衡飲食。這種飲食法同樣建議每天減少五百～一千大卡，每星期可以減輕〇・五～一公斤[40]。位於美國的NIC評估三十四項低卡路里飲食隨機對照試驗，發現這種飲食可在三～十二個月內減輕總體重的八％，幅度相當大[41]。想想看腰圍減少八％，牛仔褲大概可以縮小一～二號。此外還有極低卡路里飲食，每天只攝取二百～八百大卡，而且和阿金飲食一樣以蛋白質和脂肪為主要食物來源。這種飲食其實是使身體處於飢餓狀態，平均每星期可以減輕一・五～二・五公斤。極低卡飲食的另一種版本稱為二－四－六－八，是以四天為一個週期，第一天攝取二百大卡，第二天四百大卡，第三天六百大卡，第四天八百大卡[42]，第五天整天禁食，接著循環重新開始。這種方式可大幅減輕體重，但只適用於對抗肥胖，而且必須在營養師監督下進行。儘管有證據指出這類方法有效，但結束後的反彈率也相當大。

有個似有幫助的方法是相互支持，最有名的例子是體重守護者（Weight Watchers）[43]。

這個跨國公司的總部位於美國，提供各種產品和服務來協助大眾減重。這個企業十分成功，二〇一八年的總營收為十五億美元（並於同一年改名為WW，反映它把關注範圍擴大到大眾的健康與福祉）。體重守護者的創立者是珍．尼德契（Jean Nidetch），她大半輩子都體重過重，試遍各種方法，包括減肥藥、催眠和各種流行飲食，全都徒勞無功。最後她加入紐約的減重計畫，但發現支持網絡相當重要。這個支持網絡起先只有六個朋友，體重全都過重，他們規定每個星期量體重，強調同理心、和諧、相互理解和共享經歷和想法。

WW存活得比各種流行飲食法更久。它的運作方式是把食物熱量轉換成點數，藉此鼓勵參與者選擇營養的食物，控制分量並以減少卡路里為目標。許多專業人士也支持WW。它的優勢是沒有垃圾科學理論，也不承諾神奇效果。它關注的是我們應該吃什麼，而不是不應該吃什麼。社交面向則可協助我們堅持下去。然而最大的問題是，這個方法有效嗎？二〇一五年，約翰．霍普金斯醫學院進行一項大規模研究[44]，研究人員回顧了四千二百項研究。在三十二項商業減重計畫中，有十一項進行嚴謹的隨機對照試驗，這種方法是檢驗某種處置方式是否有效的最高標準。大多數研究在科學上不夠嚴謹，難以信賴，但WW和另一家協助大眾減重的珍妮克雷格公司（Jenny Craig）在分析中表現十分優異。兩家公司都進行為期十二個月的完整對照試驗，證明參與者體重減輕幅度大於非參與者。採用阿金飲食的計畫也有實驗結果支持。

但在面對肥胖蔓延方面，我們還是沒有頭緒。已有科學證明長期有效的飲食法十分稀少。約翰．霍普金斯醫學院研究提出的建議是，醫師可以考慮介紹體重過重的患者參加體重守護者或珍妮克雷格的計畫，但實際上說來，這些方法雖然有幫助，但減重效果最多只比對照組高二%～五%。少吃多動的建議也不容易遵守。肥胖率持續攀升，和地球暖化的程度相仿。就肥胖造成的疾病風險提高以及壽命減少程度而言，它可說是這個時代最重大的全球健康問題，比新冠肺炎更加嚴重。預測數字看來相當嚴峻：到了二〇三〇年，美國成人的肥胖率將接近二分之一，有接近四分之一是嚴重肥胖[45]。進一步了解肥胖風險的遺傳原理是否有助於找到答案？既然我們似乎無法幫助自己，那麼我們是否能藉由這些知識開發出真正有幫助的新藥物（但我的意思不是跳進另一個大坑）？希望如此，否則我們未來不只會生活在過熱的地球上，而且地球人不是過重就是挨餓，這兩種人的壽命都比一般人還短。

但這一章的結論非常明確：絕大多數飲食法長期而言都沒有效果，所以最好的方法還是少吃多動。

5 為什麼沒辦法開心起來？
Why don't you just cheer up?

「我承認，最好笑的事就是不快樂。是的，它是世界上最滑稽的事。」
——愛爾蘭作家貝克特（Samuel Beckett），《終局》（*Endgame*）

我三十三歲時得了輕微憂鬱症，當時第一個兒子史提威剛剛出生，而且我有健康恐慌症（幸好沒有太嚴重），我想是這兩個因素導致我想得太多，擔心自己沒辦法照顧兒子，覺得未來沒有希望。我睡得非常差，沒胃口，生活變得沒有樂趣。我有時會抱著兒子想，我為什麼感覺不到這件事的喜悅？我為什麼在哭？我還算幸運的是，憂鬱症沒有嚴重到讓我無法工作，但確實有影響。我去找家庭醫師，醫師開給我抗憂鬱和幫助睡眠的藥物。藥物和諮商治療確實有效，大約四個月後，我開始走出憂鬱，讓我鬆了一口氣。我現在還記得憂鬱迷霧開始散去的那一刻。當時我們在春天去西班牙馬拉加度個小假，逃離愛爾蘭冬季的濕冷天氣。記得當時我坐在出租公寓的陽台，在早晨的陽光中和岳母黛瑟瑞一起喝茶。我看著海面波光粼粼，感覺很舒服。這件事讓我更加了解憂鬱症為其他人帶來的痛苦。當時我到底怎麼了，又為什麼有這麼多人為憂鬱症所苦？

從表面上看來，我們所處的這個時代，事情永遠不會變好。男人不用在死寂的絕望中度過人生，清醒時都在田地上或煤礦中勞動，在戰爭中死亡。而女性，至少在西方國家，現在已經能擁有自己想要的人生，不再受制於懷孕和生產的循環、嬰兒死亡率和不公平待遇。但近年來的調查中，青少年最大的恐懼不是以往的未婚懷孕或被發現抽菸或喝酒，而是焦慮和憂鬱症[1]。不少成人（比例高達十八％）曾有一次以上嚴重憂鬱的經驗（嚴重憂鬱的定義是必須藉助諮商或藥物治療）[2]。在大學生方面，因為心理健康問題而尋求協助的人數也在增加。在愛爾蘭，二〇一八年有將近一萬二千名學生尋求諮商，二〇一〇年時只有六千人[3]。在美國，二〇〇七年學生中重度憂鬱症的比例為二十三・二％，二〇一八年則高達四十一・一％。研究指出憂鬱症或焦慮症相當普遍，比例超過三十五％[4]。大學諮商服務已經不勝負荷。就憂鬱症罹患人數和因此導致的自殺事件而言，憂鬱症已是我們必須密切關注的嚴重問題。這種狀況未來可能嚴重到什麼程度？健康良好、領悟和自由的前景都一片黯淡。許多人類同樣在絕望中度過人生，只不過不像以前的人那麼死寂。

讀者如果得過憂鬱症，那麼你不孤單。卡羅琳・亞恩（Caroline Ahern）、伯茲・艾德林（Buzz Aldrin）、安徒生、馬龍・白蘭度、凱特・布希、強尼・凱許、李歐納・柯恩、達爾文、狄更斯、巴布・狄倫、史蒂芬・弗萊（Stephen Fry）、女神卡卡、金恩博士、史蒂芬・金、約翰・藍儂、林肯、史派克・密利根（Spike Milligan）、吉姆・莫里森、莫里西（Morrissey）、桃樂絲・歐里歐丹（Dolores O'Riordan）、史汀、莫札特、牛頓、布萊德・彼特、希薇亞・普拉斯、愛倫坡、波拉克、拉赫曼尼諾夫和布魯斯・史普林斯汀都得過憂鬱症。這些還只是我比較知道的名人。他們都曾經得過臨床憂鬱症。史汀會得憂鬱症完全可以理解——寫出〈金色田野〉（Fields of Gold）這種歌的人真的應該去看醫生。但是布萊德・彼特也是？寫出那些美妙的童話故事，為我們帶來無數歡樂的安徒生也有？這告訴我們一件事：每個人都可能得憂鬱症。而且你知道嗎？成功可能導致憂鬱，甚至使憂鬱症惡化[5]。當上公司執行長可能引發憂鬱症，事實上，執行長罹患憂鬱症的比例是一般大眾的兩倍[6]。

那麼，憂鬱症（又稱為重度抑鬱疾患）究竟是什麼？憂鬱症的定義是持續性的情緒低落與厭惡活動狀態。這兩個特徵會同時出現。罹患憂鬱症時會感到心情不佳，也不想從事平常會做的活動。我們去找家庭醫師說自己有憂鬱症時，醫師會詢問一些問題。此外還有一些關鍵指標，其中最重要的是必須有以下九個症狀中的五個以上，而且前面兩個中至少要有一個，時間則是至少兩個星期幾乎天天如此。這九個症狀包括：大半天以上或幾乎每天覺得難過或心情低落；對向來喜歡的事失去興趣；體重或胃口明顯改變；幾乎每天失眠或睡眠過多；他人可察覺的焦躁不安；幾乎每天都感到疲倦或體力不佳；幾乎每天都感到失去希望或價值，或有罪惡感；幾乎每天都難以集中注意力或做決定；

經常想到死亡或自殺[7]。出現這類狀況的時間長度相當重要，因為每個人偶爾都會有這些感覺，也很快就會過去。這些感覺有時會再度出現，但大多數時間不會。還有其他方法可作為檢測指標，包括貝克憂鬱量表第二版（Beck Depression Inventory-II）和包含九個題目的憂鬱問卷（PHQ-9），這些方法雖可以測定憂鬱狀態的嚴重程度，但沒有身體或血液檢驗可以診斷憂鬱症。檢驗甲狀腺激素可以排除某些狀況，因為缺乏甲狀腺激素可能導致憂鬱症，但沒有其他檢驗能測定出血液中的某種生化物質可能導致憂鬱症。

因此抗憂鬱藥物的臨床試驗相當困難，原因是藥物是否有效只能依靠

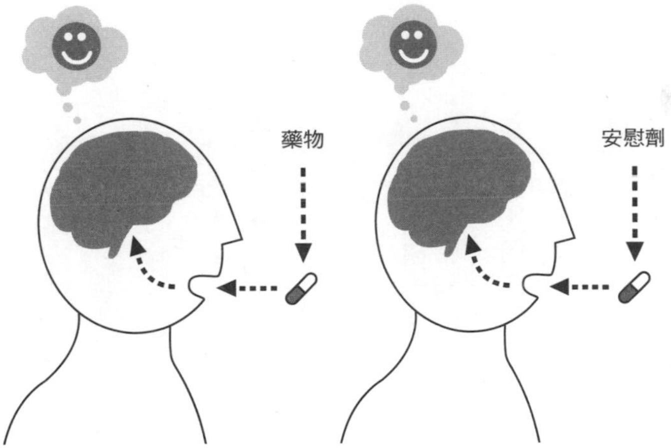

▲ 嚴謹的臨床試驗必須是雙盲試驗（也就是患者和科學家都不知道誰接受新藥治療），而且必須有安慰劑對照組（也就是未接受治療的患者必須服用與受測試藥物外觀和味道相同的「假藥丸」）。

患者評估。患者報告（也就是由患者填寫表格）一向有可信度不足的問題，因為患者有時會填錯表格、過度誇大或淡化自己的感受。此外，所有藥物試驗主辦者都必須接受患者報告的感受。患者報告可能是抗憂鬱藥物試驗效果不彰的原因之一。近來一項分析指出，抗憂鬱劑的效益大多（甚至全部）是安慰劑反應[8]。這究竟是怎麼回事？似乎只要跟患者談話和關注他們，或是他們只要參與試驗，就能讓他們的心情好起來。無論他們腦中有什麼化學物質不平衡（目前普遍的想法是憂鬱症是化學物質不平衡），或許都能藉助藥物或安慰劑等其他非醫學介入方式恢復正常。這裡必須強調，使用安慰劑不代表缺乏介入，它仍然是介入手段，因為患者知道自己參與試驗，只是沒有直接接受治療。

重度抑鬱疾患是常見的疾病，每個國家的罹患比例不同，發生率從日本的七%到法國的二十一%不等[9]。大多數國家的發生率是八%～十八%，依研究而各不相同，也就是說房間裡如果有一百個人，其中就有八到十八人罹患憂鬱症。女性罹患重度抑鬱的比例是男性的兩倍，但目前還不清楚為何如此。初次罹患憂鬱症比例最高的年齡層是三十～四十歲，另一個比例稍低的高峰是五十～六十歲。有帕金森氏症、中風或多發性硬化症等潛在神經疾病、心臟病發後，以及生產後第一年，罹患憂鬱症的風險明顯提高。產後憂鬱症是相當嚴重的疾病，罹患的女性比例高達十%～十五%[10]，一般認為病因是生產期間和產後的荷爾蒙變化和成為母親的壓力。幾項研究指出，年長者的憂鬱症發生率較低，但理由不明。有個理論是我們年紀漸長時更能洞察人生，不會再為小事抓狂。

　　憂鬱症的關鍵是腦部，但古希臘人認為它與膽管有關。古希臘人認為我們的心理狀態受體內的四種體液影響，分別是黑膽汁、黃膽汁、黏液和血液，尤其黑膽汁不可以失去平衡。希臘文的「黑」是*melan*，憂鬱症（melancholia）這個單字便由此而來，意思是憂鬱症的原因在於黑膽汁不平衡。體液（humour）又有情緒的意思，也是源自這個概念。現在我們知道憂鬱症的重點在於心智，而心智位於腦。儘管如此，我們還是不知道心智是什麼。簡單說來，心智和腦內形成複雜線路的神經元有關，但神經科學家提醒我們不要把它當成電腦，它比電腦複雜得多。

　　腦中有一千億個神經元，全部都在不斷地活動。理論上，記憶、智力和人格等應該都可用神經元之間的交互作用來解

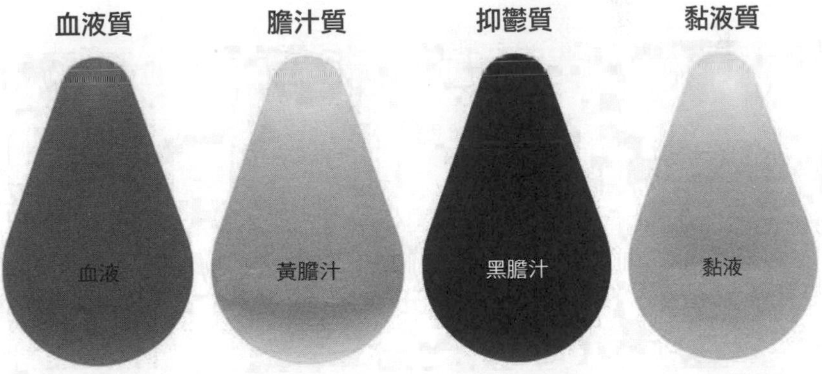

▲ 古希臘人認為情緒受體內液體平衡控制，因此形成四種氣質理論，分別是樂觀的血液質（Sanguine）、熱情的膽汁質（Choleric）、敏感的抑鬱質（Melancholic）和沉靜的黏液質（Phlegmatic）。

釋，但我們不清楚這些複雜的細胞生化機器如何運作。以憂鬱症而言，是假設我們的心智運作出現某些不平衡，導致這種疾病的特徵變化。憂鬱症患者腦部測量結果確實呈現出某些差別——他們的側腦室體積增大，視丘、海馬迴和前額葉等其他區域則縮小[11]，這代表憂鬱症患者的腦部結構確實有變化。腦部活動掃描也指出憂鬱症患者有些不同，但結果莫衷一是，腦部也不常用於診斷憂鬱症或觀察其發展。

神經元彼此聯絡的方法是釋出神經傳導物質（neurotransmitter）。這種物質就像接力賽中的接力棒，由一個跑者（神經元）把接力棒（神經傳導物質）交給下一個跑者。接力棒有許多種，包括血清素（serotonin）、正腎上腺素（noradrenaline）、乙醯膽鹼（acetylcholine）、多巴胺（dopamine）和麩胺酸鹽（glutamate）。雖然我們經常說血清素等物質受到干擾，必須使用藥物使它復原，但足以證明服用抗憂鬱劑的患者腦中這些物質失去平衡或改變的證據其實相當少。就某方面而言，這個狀況相當糟糕。英國劍橋大學精神病學教授艾德．布摩爾（Ed Bullmore）曾經寫道，憂鬱症患者問精神科醫師自己是什麼問題時，精神科醫師會說是腦內化學物質受到干擾，以及藥物如何使這些化學物質復原。但如果患者追問醫師這些化學物質是否可以測定，以便進行診斷或證明治療有效時，醫師的答案通常卻是沒辦法[12]。醫師和患者多半都不明就裡地相信這些說法，在科學昌明的二十一世紀實在不太應該。神經傳導物質影響情緒的證據當然存在，但主要是在動物體內，或是以遺傳為依據，原因是生成某些蛋白質的遺傳變異可能與憂鬱症有關，這些蛋白質的功能則是調節血清素等神經化學物質。目前還沒有可靠的方法能讓醫師在診斷時用來確認患者確實有憂鬱症，並提出行動方案來協助患者。

血清素是種神奇的神經傳導物質，神奇之處在於血清素選擇性回收抑制劑（SSRI）乃是憂鬱症的主要療法。一九九〇年代的靈丹妙藥百憂解（Prozac）也是SSRI。二〇一七年，美國大約開出二千二百萬次百憂解處方，與過去十年來的數字大致相仿[13]。近來一項研究發現，英國抗憂鬱症藥物處方的數量近十年來增加近一倍：二〇一八年共開出七千零九十萬次處方，二〇〇八年則僅有三千六百萬[14]。SSRI是處方中的主要藥物，其他抗憂鬱劑包括單胺氧化酶抑制劑，可阻止腦中血清素等單胺分解。在愛爾蘭，二〇〇九年至今處方數量增加了三分之二。愛爾蘭最常見的抗憂鬱劑立普能（Lexapro）也是SSRI，二〇一七年開出六十萬九千六百五十五次[15]。這樣的藥物數量和憂鬱症患者都相當驚人。但這些藥物有效嗎？對某些人而言當然有效，整體反應率為中重度憂鬱症患者的憂鬱指數降低了五十%。

血清素影響的腦細胞大約有四百萬個，包含與心情、性欲、胃口、睡眠、記憶和學習、社交行為，甚至體溫調節有關的腦細胞。不過我們沒辦法測量人腦中的血清素，因為變化往往僅限於腦部的一小部分。此外也沒有證據證明血清素濃度和憂鬱症或其他精神疾病有關。血液中的血清素可以測量，也有一些證據指出憂鬱症患者血液中血清素偏低，但這可能是結果而非原因。結論是SSRI的作用應該源自提高腦中血清素濃度，但我們還未完全了解它是如何產生作用。SSRI的另一個大謎團是為什麼需要一個月以上才會出現效果。此外，運動已經確定可治療憂鬱症，但是沒有證據證明運動能提高腦中的血清素濃度。FDA對臨床試驗進行系統文獻回顧，指出抗憂鬱劑可降低憂鬱程度五十二%[16]，有一項大規模研究指出，抗憂鬱劑的效果在五百二十二次試驗中優於安慰劑[17]。

目前在憂鬱症的生理解釋方面，腦部的化學作用及其運作仍然讓我們感到挫折。另外還有一個關鍵問題仍然只有推測而沒有明確的結論，就是導致憂鬱症的原因究竟是什麼。而且，憂鬱症和其他疾病差異極大。我們知道傳染病的原因是細菌或病毒，第一型糖尿病的原因是缺乏胰島素，或是癌症是因為控制細胞生長或防止腫瘤長大的基因突變，並依據這些知識進行治療。但就憂鬱症而言，原因可能很多且變化多端[18]。生活事件當然扮演重要角色，包括失去親友、財務困難、失業、生病、遭到霸凌、性侵害、社會孤立、失戀、重大傷害，甚至前面提過的成功。這些事件會造成失落感，可能是失去所愛的人、健康或自由等；或是造成憂慮、鑽牛角尖，進而導致憂鬱發作。凡此種種，是否會造成腦內神經物質不平衡？又是否能以藥物治療？似乎不大可能，卻是目前我們能有的最好解釋。對許多人而言，憂鬱會隨時間緩和，或是我們會學著接受自己的感覺，因為腦部會適應新環境。但許多人需要治療，而且最重要的是需要鼓勵他們尋求協助。儘管我們不清楚明確的原因，也無法測定憂鬱者腦中或體內的東西，但我們應該鼓勵每個人尋求協助，因為憂鬱症和其他疾病一樣可以治療。

可能導致憂鬱症的生活事件很多，但童年遭受不當對待，尤其是虐待或性侵害，是日後罹患憂鬱症的重要預測指標。酒精、鎮靜劑等藥物、古柯鹼或安非他命等興奮劑，也可能導致憂鬱症或加重病情。這些藥物都會影響腦部，戒斷藥物時對腦部造成的干擾會引起腦部試圖彌補，這樣的彌補就可能導致憂鬱症。藥物或許能減少與焦慮有關的神經傳導物質，停用藥物後，這些神經傳導物質過度反彈，因而導致焦慮。宿醉時酒精逐漸減少，欣快感停止，腦部被酒精抑制的部分（一般認為是造成焦慮感的部分）恢復時往往活化過度，所以會感到更加焦慮和憂鬱，直到恢復正常才結束。這類狀況甚至還有個名字，叫做麩胺酸鹽反彈（glutamate rebound）[19]。麩胺酸鹽是興奮性神經傳導物質，也就是說它會刺激腦部，而酒精則會降低麩胺酸鹽濃度（因此我們喝酒可以減輕焦慮），但麩胺酸鹽後來會反彈得更高，因此造成焦慮。這種焦慮的名稱同樣源自宿醉，稱為宿醉焦慮（hangxiety）。比較害羞內向的人，宿醉時的焦慮感會比原本不那麼害羞的人更高。整體說來，酒精對容易罹患憂鬱症的人可能造成深遠的影響。酒精依賴者也比較容易罹患憂鬱症。生活事件可能使人成為酒精依賴者，酒精又可能加劇潛在的憂鬱症。

憂鬱症的遺傳基礎也是熱門研究領域。家族和雙胞胎研究指出，罹患憂鬱症的風險有將近四十％可歸因於基因[20]。就遺傳與特定狀況的關聯而言，這樣的比例相當高，而且這表示如果有某位近親罹患憂鬱症，我們也很有可能得到。所有人口罹患憂鬱症的整體風險大約是四分之一，但如果雙親曾經罹患憂鬱症，風險將跳到三倍；如果祖父母曾經罹患憂鬱症，孫輩的患病風險也會提高[21]。雙親曾經罹患憂鬱症，小孩罹患憂鬱症的機率為七十五％。兄弟姊妹曾經罹患憂鬱症時，我們的罹患機率會增加到二～三倍。DNA完全相同的同卵雙胞胎，罹患憂鬱症的風險也高於基因只有五十％的異卵雙胞胎——這點相當重要，因為合理的假設是兩組雙胞胎都在相同環境中長大，如果純粹是環境因素，則同卵或異卵雙胞胎的憂鬱症風險將會相同，但事實並非如此。然而，罹患憂鬱症的雙親或兄弟姊妹可能會形成比較容易罹患憂鬱症的環境，因此憂鬱症可能是遺傳和環境複雜交互作用的結果。

憂鬱症的遺傳因素相當複雜，因此很難指出包含哪些基因。二〇一九年，科學家找出可能提高憂鬱症風險的一〇二種基因變異[22]。5-HTTLPR、CRHR1和BDNF等基因可能具有與憂鬱症風險有關的變異，也就是說，如果具有這些變異，風險將高於具有其他變異的人。依據基因功能，這些關聯應該有若干道理。5-HTTLPR負責控制血清素（SSRI負責提高的物質），CRHR1與身體對壓力的反應有關（壓力也是憂鬱症的原因），BDNF則有助於神經元生長。有個憂鬱症理論認為神經元生長損傷可能是原因。腦中的神經元隨時都在死亡，近年研究指出是被新的取代，取代時出現缺陷可能是憂鬱症的原因，但這類遺傳關聯很難在後續研究中證實，所以也還不確定。

另一項研究或許比較有力。這項含括全世界數個中心的大規模研究發現，二萬個基因中有四十四個可提高憂鬱症風險[23]。這個數字相當重要，但同樣面臨挑戰，因為基因變異不太可能只有一個。憂鬱症牽涉到數個基因，每個基因都在整體風險中貢獻一小部分。有幾個基因密碼負責控制與腦部功能有關的蛋白質，所以當然也與憂鬱症有關。這也提供了更多證據，證明憂鬱症的根源在於心智。有人認為未來有一天，我們將可用基因變異組合來預測罹患憂鬱症的風險，甚至指出可能治療方法。然而實際上，造成憂鬱症的原因可能是帶有特定變異基因加上生活在特定環境中，或是本身就罹患多方面的疾

宿醉焦慮的化學作用

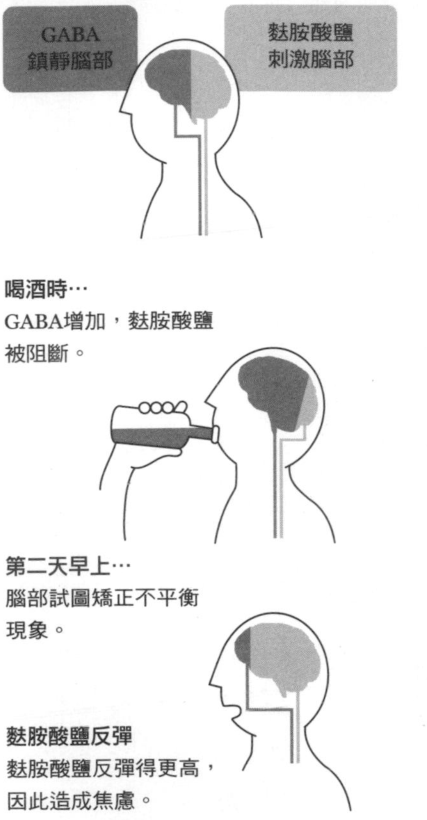
GABA
鎮靜腦部
麩胺酸鹽
刺激腦部
喝酒時…
GABA增加，麩胺酸鹽
被阻斷。
第二天早上…
腦部試圖矯正不平衡
現象。
麩胺酸鹽反彈
麩胺酸鹽反彈得更高，
因此造成焦慮。

▲ 一般認為酒精能強化抑制性神經傳導物質GABA，同時抑制刺激性神經傳導物質麩胺酸鹽，因此使我們心情變好。然而狂喝一夜之後，腦部開始反擊。麩胺酸鹽反彈，而且彈得更高，結果造成宿醉焦慮。它是宿醉的症狀之一，醫學名詞是Veisalgia（如果必須向老闆說明沒辦法上班的理由，這個單字或許會很有用）。

病。

大學生罹患憂鬱症的風險為什麼比較高，也是許多分析的焦點。一般認為風險因素包括社群媒體壓力、個人和家族對學術成功的期望，以及睡眠品質不佳。一項研究發現將近有五十%的大學生表示晚上會醒過來回覆手機訊息[24]。

憂鬱症療法也差異極大。在英國，建議的治療方法是不要一開始就使用以SSRI為主的抗憂鬱劑，尤其是輕度憂鬱時，因為抗憂鬱劑的風險效益比太差（這裡的風險是指副作用）。SSRI應該用於中度或重度憂鬱，而且應該持續使用至少六個月。除了藥物之外，醫師也可能建議心理治療、運動（效果至少和藥物或談話治療相仿）。憂鬱症如果十分嚴重，且其他方法都沒有效果，可以使用電痙攣療法（ECT）。這個方法是用電刺激腦部，對某些患者相當有效，對於其他治療方法沒有效果的患者而言，反應率為五十%。這個方法對重度憂鬱症特別有效，但實際作用方式則不清楚。認知行為治療（CBT）擁有的有效證據最多[25]，這種方法是教導患者挑戰自己的思考模式，並且改變負面行為，對於防止復發格外有效。預防憂鬱症最有效的課程包含八節，每節六十～九十分鐘。荷蘭課有個程稱為「克服憂鬱」（Coping with Depression），效果相當好，可降低三十八%風險[26]。

佛洛伊德開創的精神分析方法試圖解決潛在的精神衝突，這些精神衝突可藉由治療師提出問題而呈現。這裡必須特別說明，佛洛伊德所提出的意識相關概念其實沒有證據。我們無法察覺潛意識或以科學證實他的意識理論。他在這些理論中提出著名的本我和自我概念。（據說佛洛伊德曾說過全世界只有愛爾蘭人無法接受精神分析。）有證據指出心理治療有效，對輕中度憂鬱症的效果至少和藥物相當。心理治療和認知行為療法的效果或許也是安慰劑效應。

一般說來，憂鬱發作會持續三個月，所以希望永遠存在[27]。但還是有再度發作的風險。有八十%的人一生至少復發一次，平均一生發作四次。大約有十五%的人經常復發。建議患者康復後持續服用抗憂鬱劑四～六個月，這樣可使復發機率降低七十%。可惜的是，憂鬱症是自殺的風險因素。自殺死亡的人有多達六十%有情緒障礙，但憂鬱症患者自殺的整體風險相當低，在門診接受治療的患者僅有二%。住院治療的患者則提高到四%，代表自殺風險與憂鬱症嚴重程度有關。性別也有差異。男性憂鬱症患者大約有七%死於自殺，女性則只有一%（但女性自殺不成功的案例較多）[28]。一般大眾的自殺率則約為〇・〇一%[29]。有趣的是，大多數國家的自殺率都在下降，俄羅斯的自殺率更明顯下滑，二〇〇〇年到二〇一二年間降低了四十四%，英國為二十一%，愛爾蘭為三十八%[30]。不過有個國家的趨勢相反：美國在這段期間升高了二十四%，原因則不清楚。

有個重要問題是憂鬱症發生率正在提高。有幾項研究探討千禧世代（出生於一九八〇和一九九〇年代的人）的精神狀態。研究指出，這個世代的教育比上一代好很多、享樂主義較少、比較規矩，但也比上一代寂寞。而且由於智慧型手機和社群媒體之故，現在的世界連結比以往更緊密。知名的皮尤研究中心（Pew Research Center）對九百二十名十三～十七歲的美國人進行意見調查，詢問關於同儕的問題[31]。他們比較不擔心雙親發現自己喝酒或意外懷孕等狀況，但有七十％受訪者表示焦慮症和憂鬱症是同儕間最重要的問題；有五十％同時表示藥物成癮恐懼是重大問題。青少年擔憂的問題包括害怕讓父母親失望（因為父母親與小孩的關係比以往更緊密），以及社群媒體的壓力。

未來治療憂鬱症的新進展可能出現在哪方面？有個有趣的發展指出，免疫系統可能是憂鬱症的病因。這個理論乍聽之下相當令人驚訝。免疫系統的功能應該是以白血球細胞瞄準及攻擊細菌、病毒和寄生蟲，藉以對抗感染。這麼好的系統為什麼會使我們憂鬱？

這個概念的起點，是我們意識到染上感冒或流感時容易出現憂鬱症狀，包括沒胃口、社交意願降低（只會躲在棉被裡），以及情緒低落（只有在看白天電視節目時會生氣）。這可能是演化形成的反應，幫助身體復原，同時使我們減少接觸群體，防止傳染給其他人，使整個社群遭殃。這類反應稱為「患病行為」，通常出現在罹患傳染病時，但罹患類風溼性關節炎或克隆氏症等發炎性疾病時也會如此。因為某些原因，這類免疫系統疾病會攻擊自己的組織，類風溼性關節炎侵犯關節，克隆氏症的目標則是消化系統。這究竟是怎麼回事？疾病症狀出自稱為細胞激素（cytokines）的免疫分子，這種分子

青少年認為同儕最大的問題是焦慮症和憂鬱症

青少年認為在自己生活的社區，同年齡者中以下各項問題的嚴重程度百分比

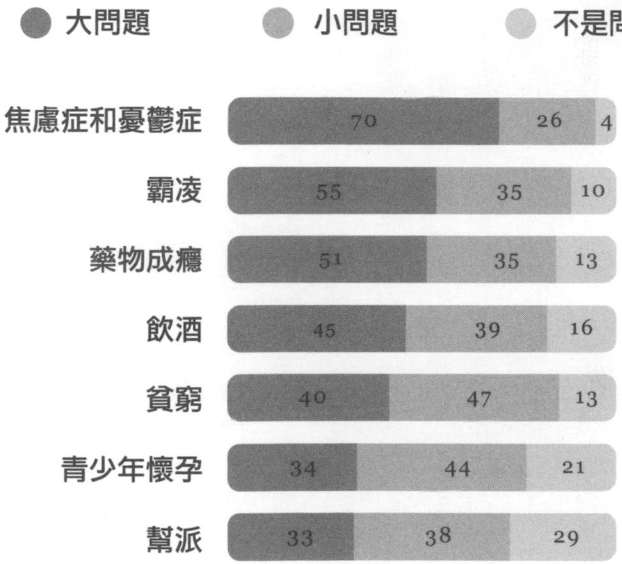

2018年9月17日到11月25日對13至17歲青少年進行的調查

皮尤研究中心

是免疫系統的警報，會動員部隊與入侵者戰鬥，但有些細胞激素可能造成患病行為。有一種細胞激素稱為干擾素（interferon），功能是反應病毒感染。干擾素很擅長促進病毒的消滅率，有時也用於治療C型肝炎等病毒感染患者。但醫師給予患者干擾素時，發現患者容易陷入憂鬱。接著，治療類風溼性關節炎的醫師發現了「類克興奮」（Remicade High）現象。類克是治療類風溼性關節炎的藥物，作用是阻斷另一種細胞激素TNF。這種細胞激素對治療關節炎十分重要，因為這種疾病的關節疼痛和破壞等許多症狀都由它引起。對某些患者而言，阻斷TNF可以緩解這些症狀。但醫師發現，患者接受治療後不僅迅速好轉，而且更有活力，「腦霧」清除，心情也變好。同樣地，這代表造成這些症狀的是TNF。以往醫師認為，憂鬱症與類風溼性關節炎等疾病同時出現，是因為關節痠痛、無法從事以往可獲得樂趣的活動，例如運動等。但這些想法似乎不太正確。TNF也會影響腦部，促進患病行為。憂鬱是病毒感染所導致的徵狀，用意是阻止感染擴散和強迫我們休息。但憂鬱在發炎性疾病中變得不受控制，因為無論是憂鬱或發炎，這兩種徵狀都會製造細胞激素。這些都指出細胞激素是未來對抗憂鬱症的新目標。

那麼沒有感染或罹患發炎性疾病的「一般」憂鬱症也和細胞激素有關嗎？原因可能是壓力，因為壓力是憂鬱症的主要風險因素。但其實壓力會造成體內發炎，就像感染或受傷一樣。這給了我們另一個失落的環節：壓力會使某些導致憂鬱症的細胞激素升高。壓力和細胞激素的關聯可能來自演化的結果，因為壓力反應有一部分是為了因應危險。

我們在危險時刻（例如遇上老虎）可能受傷，所以免疫系統隨時準備對抗受傷可能造成的感染，以便修復身體。問題是現在我們遭遇的壓力來源不一定是老虎，而是生氣的老闆或喜歡爭辯的朋友，或是惱怒的另一半。這些壓力會被轉換成細胞激素反應，進而導致憂鬱症。

憂鬱症是某種心智發炎現象，讓許多人大感興奮，也有許多臨床試驗正在測試細胞激素標靶的效果。這些臨床試驗或許能依據有力的科學證據開發出全新的抗憂鬱劑。這類藥物將是三十年來憂鬱症治療的重大進展。除了新療法，免疫系統與憂鬱症關聯的研究也讓我們進一步了解問題所在。與憂鬱症風險有關的四十四個基因中，有幾個位於免疫系統，進一步證明免疫系統的角色，也進一步證明針對免疫因素治療憂鬱症的方向正確。免疫系統蛋白質也可用於診斷憂鬱症。在一項研究中，有強烈自殺想法的中度抑鬱患者體內某些發炎蛋白質濃度，高於低自殺想法的患者[32]。這類研究或許會進行某些測試，找出自殺風險特別高的憂鬱症患者，為防範自殺悲劇提供極大助益。

另一個引起極大興趣的領域，是腸道細菌可能是憂鬱症病因的理論。研究指出重度憂鬱患者腸道內的細菌和未罹患憂鬱症的人不同，少了幾個物種。把患者的腸道細菌組合植入大鼠體內後，大鼠也得了憂鬱症[33]。缺少的這幾種細菌，或許就是憂鬱症的新療法。

另外兩種新方法也引起許多關注，而且都來自意想不到的其他領域：娛樂藥物。

K他命是一種強力鎮靜劑，臨床上用在需要動手術的家畜身上。它的另一個用途是以低劑量當成派對藥物，讓吸食者的精神產生「解離狀態」。但證據也指出它可緩解憂鬱症狀，臨床試驗證實了這個效果[34]。K他命和SSRI的差別是K他命的作用相當快，患者不需要等一個月就能看到效果。它產生效用的方式還不清楚，但已經被視為五十年來憂鬱症治療最重大的進展[35]。K他命的抗憂鬱劑用途剛剛獲得FDA批准，用於治療其他抗憂鬱劑不見成效的患者。K他命究竟能發揮多大的效果，且讓我們拭目以待。

塞洛西賓（Psilocybin）可能也是具有抗憂鬱效果的藥物。猜猜看這種藥的主要成分是什麼？是神奇蘑菇。神奇蘑菇可讓吸食者產生迷幻感，效果類似迷幻藥LSD。不過低劑量塞洛西賓能緩解憂鬱症，目前有許多人研究[36]。憂鬱症患者不應該在臨床環境外服用神奇蘑菇，因為每種蘑菇的塞洛西賓劑量不同，可能使病況惡化。但塞洛西賓或許可以提供醫師另一項武器，為患者開發新的療法

憂鬱症的罹患率越來越高，尤其是年輕人，而且這種疾病經常嚴重剝奪人生樂趣，所以需要我們密切關注。我們只能活一次，應該盡可能活得充實，並且幫助受苦的人。事實上有許多事物能提振心情，幫助我們擊退邱吉爾所說的「黑狗」[I]。許多人說快樂是需要努力才能獲得的，這可能是因為我們的腦中有防範傷害的保護機制，所以比較容易陷入擔憂和焦慮。此外我們也容易想太多，這同樣也可能是一種生存機制。

但我們對這些並非無能為力。我們可以對抗這些傾向。有些方法相當顯而易見，例

如盡量抱持正向看法、常跟正向的人聊聊、參與正向社團。這些都能協助我們不要陷入泥淖。同樣地，規律運動和欣賞大自然也相當有益。在一項有一百二十萬人參與的大規模研究中，每人平均每個月有三．四天精神健康不佳[37]，但規律運動者則減少一．五天。養寵物也對改善心情相當有用，寵物讓我們有關注對象，並讓我們有機會運動和跟他人來往。與寵物狗互動時，雙方都可增加愛的荷爾蒙催產素（oxytocin）。當志工的效果也非常好，有工作可讓我們感到生活有意義（意思通常是幫助他人的工作）。最後，我們可以藉由做某些事趕走憂鬱症或防止它復發。

結論：依據以上的指引及經由醫師協助，我們可以擊敗憂鬱症。我們不應該生活在痛苦和恐懼中。憂鬱症，走開！

I　編按：英國前首相邱吉爾有句名言：「心中的憂鬱就像隻黑狗，一有機會就咬住我不放。」他被認為一生飽受憂鬱症之苦。之後英語世界即以黑狗（black dog）象徵憂鬱症。

6 為什麼無法不做對自己有害的事？

Why can't you stop doing things that are bad for you?

「我猜想，世界上有各種各樣上癮的人。人都有痛苦，也都在尋求消除痛苦的方法。」

——美國小說家薛曼．亞歷斯（Sherman Alexie），

《一個印第安少年的超真實日記》（*The Absolutely True Diary of a Part-Time Indian*）

準備接受驚嚇吧。其實我吸過毒，包括咖啡因、酒精，當然還有大麻。我也試過神奇蘑菇，後來就愛上了平克．佛洛伊德，這是我這輩子最大的錯誤。我們人類這個物種很奇怪，喜歡嘗試新東西，也不斷開發讓自己上癮和造成麻煩的東西，最新的例子是智慧型手機成癮。前陣子我弄丟手機，覺得自己好像少了一隻手還是腳。我感到坐立難安，忍不住一直想會有什麼損失。我想盡辦法尋找替代物。我買了新手機，從雲端傳回資料之後（各位手機成癮病友請趕快備份手機資料），覺得心裡輕鬆不少。一項探討青少年「問題性智慧型手機使用方式」的研究指出，多達三十％青少年有非常類似成癮的問題。二〇一九年Deloitte委託進行的研究指出，愛爾蘭人平均每天看手機五十次，超過

歐洲人平均的四十一次[1]。研究指出，智慧型手機能活化腦部的酬賞中樞，每次手機上收到通知都會刺激多巴胺分泌，作用跟成癮性藥物差不多。智慧型手機和各種成癮都是為了追求愉悅，可能成癮的物質和活動也在不斷增加。成癮可能嚴重影響生活，各國政府都非常關注，因為成癮對經濟和情緒造成的影響非常大。人類為什麼天生就容易成癮，而當成癮嚴重影響生活時又該怎麼辨？

手機成癮為害雖然遠不如海洛因或酒精成癮那麼嚴重，但手機使用研究可以協助我們了解關於成癮的許多事實。對大多數人而言，手機鬧鐘先叫我們起床，接著一連串通知開始出現。造成年輕人嚴重焦慮和憂鬱的可能原因是三分之一的青少年半夜醒來看手機[2]，這樣會嚴重破壞睡眠，是眾所周知的焦慮原因。應用程式和社群媒體滿足我們對社交、資訊和樂趣的需求，我們變得跟手機密不可分。以下是幾個不良手機使用方式的特徵，這些特徵和成癮十分相似，請看看自己有沒有這些特徵：

- 經常長時間使用手機。
- 花在手機上的時間超過原本預期。
- 手機沒電時會感到恐慌。
- 即使知道手機影響生活，還是忍不住一直用它（這是成癮的重要徵兆）。

研究指出，八十九%的大學生曾有手機其實沒動靜，但感覺到手機震動的經驗[3]。

此外，經常檢視電子郵件和社群媒體的人多達八十六%，平均每天看五十五次[4]。這些都是成癮的跡象，近來的腦部掃描結果似乎也證實這點。科學家曾經以磁振造影技術（MRI）檢查已確診網路或手機成癮的青少年的腦部[5]。雖然人數不多（成癮組和對照組各只有十九人），但科學家發現了一些有趣的事。對照組成員是年齡和性別相同但沒有成癮的青少年（在這個時代和這個年齡層，怎麼找到這些人就不清楚了）。

科學家以問卷評估網路或手機使用對日常生活、社交活動、生產力和睡眠型態的影響程度，成癮青少年的憂鬱、焦慮和失眠分數普遍較高。科學家的發現十分有趣。他們能測定腦中的GABA和麩胺酸等某些化學物質，觀察前扣帶迴皮質（anterior cingulate cortex）中的明顯變化，證實了使用手機對人類腦部的深遠影響。重要的是，成癮組中有十二人接受九星期的認知行為治療，這項治療由遊戲成癮治療計畫修改而來。這幾位青少年完成治療課程後，腦中化學物質回歸正常。這項研究指出，手機或網路成癮會導致腦中的神經化學物質改變，這些改變就是各種成癮的根源。

成癮究竟是什麼？成癮是一種腦部障礙，使患者不顧有害結果，強迫性地沉溺於酬償刺激。我們知道這樣不好，但還是一直做下去。這聽起來似乎很蠢，我們應該不會一直做對自己有害的事吧？但成癮者腦中負責控制常識或理解的部分似乎失去作用，或是被導致上癮的部分壓制。這就像天使和魔鬼在我們兩邊肩膀上，但我們不理會天使，只聽從魔鬼的話。成癮這個魔鬼有兩個特徵。首先，它的使用會逐漸加強，意思是我們一旦接觸這種物質或行為，就會控制不了地想一再接觸。第二，這件事具有酬償性，讓我們感到愉悅，至少在使用成癮物質或從事成癮行為時會很開心。成癮和依賴不同，依賴是中斷時會產生稱為「戒斷」的不愉悅狀態，通常會有易怒、疲倦和噁心等症狀。這些症狀可能會促使進一步使用，但戒斷症狀和成癮的強迫行為不同。強迫行為是強烈地尋求成癮的物質或活動，通常不會出現生理症狀。不過成癮和戒斷經常同時發生。

整體而言，成癮分為兩大類，分別是化學物成癮和行為成癮[6]。化學物成癮是對某種物質上癮，行為成癮則是對某種活動上癮。化學物成癮在愛爾蘭極為普遍，包括酒精和各種各樣的藥物濫用。愛爾蘭大約有四十%的人酗酒，比例比其他國家高出許多[7]。酗酒的定義是男性在兩小時內喝下六標準杯（相當於三杯即一百七十五毫升的葡萄酒），女性則是在相同時間內喝下四標準杯。這樣的飲酒量對我們有害。

酒精對身體有害，肝臟也很擅長分解酒精。問題是肝臟每小時只能分解一標準杯的酒精，所以如果喝下的酒精超過肝臟的分解能力，酒精就會開始造成傷害。我們的腦部極為敏感，而我們感到愉悅的原因是酒精能抑制腦中與焦慮有關（尤其是社交焦慮）的部分，所以我們會覺得放鬆和愉悅[8]。酒精依賴就從這裡開始。腦中化學物質改變可能讓我們走上成癮之路。長期酗酒等於不斷虐待肝臟，提高罹患肝臟疾病的風險，最後使肝臟受創過重而完全失效。酗酒還會提高罹患各種癌症的風險，尤其是體內最常接觸酒精的部位，包括肝臟、口腔、喉嚨、食道和消化系統等。此外心臟病和中風的風險也會提高許多。愛爾蘭的酗酒率是全世界第二高，有八十一%人口的酒精消費量是全球平均值的兩倍半[9]。談到酒精濫用，愛爾蘭人似乎更是舉世無雙，大約有十五萬人酗酒。愛爾蘭酒類消費量過大的理由相當多，據說有天主教會、英國殖民主義，甚至還包括天氣。酒精在愛爾蘭的社交與文化生活中相當重要，因此很難避免。

儘管有這些統計數字和建議，酗酒對愛爾蘭人的影響還是不大明顯。愛爾蘭人整體預期壽命和其他國家相仿，與酒精消費量有關的各種疾病發生率也沒什麼不同。酗酒但活到老年的人口健康狀況似乎也不遜於不酗酒的人。許多人飲酒量超過全球平均值的兩倍半，但酒精相關疾病的發生率不一定也會有兩倍半。愛爾蘭人死於肝硬化的機率不比其他歐洲國家來得高，但比較值得擔憂的趨勢是因為酒精成癮而尋求協助的女性人數，這些女性中有許多人同時因為憂鬱或焦慮症的處方藥物而成癮[10]。

在其他可能成癮的化學物中，尼古丁是普及率第二高的物質[11]。尼古丁最初在菸草中發現，作用於腦內的菸鹼性乙醯膽鹼受體（nicotinic acetylcholine）。菸草可能是為了殺蟲而製造尼古丁，但對人類而言卻是成癮物質。尼古丁被歸類為興奮劑，可引發多巴胺釋出而產生愉悅感，也可促使腎上腺素這種神經傳導物質釋出，讓我們振作精神。然而一旦上癮之後，我們就需要吸收尼古丁來維持正常狀態，這正是成癮的特質。愛爾蘭健康調查發現，愛爾蘭有十七%的成人抽菸，其中有十四%每天吸菸[12]。

歐洲每個國家都會在歐洲藥物與藥物成癮監測中心（EMCDDA）支持下提出藥物成

癮年度報告[13]。二〇一九年報告指出，在愛爾蘭十五～六十四歲的年齡層中，藥物使用變得更普遍。近二十年來，愛爾蘭藥物使用率持續提高。二〇〇二年，使用非法藥物的成人不到兩成；但到了二〇一四年，這個數字已經提高到三成。二〇一六到二〇一七年間，古柯鹼成癮人數大幅提高了三十二%。古柯鹼的作用是讓神經元無法取得血清素、正腎上腺素和多巴胺這些神經傳導物質，使這些物質的濃度大幅提高[14]，就像把大腦裡所有電燈同時打開，帶來亢奮感。MDMA（又稱為搖頭丸）的作用方式也是如此[15]。大麻仍然是愛爾蘭最常見的非法藥物，接下來是MDMA和古柯鹼[16]。大麻的活性成分是四氫大麻酚（THC），這種物質和菸草中的尼古丁一樣，作用是幫植物除蟲。昆蟲吃進大麻葉後會麻痺落下。THC可與腦中的大麻受體結合，產生放鬆感和輕微的欣快感[17]。在尋求治療的大麻成癮者中，男性占七十九%、女性占二十一%。

古柯鹼的比例大致相同，尋求治療的古柯鹼成癮者中有八十一%是男性，十九%是女性。在十五～三十四歲的年輕成人中，有十三．八%使用大麻、四．四%使用MDMA、二．九%使用古柯鹼，〇．六%使用安非他命。安非他命可提高清醒程度、專注力和自信心，它能阻止酵素分解多巴胺和正腎上腺素，提高這兩者在腦中的濃度[18]。二〇一七年，愛爾蘭共有一萬八千九百八十八名海洛因使用者，其中一萬零三百一十六人進入類鴉片替代治療中心。海洛因的作用方式是與μ型類鴉片受體結合。μ型類鴉片受體的作用則是限制抑制性神經傳導物GABA，產生欣快感。愛爾蘭使用這類藥物的比例略高於歐洲平均值。

此外還有處方藥成癮問題。處方藥濫用是不經處方而以指定外的方式使用某種藥物。有幾項愛爾蘭研究發現，治療疼痛、注意力缺失疾患（定義為專注力不足、過動及學習困難）和焦慮的藥物濫用比例僅次於大麻[19]。這類藥物可能是非法取得或從網路購買。二〇一六年，美國有七十%的中毒死亡案例與處方藥有關[20]。用於協助戒除海洛因的類鴉片美沙酮（methadone）和鎮靜劑地西泮（diazepam）是最常見的兩種處方藥，與美沙酮有關的案例更高達三十%。

最令人憂心的一種處方藥成癮狀況，是羥可酮（Oxycodone，商品名為疼始康定〔OxyContin〕）成癮在美國越來越普遍[21]。它和海洛因等其他類鴉片藥物同樣是強力止痛劑，作用於 μ 型類鴉片受體，用於治療中度到重度疼痛。羥可酮的歷史十分有趣，它於一九一六年在德國首度製造。德國拜耳製藥公司已經於十九世紀末製造出海洛因，最初其實是咳嗽藥，但後來拜耳發現海洛因有其他相當令人憂心的性質，因此停止製造。原本寄望羥可酮具有海洛因的止痛效果但沒有成癮性，但後來發現並非如此。第二次世界大戰期間，羥可酮是德軍在戰場上使用的主要止痛劑。希特勒的醫師塞奧多・莫瑞爾（Theodor Morell）就經常給希特勒注射羥可酮，後來無法取得此藥時，希特勒很可能因此於一九四五年一月陷入嚴重戒斷症狀，這或許可以解釋他在第二次世界大戰後期的種種行為[22]。U型潛艇艇長也會定期注射羥可酮以提升表現。納粹元帥赫曼・戈林

（Hermann Göring）被美國監禁時，所有物品中包含數千劑羥可酮。

一九九〇年代，普渡製藥（Purdue Pharma）開發出羥可酮的處方藥，命名為疼始康定。疼始康定於一九九五年上市時號稱是醫學界的重大突破，可協助中度到重度疼痛患者。這種藥物因而大賣，每年為普渡製藥賺進三百五十億美元。但疼始康定一再發生濫用事件，許多人因醫療或不當使用而成癮。美國最新資料指出在一九九九年到二〇一七年間，疼始康定的濫用造成多達四十萬人死亡。近幾年來美國預期壽命不增反減，與大多數已開發國家相反，原因之一就是現今的類鴉片藥物危機，疼始康定稱為這次危機的「噴射燃料」。

二〇一七年，《紐約客》雜誌有篇文章宣稱，普渡製藥創辦人薩克勒兄弟（Raymond and Arthur Sackler）鼓勵商業行為，主持藥物行銷以提升銷售量，導致美國類鴉片藥物成癮比例提高[23]。這些商業行為包括在佛羅里達、亞利桑納和加州舉辦研討會，邀請超過五千位醫師、藥師和護理師，並支付全部相關費用[24]。普渡製藥經常以開藥量較低的醫師為目標，此外也提供業務員豐厚的獎金制度。二〇〇一年，普渡製藥支付給業務人員的獎金高達四千萬美元。此外，普渡製藥還發送印有商標的小贈品，例如疼始康定漁夫帽、昂貴的玩具和「與疼始康定一起享受生活」的CD。這項宣傳活動也低估了成癮風險，普渡製藥承認這點。別忘了，疼始康定已經造成超過四十萬人死亡。這些活動引來對普渡製藥提出訴訟，因為這代表普渡製藥和薩克勒家族成員知道長期使用高劑量疼始康定將大幅提高成癮風險。美國麻州檢察長莫拉・希利（Maura Healy）控告普渡製藥對患者和醫師隱瞞疼始康定的成癮和致命風險，麻州和許多司法機構都對普渡製藥提出訴訟，某些案例更以疼始康定造成的損害控告薩克勒家族。美國類鴉片藥物氾濫目前每天造成二百人死亡。

這些訴訟主張普渡製藥瞞騙醫師和患者，使得「越來越多人使用他們的危險藥物」，並且「誤導他們使用更高、更危險的劑量」[25]。對普渡不利的指控，包括他們雇用數百名業務人員，給予他們錯誤的資料，以便銷售疼始康定。此外也有人指出，普渡製藥採用激烈的促銷手段，支付費用給某些「關鍵意見領袖」，提出表面上理性中立的說法支持疼始康定，並且以年長者和退伍軍人等容易受害的患者族群為行銷目標。普渡製藥對這些指控則全盤否認。有證據指出，聯邦政府及普渡製藥的科學家都曾提醒董事長理查・薩克勒，疼始康定如果不加以控制，有造成濫用的風險。普渡製藥於二〇一九年九月聲請破產，並提出以一百二十億美元和解約二千件訴訟（範圍包含美國二十三州），但這項提議遭到拒絕，訴訟持續進行[I]。普渡製藥聲稱將把所有剩餘資產和資源用於「美國民眾的公共利益」。

化學物成癮雖然是主要成癮類型，但行為成癮現在也越來越常見。行為成癮是長期沉迷於賭博、性愛、遊戲或使用網路或智慧型手機等活動。網路可能鼓勵遁世行為和人際孤立，這兩者都會促進行為成癮。賭博在愛爾蘭相當常見，四十四%的人每個星期都買彩券，十二%的人賭賽馬，還有大約二%的人在線上賭博[26]。愛爾蘭每年花在投注上的總金額高達五十億歐元。心理健康問題聖經《精神疾病診斷與統計》（*Diagnostic and Statistical Manual of Mental Disorders*）只認定賭博一種行為成癮現象，但這個說法有爭議，戒癮諮商師通常認為性愛、遊戲和網路成癮同樣應該含括在內。

可能成癮的化學物或行為清單讓我們覺得奇怪，為什麼不是每個人都會對某樣事物上癮？為什麼有些人上癮，有些人不會？這和人類的各種特質一樣，答案介於遺傳和環境之間的某一點。進一步理解這個關鍵問題，對於協助亟欲逃離成癮魔掌的人而言十分重要。遺傳因素扮演的角色無疑相當重要，但即使遺傳風險相當低，長時間接觸大量成癮物質也會成癮[27]。就許多藥物而言，似乎只是劑量問題。毒物學領域有個眾所周知的說法：萬物都是毒，毒性視乎劑量而定。以藥物而言，某些人的成癮底限似乎特別低，原因可能出自遺傳易感性，腦部對於感知藥物的蛋白質濃度或活動的差異特別敏感，從而觸發了導致成癮的路徑。此外還有眾所周知的耐受性，因為腦部想保護自己，於是壓低對藥物的感受：也就是藥物使用者已經能耐受這種藥物，所以要用更多劑量才能達到相

I 編按：普渡製藥二〇一九年聲請破產後，二〇二三年五月三十日紐約法院宣判，薩克勒家族必須支付六十億美金，所有訴訟案一筆勾銷，以後不用再為類似案件上法院或進行賠償。判決出爐後薩克勒家族發表聲明表示服從判決，受害者家屬只能無奈表示，這或許已是最好的結果。

同的效果，克服已經降低的反應。

許多針對家族所進行的研究，試圖找出成癮遺傳易感性的原因[28]。研究對象包括同卵雙胞胎、異卵雙胞胎（這類雙胞胎的遺傳相似程度和一般手足相同，但環境相似程度高於一般手足）、兄弟姊妹和被收養者。原因一定在每個人各不相同的〇．一DNA中。整體而言，一個人的成癮風險有一半在於這個人的基因組成[29]。以同卵雙胞胎而言，如果其中一人對某種物質成癮，另一人大多也會成癮；但異卵雙胞胎則非如此。如果某個家族成員有某種成癮，則其他家族成員出現相同習性的機率也相當高。對特定物質成癮進行檢驗時，則得到了相當有趣的發現。大麻使用者大約有三十%成癮[30]。一項以二千三百八十七個案例和四萬八千九百八十五個對照組進行的研究，找出CHRNA2基因與大麻成癮有關，如果一個人身上以這個基因生成的蛋白質較少，他有大麻成癮的風險就比較高。另一項含括五千五百零一個案例和三十萬一千零四十一個對照組的後續研究，得出相仿的結果[31]。目前還不清楚這個基因為什麼與成癮有關，但它是第一個與大麻成癮風險明顯有關的基因。

在另一項研究中，SLC6A11蛋白質基因中的變異與尼古丁成癮風險有關[32]。這種蛋白質負責調節抑制性神經傳導物質GABA，尼古丁以它為目標路徑。這個變異產生的蛋白質更容易被尼古丁當成目標，所以有這個基因變異的人也更容易尼古丁成癮。有趣的是，這個基因變異的遺傳來源可能是尼安德塔人，也就是現代人類十萬年前從非洲遷徙到歐洲時遇見的石器時代人類[33]。人類和尼安德塔人交配，我們都是他們的子孫的後代。現在有些人仍然擁有這個尼安德塔人基因。因為尼安德塔人不吸菸（至少就我們所知是如此），所以還不清楚這個基因在尼安德塔人體內的功能，但它可以解釋尼古丁成癮的風險。

遺傳因素在酒精依賴風險中大約占五十％，古柯鹼成癮則高達七十九％[34][35]。以一個人成癮的機率而言，遺傳因素相當重要。因此，雙親中有一人藥物或酒精成癮，就成為重要風險因素[36]。有一項一百多位科學家參與的研究探討多達一百二十萬人的尼古丁和酒精成癮現象[37]。此外他們也測定了其他行為，例如開始吸菸的年齡、戒菸年齡、每天抽幾支菸和每星期喝幾杯酒等，再交叉比對這些發現和教育年數與罹患疾病等生活事件。這些科學家接著找出這些發現與成癮相關基因的關聯。這項研究說明了環境和遺傳關聯的複雜程度——這些科學家指出，可能影響尼古丁或酒精成癮風險的基因變異超過五百六十六種，並指出這些變異與生活事件有關。這些基因生成的蛋白質會影響我們腦神經細胞，同時可能與多巴胺、麩胺酸鹽和乙醯膽鹼等神經傳導物質有關。整體而言，科學家斷定成癮風險確實是遺傳和環境錯綜複雜的影響結果。CUL3、PDE4B和PTGER3三個基因對成癮風險格外重要，進一步研究這三者可能相當有幫助。

環境因素的重要性當然不亞於遺傳因素，事實上可能更加重要。如果知道環境因素，我們或許就有機會介入改變，降低風險。這是因為成癮來自環境和遺傳兩種因素的結合，由先天發動、後天促進。某些人很可能具有特定基因變異，因此有成癮的風險，但必須在特定環境中才會成癮。

目前已經發現的環境影響有好幾項，缺乏雙親教導、來自同儕的壓力、藥物容易取得以及貧窮，都是已確定的風險因素[38]。一項以童年時曾有濫用經驗的人為對象、包括九百個法院案例的大規模研究指出，他們長大後陷入物質濫用問題的風險相當大[39]。曾經遭到虐待和性侵害等不當對待的負面童年經驗，與長大後的成癮風險明顯有關。以全球而言，男性酒精依賴約有四～五％的案例源自童年性侵害史，女性則有七～八％[40]。另外幾項研究也指出，負面生活事件對女性造成的風險更高於男性[41]。童年時遭遇過這類事件的女性，長大後成癮的風險高於曾有同等童年壓力的男性。

同樣有趣的是，兒童時期經歷壓力生活事件的次數越多，日後成癮的可能性越高。對成人而言也是如此。我們似乎可以承受某個數量的壓力事件，超過這個數量就有精神壓力的危險，可能導致成癮。壓力事件發生的時機也有影響。兒童早年的養育品質影響格外明顯，全面性的虐待也會造成較大的成癮風險[42]。

動物研究支持早年生活壓力是日後物質濫用的重要風險因素。在藥物自我管理模型中，獼猴和鼠類早年生活壓力日後將促成酒精或物質濫用[43]。心理學家布魯斯・亞歷山大（Bruce Alexander）於一九七〇年代進行的研究，提供格外豐富的資訊[44]。亞歷山大博士證明，養在籠中的大鼠如果有兩個水瓶可用，一個裝水，另一個裝含有海洛因或古柯鹼的水，大鼠會不停地喝含有藥物的水，直到劑量過高死亡為止。亞歷山大想到，這個實驗的結果會不會源自環境而非藥物的影響？他又做了一次實驗，但這次把大鼠放在「大鼠公園」裡，可以在其中自由走動、玩玩具，並與其他大鼠社交。這個環境比較豐富多變。猜猜看結果怎麼樣？牠們其實比較喜歡喝一般的水，即使喝摻有藥物的水，也只是偶爾為之，從來不會成癮。這個結果指出，社會群體生活可防止藥物成癮。這點相當重要，因為它顯示高壓力的環境或教養，再加上與社群疏離，是海洛因或古柯鹼成癮的重要風險因素。

導致成癮的另一個重要環境因素是年齡。有證據指出，兒童長期經歷身體和情緒虐待，尤其是性侵害等高壓力事件時，神經發育將永久受到損傷。當這樣的兒童長大成青少年時，很可能以成癮性物質當成因應機制[45]。青少年是成癮可能性最高的一段時期[46]，原因是腦中誘因酬賞系統的成熟時間早於認知控制中樞。青少年時期容易受到強烈酬賞感的影響，但還沒有具備充足的認知能力來控制酬賞感，於是提高成癮風險。因此酬賞系統較占上風。大家都知道青少年容易做出可能導致成癮的衝動危險行為。很年輕就開始喝酒的人，日後比較容易陷入酒精依賴。研究也指出，酗酒者有十六％在十二歲前就開始喝酒[47]。

因此在環境和遺傳因素錯綜複雜的交互作用下，許多人對某些物質成癮。成癮之後，成癮者的腦中是否會有實際的成癮徵兆？同時這些變化是否可能逆轉，藉以消除成癮現象？尼古丁、酒精、古柯鹼或海洛因進入腦部後將造成各種影響，我們可以拍攝成癮者腦部影像，觀察這些變化[48]。成癮性藥物大多會降低腦內多巴胺受體量，這個值與耐受性有直接關係。然而一段時間後，多巴胺酬賞中樞外的區域也會改變。腦部這些區域與判斷、決策、學習和記憶有關，所以這些功能也會受影響。停用藥物不一定會讓這些區域立即復原，因為某些藥物會破壞某些無法取代的神經元，使得成癮者往往難以恢復到成癮前的狀態。在成癮方面，多巴胺扮演的角色格外有趣。多巴胺的前驅物左多巴（L-Dopa）可用於治療帕金森症。帕金森症的原因是製造多巴胺的神經元死亡，這些神經元則與身體動作有關，所以帕金森症的重要特徵是動作改變（例如顫抖）。左多巴可提高多巴胺濃度，緩解症狀，但問題是可能導致成癮行為，造成賭博、暴飲暴食和性欲亢進等衝動控制障礙，這些都是左多巴的影響[49]。左多巴可提高多巴胺濃度，因此支持了多巴胺在成癮中扮演重要角色的結論。

人類該如何逃離成癮的魔掌？成癮的人通常必須正視自己已經成癮。許多人否認自己上癮，尤其是酒精依賴和海洛因成癮。大多數人害怕被當成意志力薄弱和失敗者，極少人承認自己上癮，所以有必要說明成癮是什麼。第一，每天都想使用這種藥物，有時甚至一天好幾次。第二，知道自己的用量已經超過想用的量，但就是停不下來。第三，希望隨時都有這種藥物可用。第四，即使知道經濟上已經無法負擔，但還是會買這種藥。第五，即使知道這種藥物已經影響工作或與家人親友的關係，仍然繼續使用。第六，獨處的時間較多，而且不在乎自己或關注自己的外表。第七，會做出使用藥物後開車或不安全性行為等危險舉動。最後，對於藉由說謊或偷竊取得藥物並不覺得羞愧。

這個藥物成癮特徵清單相當讓人害怕，成癮者自身和周圍的人都會受害。不過還是有希望的。成癮者必須知道，藥物或酒精成癮的原因並非性格缺陷或意志力薄弱[50]，而是許多因素共同造成的結果。研究指出，戒癮的第一步最難：成癮者必須認知自己的問題，並且下定決心改變。

想要戒癮，一開始通常是與醫師討論，醫師知道該怎麼做。此外可能需要接受除毒，清除體內的藥物。成癮者必須避免接觸還在使用藥物的朋友，也要避免到以前常去的酒吧或夜總會，因為以前喝酒或使用藥物的環境可能是誘發因素，強化癮頭。行為諮商可協助成癮者釐清根本原因，修復關係和學習克服技巧。藥物或許也有幫助，這裡有兩個例子，一個是供海洛因成癮者使用的美沙酮，另一個是供吸菸者使用的各種尼古丁替代劑。美沙酮是類似海洛因的藥物，可幫助成癮者脫離海洛因的掌控。它可緩解痛苦，也能降低海洛因帶來的興奮感。但使用美沙酮一直備受批評，因為它並非能徹底戒除毒癮，而應該算是透過政府支持的授權機構維持藥物依賴。以吸菸者而言，尼古丁貼片和口香糖等尼古丁替代劑都能降低尼古丁的癮頭，使戒菸的成功率提高五十～六十%[51]。抗憂鬱劑威克倦（Bupropion）等藥物也有助於停止吸菸並使戒菸成功機率提高一．六倍。電子菸也有幫助，吸電子菸是吸入蒸發的尼古丁，被視為吸菸的真正替代方案，因為它最後或許能讓人停止吸菸。電子菸還是有尼古丁，但被認為害處較輕，因為它對健康危害較小。近年有一項研究進行為期一年的試驗，比較電子菸和其他尼古丁替代方法，發現在八百八十六名參加者中，電子菸組有十八％戒菸成功，尼古丁替代物組則只有九％成功[52]。兩組在試驗期間都接受行為支持。

成癮是許多人的重要健康問題，也是整個社會的重大挑戰。它似乎已經是人生不可或缺的部分。

結論：如果不幸成癮而且已經對生活造成負面影響，請記住，這是因為我們是人，但我們依然還有希望。只要方法正確，我們一定能戒除，繼續擁有充實的人生。

7 毒品為什麼不應該合法？
Why shouldn't drugs be legal?

「布希說我們對抗毒品的戰爭即將落敗時，我很高興。你知道這是什麼意思嗎？這代表有一場戰爭正在進行，而且吸毒的人快打贏了。」

——美國脫口秀演員比爾・希克斯（Bill Hicks）

我在第六章坦承我曾經吸食……嗯……在愛爾蘭不合法的大麻（倒抽一口氣），愛爾蘭警察會不會來敲門？其實不是只有我而已。（這樣講好嗎？）二〇一九年，聯合國毒品與犯罪問題辦公室發表最新的全世界非法藥物使用狀況報告[1]，指出前一年共有二億七千一百萬人使用非法藥物，比二〇〇九年增加三十％。這份報告同時指出全球非法古柯鹼產量已經達到歷史新高（可以這麼說）。美國政府每年投下五百億美元對抗藥物濫用，但查獲的非法藥物不到十％[2]。如果毒品可以合法取得，就能加以規範和課稅。依據估計，如此將可為美國政府增加五百八十億美元收入[3]，總收益將達到一千零八十億美元。此外在歐洲，每年投入對抗非法藥物的總金額為三百億歐元[4]。毒品合法化將可大幅降低犯罪率；毒品不合法，往往導致殺人、暴力和偷竊。這類犯罪相當普遍且具地方性，也是毒品不合法的理由之一。一份份報告接連指出，毒品戰爭已經失敗。持續關注這個問題的美國加圖研究所（Cato Institute）指出：「我們斷定，禁止不僅沒有效果，而且適得其反，無法達成美國和國外各地政策制定者的目標。毒品戰爭導致藥物濫用增加，並且助長與支持強大的販毒集團產生[5]。

為什麼成人使用毒品不合法而且必須管制？毒品顯然很危險，而且可能造成痛苦，所以禁止只是兩害相權取其輕？現在是不是應該以強力手段處理這個日漸嚴重的問題？理性的成人面對這個問題時，長期而言是否對社會有益？

「毒品戰爭」是美國媒體在一九七一年六月十八日，綽號「狡猾迪克」的尼克森總統舉行記者會後不久發明的名詞。尼克森宣告藥物濫用是「頭號公敵」。他的大力提倡後來解釋為種族主義[6]，原因是他知道毒品戰爭大多會以黑人族群為目標——即使「毒品戰爭」這個詞已經視為適得其反，這種情況仍然持續到現在。

娛樂用藥物管制從十九世紀就已開始。歐洲第一項現代藥物規範法律是一八六八年英國制定的藥事法（Pharmacy Act）。這項法律針對藥物流通設立管制措施，並規定購買鴉片類產品時必須向銷售者登記，而且必須放置在標示銷售者名稱與地址的密封容器內。英國商人長期銷售鴉片到中國，藉以平衡與中國間的貿易，因為當時中國有許多產品進口到英國，包括絲綢、瓷器和茶葉等。在中國的新教傳教士反對這種貿易，並且出版《一百多位醫師對中國吸食鴉片的看法》（*Opinions of Over 100 Physicians on the Use of Opium in China*）[7]。數個國家簽署鴉片製劑使用管制條約，這項條約後來又併入凡爾賽和約。

一九一四年，美國通過哈里森麻醉藥物稅法（Harrison Narcotic Tax Act），限制某些藥物的使用與流通。美國史上第一項嗎啡成癮證據出現在南北戰爭期間，受傷的士兵接受當時視為最新靈丹的嗎啡治療。嗎啡可緩解疼痛、氣喘、頭痛和經痛，醫師很喜愛這種藥，因為它效果迅速，患者相當滿意。南北戰爭期間，北軍提供了將近一千萬顆鴉片藥丸給士兵[8]，有許多戰後回到家的士兵已經成癮。一八八〇年代，美國醫學期刊開始大幅探討嗎啡成癮的危害，禁用鴉片製劑的運動也逐漸展開。這個運動的出現有部分原因是大眾認為吸食鴉片是中國移民、賭徒和娼妓的邪惡行為，應該加以禁絕。一八七五年，舊金山禁止在中國鴉片菸館吸食鴉片，因為「許多女性和年輕女孩被帶進中國鴉片菸館，因此道德敗壞」[9]。這項法律只禁止中國人吸食鴉片。

一九一二年之前，海洛因等毒品還能透過咳嗽糖漿等成藥買到。醫師可以開海洛因給躁動的嬰兒（海洛因當然可以讓嬰兒安靜下來）、治療失眠和「緊張症狀」。一九一四年，法律禁止使用鴉片、嗎啡和海洛因等鴉片製劑，一九一九年的美國憲法第十八修正案即遵循這個原則，禁止販賣、製造和運輸酒類，禁酒時期就此開始。禁酒令非常失敗，因此於一九三三年廢除。海洛因和古柯鹼於一九二〇年列為禁藥。

一九三七年，大麻稅法通過，大麻遭到禁用。有人推測這麼做的用意是禁止漢麻（hemp）。漢麻是大麻的亞種，具工業用途，可用於製造紙和紡織纖維等產品。禁止漢麻的壓力來自發明尼龍的杜邦公司，因為杜邦想消滅競爭對手。當時擔任美國財政部長的安德魯．梅隆（Andrew Mellon）因為尼龍前景看好而大手筆投資杜邦，因此遊說禁止種植漢麻[10]。

在中國，毛澤東於一九五〇年代幾乎完全消滅鴉片：一千萬名成癮者被迫接受強制治療，販賣者則遭到處決[11]。但越戰造成鴉片需求大幅增加，一九七一年時，有二十%美國士兵自認為已經成癮[12]。到了二〇〇三年，儘管處罰十分嚴厲，中國估計仍有四百萬人經常吸食海洛因[13]。

一九六〇年代之後，毒品戰爭更加激烈，迷幻藥（LSD）於一九六六年也加入禁藥清單。LSD的歷史相當有趣，一九三八年，當時在山德士（Sandoz）藥廠工作的化學家艾伯特．霍夫曼（Albert Hofmann）第一次在實驗室製造出LSD[14]。霍夫曼原本是想製作刺激呼吸和血液循環的藥物，後來又過了五年，他才無意中製作出樣本，開始著手生產。他刻意服用了一些（分量是有效劑量的十倍），因此獲得迷幻體驗，還騎著單車回家，於是有了今日迷幻藥迷所謂的「單車日」（Bicycle Day）之說。他是認為這種藥物或許能用來治療精神病，完全沒想到可用於娛樂。一九五〇年代，美國有人在大學心理系學生身上試驗LSD，《時代雜誌》也於一九五四年和一九五九年刊登了幾篇關於ＬＳＤ使用的正面報導。精神分析專家西尼・科恩（Sidney Cohen）大力支持ＬＳＤ，並開始宣揚這種藥可用來治療酒精成癮，還能激發創意。他也給了作家赫胥黎（Aldous Huxley）一些ＬＳＤ，赫胥黎的書籍《知覺之門》（*The Doors of Perception*）的靈感就是來自使用ＬＳＤ——門戶樂團（The Doors）的團名也是由此而來。某次試驗給酗酒者服用ＬＳＤ，結果相當令人驚奇：一年之後，其中有五十％的人滴酒不沾[15]。

一九六〇年代有超過四萬名患者曾經服用ＬＳＤ，主要用於治療精神病。許多精神科醫師開始把這種藥物用於娛樂。一九六五年，越來越多一般大眾向政府抗議ＬＳＤ的使用，因此山德士藥廠停止製造ＬＳＤ。一九六六年，大多數國家把ＬＳＤ列為非法藥物，但藝術家仍然持續用它來激發創意。倡導解除毒品管制法律的重要人物，喜劇演員比爾・希克斯（Bill Hicks）曾說：「如果你不相信藥物對我們有好處，麻煩幫我個忙，今天晚上回家之後，把家裡的專輯唱片、錄音帶和ＣＤ全都燒掉。因為你知道嗎，多年以來做出這些傑出音樂，讓我們生活變得豐富的音樂家，服用這些藥物之後都**非常**嗨。披頭四就曾經嗨到讓林哥唱了好幾首歌。」

一九六九年之後，美國以管制物質法（Controlled Substances Act）將毒品分級[16]。在愛爾蘭，二〇一五年的藥物濫用法（Misuse of Drugs Act）是管理藥品使用的主要法源依據[17]。一級管制藥物被視為不具醫療用途並且容易遭到濫用，其中包括大麻和ＬＳＤ。二級管制藥物容易遭到濫用但具有醫療用途，包括可用於麻醉的古柯鹼，可用於止痛的鴉片類藥物吩坦尼（fentanyl）、海洛因、美沙酮、羥考酮（oxycodone），以及可用於治療嗜睡症的安非他命。三級管制藥物經常開給大眾，用於治療一般疾病，但仍有濫用和影響許多處方藥的風險。四級管制藥物包含許多種濫用風險不高的醫藥產品。二〇一〇年，為了因應所謂「搖頭店」販賣新的精神活性物質所造成的威脅，二百種新物質歸類為不合法。新型藥物不斷發明，立法機關往往很難隨時跟上進展。近十年內共有七百種效果與大麻或古柯鹼相仿的精神活性物質問世[18]。

在愛爾蘭，未經處方而持有藥物濫用法的管制藥物是違法行為，必須接受處罰。二〇一七年有一萬二千二百十一人使用或持有這類藥物，四千一百七十五人供應藥物[19]。處罰內容依藥物而不同。大多數歐洲國家對持有管制藥物的處罰是監禁（而不只是罰款）。西班牙、義大利和瑞士對少量持有任何毒品不處以監禁。在整個歐洲而言，毒品交易的處罰最重。在愛爾蘭，持有市價超過一萬三千歐元的毒品將判處十年徒刑。

在愛爾蘭和全球，大麻的法律狀態很有趣。法律不斷改變，整體而言對大麻正在逐漸鬆綁。大麻在愛爾蘭仍然不合法，第一次持有最高罰款一千歐元，第二次罰款二千五百四十歐元，第三次以上將判處最高三年徒刑。對於第一次持有其他非法藥物則判處最高一年徒刑或社會服務。大麻在醫療和娛樂用途上的合法性，各國依持有、散布和種植而各不相同。大多數國家，包括愛爾蘭在內，為娛樂而使用大麻仍屬違法，但有許多國家已經除罪化；亞洲和中東國家對持有大麻的處罰仍然相當重。大麻的娛樂用途在加拿大、喬治亞、南非和烏拉圭四個國家已經合法化。讓許多人驚訝的是，雖然許多美國人相當保守，但美國已經有十一個州讓大麻合法化，但在聯邦方面仍然不合法。西班牙和荷蘭採取「有限度執法」政策，允許大麻在有執照的地點銷售。

為什麼大麻在美國（至少某些州）可以合法？二十世紀晚期以來，大麻逐漸有合法化的趨勢。一九九六年加州首先解禁，將醫療用途除罪化（其實就是只要覺得適合都能使用）。其後在二〇一二年，華盛頓州和科羅拉多州讓娛樂用途合法化。二〇一九年初，有三十多個州准許某些用途。二〇一九年十一月二十日，美國眾議院司法委員會通過歷史性法案，在聯邦層級讓大麻合法化，將大麻移出管制物質法的一級管制清單。美國參議院尚未通過這項法案，而且可能無法通過，因為共和黨的多數黨領袖米契・麥康奈爾（Mitch McConnell）反對大麻合法化。

大麻合法化爭議在美國持續不輟，再度喚起當初為何要把大麻列入非法的問題。如同尼克森的毒品戰爭一樣，答案令人不安，就是種族主義[20]。深入分析指出，二十世紀初很少人使用大麻，後來墨西哥移民把大麻帶進美國，許多人開始害怕它會使移民「渴求血液」，因此原本的cannabis這個名稱逐漸被marijuana取代，藉以傳達它的外來性及鼓動仇外心理。Marijuana和cannabis意思互通，但cannabis通常指實際植物，marijuana則是以大麻製成的藥物。marijuana這個單字出自墨西哥西班牙語，最初可能源自marjoram（另一種香草植物，中文名墨角蘭、馬郁蘭）或Mary Jane這個名字。大麻或以它製成的藥物當然有許多名稱，包括pot、weed、dope、grass、herb、skunk和ganja等。我們不禁懷疑大麻使用者是不是和愛爾蘭人一樣，愛爾蘭人非常喜歡海藻，用來指稱海藻的單字多達三十一個。

一九二〇年代，許多國家禁止吸食大麻。一九三〇年代，當時擔任美國聯邦麻醉藥品局的哈利·安斯林格（Harry Anslinger）無視於接受意見調查的大多數科學家表示大麻不危險，堅持實施聯邦禁令。安斯林格宣稱，大麻使用者大多是非裔美國人，而且大麻對他所謂的「低等種族」將造成不良影響。曾經有人記錄他說「大麻會使黑人認為自己和白人一樣優秀」。此外，安斯林格也認為吸大麻將使白人女性和黑人男性上床。別忘了，當時他可是美國聯邦麻醉藥品局局長。進入二十一世紀初之前，非裔美國人因為持有大麻而遭到逮捕的機率將近白種人的四倍，但其實兩個族群的使用率相仿[21]。依據美國公民自由聯盟的資料，大麻逮捕案件在全美所有毒品逮捕案件中所占的比例超過一半[22]，更重要的是，對少數族群的影響比對其他族群大得多。此外還有個三振規則，也就是持有大麻被抓到三次將會判處強制無期徒刑。這個措施同樣對少數族群造成重大影響，尤其是非裔美國人。保護少數族群的論點於是在爭議中提出，通過的法案也允許對大麻銷售課徵五％的稅。美國逐步讓大麻合法化的理由包括整體安全、種族主義合法化的特質、大麻非法狀態造成的警力負擔，以及監禁大麻菸毒犯的成本等，當然也包括課稅機會和增加國庫收入。

歐洲的立法成員正在密切注意美國的大麻相關狀況。許多國家已經允許大麻醫療用途合法化。大麻及其萃取物具有重要效用，包括緩解化療造成的噁心和嘔吐、增進愛滋病和其他疾病患者的胃口，以及紓解多發性硬化症的疼痛和抽痛。而在大麻娛樂用途合法化方面，歐洲國家則與美國不同，沒有任何一國（瑞士除外）讓選民直接修改法律，但可以舉行公投促使立法成員採取相關行動。美國的所有改變幾乎都是各州直接投票的結果。以歐洲而言，遊說政治人物並提供支持改變的證據給媒體，是促成改變的主要方法。歐洲在大麻方面的進展可能永遠趕不上美國。首先立法禁止大麻的是美國，後來擴大到歐洲；現在美國又可能是首先解除禁令的國家，歐洲也將隨後跟進。

其他國家採取的大麻合法化方式各不相同。荷蘭對其他國家所謂的「罪行」一向採取務實看法，例如娼妓在荷蘭已經合法化並接受規範數十年，並從二〇一一年開始課稅。二十世紀，荷蘭認為無毒品社會不切實際，也不可能達成，因此應該把心力放在減輕危害上[23]。荷蘭政府採取**容忍**政策。我們生活中都需要某種程度的容忍。毒品分為軟性毒品和硬性毒品兩類，前者包括大麻、安眠藥和鎮靜劑，後者包括海洛因、古柯鹼、安非他命、迷幻藥和搖頭丸。軟性毒品可以容忍，硬性毒品則絕對不合法。荷蘭的「咖啡店」（Coffeeshop，與喝咖啡的café有所區別）可以販賣軟性毒品。這種略微放鬆的態度造成了意想不到的結果：毒品交易在荷蘭十分猖獗。荷蘭是各種毒品進入歐洲的主要轉運站，包括大麻、海洛因、古柯鹼和安非他命等。儘管國際刑警組織投注大量心力，荷蘭仍然於一九九〇年代晚期成為鎮靜劑替馬西泮（temazepam）的主要出口國[24]。二〇〇五年，禁止咖啡店銷售大麻給非荷蘭人的法律通過，以防止其他國家的大麻使用者湧入荷蘭。

一項針對廢水進行的大麻、古柯鹼、搖頭丸和甲基安非他命（及這些藥物的副產品）含量研究指出，在四十二個主要城市中，阿姆斯特丹相當接近榜首[25]。這份報告說「出名的派對城市」全都位列前十名內。塞爾維亞的諾維薩德（Novi Sad）是大麻排行榜冠軍，阿姆斯特丹亞軍、巴黎位居第三；古柯鹼含量在阿姆斯特丹、安特衛普、倫敦和蘇黎世都很高（看來銀行職員很愛古柯鹼……）；搖頭丸含量在阿姆斯特丹和瑞士最高，並且在星期天達到最高峰，可能是因為週末。荷蘭每年花費在毒癮者相關設施的總金額超過一億三千萬歐元。「需求降低計畫」含括九十％的荷蘭硬性毒品使用者，使用者人數近年來趨於穩定，使用者平均年齡增加到三十八歲，代表年輕人比較少使用硬性毒品。荷蘭會不會成為世界其他國家仿效的對象？

在毒品政策方面，澳洲也是值得一提的有趣國家[26]。一九八五年，澳洲提出國家毒品策略，目標是把毒品使用政策從禁止轉向減輕危害，一方面降低需求（預防與治療），另一方面減少供應（海關與警方查緝）。但深入檢視則發現，只有二％的經費用於減輕危害，六十六％則用於執法。三十多年前，澳洲免除了因個人使用而持有大麻的刑事處罰。澳洲禁用搖頭丸，結果造成非法生產，後續製劑也可能造成影響及未知程度的毒性[27]。

澳洲的犯罪相關數字持續激發應該如何因應這個問題的爭議。二〇一六～一七年扣押了十一萬三千五百三十三件非法毒品，因此逮捕十五萬四千六百五十人[28]。

談到非法毒品，葡萄牙的制度可能是全世界最開明的，而且採取的政策顯然有效[29]。二〇〇一年新法律開始實施，個人使用或持有毒品依然違法，但不屬於刑事案件，也就是違反者不會判刑。緊接著葡萄牙政府開始大規模致力於減輕危害，對毒品治療和預防的公共投資加倍。這個政策轉變是否發揮了作用？從數字看來是肯定的：毒品相關死亡人數明顯減少；青少年和「有問題的」毒品使用者人數降低；愛滋病罹患率也降低，原因可能是針頭交換計畫和海洛因使用人數減少[30]。此外，與毒品有關的刑事司法工作量也隨之減少。

毒品在大多數國家仍然不合法，最明顯的重要理由是考量到它對健康和福祉的風險，尤其是年輕人。二〇一〇年，一群專家列出二十種合法與非法藥物對使用者本身與社會的十六項危害[31]。酒精為害顯然最大，分數高達七十分（滿分為一百分）。第二名是五十五分的海洛因，接著是五十三分的快克（一種古柯鹼）、三十二分的甲基安非他命（結晶甲安），和二十七分的古柯鹼。再來是二十六分的菸草，二十三分的安非他命。大麻是二十分。搖頭丸、迷幻藥和神奇蘑菇都低於十分。依據這些標準，酒精應該對所有人都違法（而不只是禁止賣給少數族群），但實際上，我們都知道美國實施禁酒令的結果多麼糟糕。

毒品合法化反對者提出許多正當的考量[32]：這麼做可能會鼓勵容易成癮的人親身嘗試；毒品價格會下跌，因此可能導致使用量增加；同時還需要更多戒治中心來治療成癮者，將對財政造成負擔。但毒品合法化對社會也有許多優點，包括成癮和物質濫用率將會降低，如同葡萄牙一樣。理由之一是毒品成癮者不需要坐牢，所以能更有效地接受治療，進而提升復原率。此外，合法化也能讓成癮者和復原者留在社會，因此能獲得重要的工作，降低毒品的誘惑，而且不再視為罪犯。此外，在毒品不合法時，興起了歌頌使用毒品的反文化。

最重要的是，有人強力主張，毒品合法化可讓刑事司法系統專注於它最擅長的部分：防止一般大眾受害。毒品執法工作在許多國家都耗費龐大的資源。顯而易見，毒品防制法律的用意是防止民眾使用有害物質，但改革支持者認為，這些工作交給諮商和治療機構的成效更好。維持這類機構及教育大眾毒品危險性所需的經費從何而來？警方工作可以省下許多經費，毒品課稅則可帶來收入，這些經費可以再度投入計畫，協助成癮者，也可提供資訊，讓一般大眾了解藥物濫用的危害（包括酒精在內）。藥物銷售相關法規可確保這些藥物更安全，而且不含毒性污染物。看起來應該沒什麼問題，對吧？

毒品合法化最大的問題，也許是青少年和兒童會更容易接觸毒品。酒精當然也是如此（青少年要取得非常容易）。毒品對發育中的腦部危害格外嚴重。青少年的腦部可能要到二十五歲才算發育完成，所以成癮的風險比成人更高[33]。此外，毒品對青少年腦部的作用也比二十五歲以上的人強烈許多。毒品或酒精成癮可能減緩腦部發育，對額葉皮質和邊緣系統影響相當明顯[34]。動物研究也顯示，影響決策的腦部迴路可能特別容易受影響，尤其是大麻、古柯鹼和搖頭丸[35]。研究指出，人類長期使用搖頭丸對腦部某些區域有毒性效果[36]，可能導致專注力和情緒穩定性問題，另外也有證據指出長期使用搖頭丸將削弱同理心[37]。

這些改變可能無法復原。使用毒品或酒精可能導致憂鬱症等各種精神障礙、人格障礙，甚至精神病。一項含括二萬三千三百十七名年輕人的研究指出，使用大麻與憂鬱症風險提高有關，不過提高幅度不高，只有七％[38]。這不代表大麻會導致憂鬱症，只是兩者有關聯。但以大麻使用人數而言，受影響的人數相當多。而且青少年的腦部更容易適應反覆使用藥物，因此對藥物的渴望和依賴程度也就更高。毒品或酒精成癮者中有九成早在十八歲就開始濫用化學物質[39]，但能證明一旦使用大麻則可能導致未來使用更強烈的藥物（所謂的入門磚效應）的證據還很有限[40]。由於鼓勵青少年對毒品說不的活動已經失敗，現在的建議是宣導青少年說「先不要」，等年紀大一點再說。

且不論安全方面的顧慮，另一個疑慮是毒品合法化將提高青少年使用率，但近來幾份報告發現，在已經准許大麻娛樂用途的各州中，大多數青少年使用者人數反而減少[41]。一項研究分析一九九三至二〇一七年一百四十萬名高中生的資料指出，表示自己近三十天內曾經使用大麻的青少年中，使用量減少了八％，原因之一可能是「禁果」效應降低，另一方面則是取得途徑減少，因為大麻販賣場所由街頭轉到有執照的藥房，而且必須滿二十一歲才能購買。研究人員檢視美國大麻合法化的各州（科羅拉多州、華盛頓州、阿拉斯加州和俄勒岡州）二〇〇八到二〇一六年間含括五十萬五千七百九十六人完成的意見調查。這項研究指出，二十六歲以上成人發生「大麻障礙」的比率增加[42]。大麻障礙指的是使用大麻對生活產生難以減量等負面影響，或是影響工作或人際關係等。造成問題的大麻使用也從〇．九％提高到一．二三％，這個數字不算大，但對受影響的人而言仍然很重要。十八～二十五歲之間的數字則沒有增加。關鍵似乎在於大量使用，因為大家都知道它和許多問題有關，對健康、經濟和社會都有長期影響。研究者斷定，這項研究不應該代表必須繼續禁止大麻。合法化應該與教育同時並進，在毒品預防和支援遭遇問題的使用者等方面都要進行推展。

大麻在其他許多國家很可能會合法化，像酒類那樣讓成人自由取得，如同美國許多州一樣。但其他毒品呢？無論軟性或硬性毒品，合法化顯然有優點也有缺點。海洛因等硬性毒品有成癮風險，所以合法化似乎還有很長的路要走——沒有人願意看到處方藥疼始康定造成的鴉片類藥物危機在美國延續下去。海洛因如果合法化，狀況應該會不一樣，因為現在對疼始康定使用有嚴格的管制。我們或許可以再聽聽比爾．希克斯的意見，他曾經說：「只要不傷害其他人，我做什麼、讀什麼、買什麼、看什麼或吃喝什麼關別人什麼事？如果你們回答這個問題時心裡覺得有點兩難，我來幫你們回答。這**不關**

你們屁事！這不是毒品戰爭，是個人自由戰爭。」我們需要法律來限制自己對自己做什麼嗎？

有錢的名人永遠有辦法取得自己想要的毒品，但結局通常很不好。貓王年僅四十二歲去世時，一位驗屍人員透露，貓王血液中含有劑量極高的四種類鴉片處方藥[43]。便祕是類鴉片藥物常見的副作用，而貓王正是坐在馬桶上時心臟病發作死亡。他的個人醫師「尼克醫師」從一九六七年開始為貓王開立類鴉片藥物，他說他為貓王提供這些，是為了阻止他從其他不合法地方取得。因為尼克森曾經頒發徽章給貓王，任命他為麻醉及危險藥物局的「聯邦巡迴探員」，所以這件事視為羞恥，在貓王去世數年後才公開。麥可·傑克森去世時，體內驗出六種藥物，其中最致命的是普洛福（Propofol），這種藥物原本只能在醫院進行手術時當成麻醉劑使用[44]。麥可·傑克森長期失眠，所以一九九六和一九九七年在德國巡迴表演時，找麻醉醫師用普洛福讓他在晚上「躺下」，第二天早上再「叫起來」。麥可傑克森再度失眠的原因很可能是他答應在倫敦表演一百場，以便償還債務。傑克森去世當晚，他的醫師康拉德·莫瑞（Conrad Murray）給予致死劑量，後來莫瑞被判過失殺人罪，監禁四年。傑克森體內其他藥物包括苯二氮平類的阿普唑侖（alprazolam，用於治療焦慮症）和抗憂鬱藥物舍曲林（sertraline）。

美國歌手王子（Prince）因為長期疼痛而使用類鴉片藥物成癮，最後死於使用吩坦尼（fentanyl）過量的意外[45]。吩坦尼是強力止痛劑，通常用於嚴重長期疼痛患者。王子如何取得這種藥物並不清楚，但來源很可能不合法。英國歌手艾美・懷絲（Amy Winehouse）死於酒精中毒，血液酒精含量是美國法定駕駛許可上限的五倍[46]。這些人對不同的物質成癮，包括合法和不合法，至少可說是違反指導原則開立處方。

如果我們也能如此，有多少人會像那些名人一樣？如果藥物可以任意取得，有多少人會因而死亡？現在我們能自由取得酒類，但如果其他藥物也能輕易取得，是否會導致某些人濫用藥物？這個議題的爭議將持續下去。對於二〇一八年美國的四千三百萬大麻使用者、五百五十萬古柯鹼使用者、二百五十萬迷幻藥使用者和接近一百萬海洛因使用者而言，非法性對使用的影響顯然相當有限[47]。

所以結論是：或許有一天，人類社會已經十分成熟，我們將可自由決定吸食或攝取什麼，有各種防護和支援措施防止青少年和容易受害者成癮。不過我很好奇，真的會有那麼一天嗎？

8 我們為什麼沒坐牢？

Why aren't you in jail?

「如果生活在美國而且收入很低，坐牢機率高於擁有學士學位的人，這件事似乎不怎麼公平。」

——微軟創辦人比爾・蓋茲（Bill Gates）

二〇一九年四月，我受邀前往愛爾蘭規模最大，位於都柏林的蒙特喬伊監獄，為裡面喜歡我的書籍《人性學》（*Humanology*）的讀者演講。演講的前一天，邀請我的老師安・奇南（Anne Keenan）提醒我不要帶行動電話或筆記型電腦，否則在進入監獄時必須交付保管。她寫道：「希望你進來造訪時不會嚇到！」我回信說：「我現在就嚇到了！」我在監獄待了三小時，對一百多位受刑人介紹生命的起源、人類如何演化、人類為何成為人類，以及人類未來可能將會如何。我告訴他們地球已經有四十五億年歷史，並說這個時間非常長。一位受刑人喊：「沒有這裡的三年長！」在《人性學》這本書的相關經歷中，這件事最令我印象深刻，也最有成就感。我在那裡非常開心，一直有人提出問題，有點覺得坐牢的感覺就是這樣。

我離開時問那位老師，這些人坐牢的原因是什麼。她沒有明確回答，但說了一句相當有趣的話。她說其中有些人犯了重罪，但絕大多數人「就跟你一樣」。這句話觸動了我。為什麼是我站在前面談書，而不是他們當中的某一位來演講，我是坐在底下的受刑人？為什麼有些人犯罪，有些人則沒有？我們可以對社會上的犯罪事件做些什麼？如同前一章討論過的，讓毒品合法化並加以管制，是否能大幅降低犯罪率？我們是否可能生活在沒有犯罪的世界？

受刑人坐牢的原因是犯了罪且被法庭宣判有罪。罪的定義是國家或其他權力機構可以處罰的違法行為。法律認定為罪的行為就是罪。我們有時也會用「刑事犯罪」（criminal offence）這個詞，意思是對個人或群體、社會或國家本身有害的行為。以法律來規範社會的概念已有相當久遠的歷史，當初很可能是因為部落規模越來越大，必須以法律規範行為。法律的歷史和文明發展之間的關係十分密切。古埃及就有民法，分為十二卷。蘇美人在四千年前首先編寫完整的法典。公元前一二八〇年的《舊約聖經》滿是法律，其中最重要的是含括當時認為是大罪的十誡。有個著名的笑話說：摩西受到上帝召喚要接收法律，他出去一段時間後終於帶著兩大塊石板回來，上面刻著十誡。他告訴信徒：「我要說一個好消息和一個壞消息。好消息是我請上帝把內容縮減到十條。壞消息是通姦還是沒排除在外。」

所有宗教都會提到罪孽，罪孽是違反教律的罪。教律是我們信仰的神制定的法則，讓人類規範自己的行為。宗教起源專家指出，部落規模還小的時候（例如一百人左右），領袖或長老可以控制一切。但部落規模越來越大時，就需要一個無所不見的超自然存在（起先可能是已經去世的長老）來盯著我們，讓我們規範自己的行為，這樣或許能防止我們犯罪。社會成長到一定人數之後，犯罪就可能成為這個社會的特徵，人會更容易對不認識的人犯罪，法律有一部分也正是為了防止這種狀況。一旦有人真的犯了罪，法律就會開始發生作用。許多文明有法律和行為準則。除了十誡之外，另一個眾所周知的例子是七宗罪。七宗罪為基督教義的一部分，指的是可能直接導致犯罪或罪孽的行為或習慣，分別是驕傲、貪婪、情欲、嫉妒、饕餮、憤怒、怠惰。這些行為都可能導致我們犯罪，但我不大了解怠惰為什麼也算一種罪，不就是太懶惰而什麼都沒做嗎？或許是我們懶惰到沒有繳稅，這樣當然就犯罪了。

法律的用意是讓人規範自己在社會的行為，如果越線觸犯法律，一定會受到懲罰。法律分為數大類，包括人身侵害、暴力侵害、性侵害、財產侵害、危害國家、偽造文書、使用非法藥物、妨害公共秩序和金融侵害等。有些罪是實際傷害他人（例如人身侵犯），有些則是為了減少傷害他人的風險（例如違反交通規則）。一個人要被認定有罪，必須自行認罪或提出犯罪證據。科學就在這裡發揮作用：科學的主要功能就是提出證據，也包括犯罪的證據。鑑識是用於偵察犯罪的科學檢驗或技術。要決定一個人是否有罪，有時必須「無合理懷疑」。鑑識證據也可能出錯，伯明罕六人（Birmingham Six）案就是個例子。一九七五年，伯明罕的兩家酒吧遭人放置炸彈，造成二十一人死亡、二百二十人受傷，六名愛爾蘭人被錯判有罪而處以終身監禁。但真凶可能是愛爾蘭共和軍成員，這個組織以恐怖行動反抗英國對北愛爾蘭的統治。在審判期間，科學家法蘭克．斯庫斯（Frank Skuse）提出鑑識證據，指稱這六人曾經處理爆裂物。在後續上訴中，新的科學證據出現，對斯庫斯博士的證據提出「嚴重質疑」。這六人手上的化學物質可能來自撲克牌等其他來源[1]，因此他們在坐牢十六年後改以無罪釋放。

有些國家制定法律的依據是宗教信仰。墮胎違反天主教教義，所以在愛爾蘭不合法。法律的主要功能是維持社會秩序，基本上也就是防止他人受害或防範人民做出欠缺考慮的行為。政府也可能把法律當成社會控制的手段。如果政府要強迫民眾採取某種行為方式，就會經由法律手段實行這個意圖。舉例來說，汽車發明之後，就需要一套法律來規範開車上路的行為。二〇〇四年，愛爾蘭出乎全世界意料地通過禁止在工作場所吸菸的法律，目的是防止吸入二手菸。以愛爾蘭著名的酒館文化而言，許多人懷疑這條法律是否真能實行，許多酒客也對禁令十分不滿。為了讓民眾遵守，違反這項法律將被罰款三千歐元，罰款利用的是許多人在乎荷包受失血，而不是他人受到傷害。有些例外狀況則許可吸菸，尤其是在監獄裡，但僅限於單人囚室或活動場所，這些地方可以視為受刑人的家，因為禁令不包含在家裡吸菸。完全禁止在監獄中吸菸，將使原本就已相當緊張的環境更加緊繃。這個法律執行得極為成功，每年只有少數人違法並遭到罰款，因此這條法律被視為公共衛生的一大成功[2]，讓民眾得以避免被動吸菸的危害，因為被動吸菸和吸菸本身同樣危險。

這也帶出另一個問題：人為什麼會違反法律和犯罪？如果一個人受過教育，能分辨是非，為什麼會犯罪和違反法律？人類是生來就具備道德尺度還是從父母身上學到行事規矩，一直是心理學家和哲學家爭論的問題。目前的證據指出，嬰兒其實生來就有道德感，但雙親和社會有助於培養。美國耶魯大學的科學家進行一項研究，深入探討了這個問題[3]，研究者以五個月大的嬰兒為對象，想看他們是否能分辨好行為和壞行為之間的差別。他們起先演出一場木偶戲，戲中有一隻灰貓想打開一個塑膠盒，灰貓試了又試，但一直打不開。後來出現一隻穿著綠色T恤的兔子幫貓打開盒子。接著重複一次這段情節，但後來出現了一隻穿著橙色T恤的兔子，闔上盒子之後跑掉。綠色兔子樂於助人，橙色兔子則吝於助人。接下來，不知道哪隻是好兔子或壞兔子的研究成員同時拿兩隻兔子給嬰兒看，喜歡好兔子的嬰兒略少於七十五％。令人驚奇的是五個月大的嬰兒竟能分辨好兔子和壞兔子，所以嬰兒似乎生來就具備正義感。

在古代，對於人為何犯罪的解釋稱為惡魔學（demonology）：這個想法認為犯罪行為是人類在某些方面遭到占據，而且顯然源自迷信和宗教。一八七六年，義大利犯罪學家切薩雷·隆布羅索（Cesare Lombroso）提出「人類學上的決定論」（anthropological determinism）[4]，是史上首次嘗試以科學解釋人類為何犯罪（用很長的單字來解釋某樣東西，藉以強調自己很聰明，也應該算是犯罪。我就從來不這麼做，因為我有長單字恐懼症）。這個理論指出，犯罪行為有遺傳性，而且有人是「天生的罪犯」，從生理特徵就看得出來。依據隆布羅索的說法，這些特徵包括下巴大、額頭低斜、耳朵呈圓形、鷹鉤鼻和手臂長，而且僅限於男性。隆布羅索也研究了女性罪犯，最後斷定女罪犯的「退化」徵兆較少，因為女性「在生活中活動較少，所以演化程度較男性低」。他認為女性不夠聰明，難以犯罪。隆布羅索真是了不起。

一如往常，佛洛伊德也插上一腳，提出自己的看法。他說，偏差行為（意思是偏離社會規範和法律的行為）源自超我過度發展造成的過度罪惡感[5]。他主張，罪犯懷抱嚴重的罪惡感，犯罪是為了受到懲罰。佛洛伊德同時認為人類有「享樂原則」（the pleasure principle）[6]，需要藉由食物和性愛等事物獲得快樂，否則就會透過犯罪來獲得這些事物。此外他還認為，這類衝動在兒童時期可以控制，如果在成長過程中缺乏教養，小孩長大後將難以控制這些自然衝動，更容易犯罪來滿足享樂原則的需求。

從此之後，許多社會學家、心理學家和神經科學家開始爭論，為什麼有些人犯罪，有些人不會。可惜，他們依據的科學原理往往說明不清，甚至完全空白。此外，這個領域也一直存在偏見和種族主義，例如隆布羅索的結論就證明他顯然十分厭女。然而他們確實釐清了問題。現在大家已經普遍接受，人類之所以犯罪，很難歸咎於單一原因，而是多重因素的綜合結果，所以很難完全理解。

想了解人類為何犯罪，受刑人與入獄理由統計資料可能相當有用。二〇一九年，愛爾蘭共有三千九百九十六名受刑人，坐牢比例為十萬分之八十一，在世界上算是相當普通。美國的坐牢比例名列前茅，是十萬分之五百[7]。愛爾蘭政府每年花費七萬三千八百零二歐元在每位受刑人身上。刑期少於十二個月的受刑人有三千五百五十九人。愛爾蘭的受刑人大多從來沒有參加過國家考試，有一半以上不到十五歲就輟學。一九九六～二〇一七年間，監禁人數增加了六十八%，女性的年平均人數是一百六十五人，和國際平均值相仿。受刑人來自貧窮地區的比例是富足地區的二十三倍；其中大約有二十%是文盲，三十%只會寫自己的名字[8]。

從這些數字可以看出哪些人比較容易犯罪。最先映入眼簾的就是男性犯罪人數比女性多很多。造成這種現象的原因很多，包括社會或文化因素、未報案黑數以及睪固酮較高導致攻擊行為等生理因素。美國有幾項十分深入分析犯罪的性別議題。在美國，男性坐牢人數是女性的十四倍[9]。二〇一四年在美國遭到逮捕的人有七十三%是男性，因為暴力犯罪而被逮捕的男性比例是八十．四%，因為財物犯罪而被逮捕的男性比例是六十二．九%[10]。而在愛爾蘭，女性坐牢的原因大多是輕罪，九十五%的入獄原因是順手牽羊或收受贓物。男性除了犯罪之外，成為犯罪受害者的比例也較高。在二〇一三年一項跨國研究中[11]，七十八%的他殺死者是男性，而加害者是男性的比例是九十六%。在愛爾蘭，二〇一八年有七十七%他殺案件和九十五%攻擊案件的受害者是男性，但性暴力受害者絕大多數是女性（八十二%）。

男性犯罪率高於女性最初的徵兆出現在童年時期。男孩出現不良行為的比例高於女孩[12]。整體而言，研究指出女孩在童年時期有學習困難和行為問題的人數少於男孩[13]，這些狀況可能使男孩走上與女孩不同的生命歷程。「終身持續」的反社會行為源自早年生活，而且由於高風險社會背景影響而明顯惡化（主要是缺乏雙親支持）。睪固酮也可能是男性比較好鬥的部分原因。在受刑人中，暴力程度最高的罪犯，睪固酮值也最高[14]。睪固酮可能使男性更喜好競爭，以便取得更多資源和尋求配偶，因此可能導致竊盜和暴力等犯罪。此外，犯罪可能是極端適應行為，讓男性藉由犯罪取得資源和地位。男性間競逐資源和配偶也可能是因素之一。不良行為和太年輕就成為父親之間有關聯[15]。在攻擊行為方面，許多研究指出男性以言語和肢體攻擊的比例較高。有趣的是，一項針對一百二十二份研究進行的分析也發現，男性進行網路霸凌的比例也高於女性[16]。

犯罪性別落差的最後一個原因可能是經濟。年輕男性犯罪率偏高，部分原因可能是勞動市場機會不足，使男性只能選擇低薪工作，結果這些年輕男性可能被機會打動，犯下經濟上較為有利的罪行[17]。有幾項研究顯示，失業率提高時，犯罪率也隨之提高。女性同樣也可能出現這類機會主義。

然而先不管男性或女性，有個問題還是沒有解決，就是為什麼有些人會犯罪、有些人卻不會？答案和人類某些十分複雜的特質一樣，介於先天和後天之間。在先天方面，許多研究提出多項導致人類成為罪犯的因素[18]。害怕遭到懲罰或拒絕可防止大多數人做出不好的行為。童年時期，大多數人接受社會上的行為準則，犯罪時會感到罪惡、羞愧，因而影響自尊。在犯罪者方面，有幾項環境特徵格外明顯。首先是反社會價值觀，又稱為罪犯思想（criminal thinking），這種思考方式的發生原因可能是同儕壓力，而同儕壓力本身就是犯罪的重要風險因素。加入幫派常視為未來可能犯罪的預測指標。青少年特別容易受到同儕壓力影響。童年時目睹暴力行為也會造成麻木效應。家庭失能亦是重要的風險因素，可造成遺棄或無法在家庭環境表達情緒或有效溝通，最糟的狀況是肢體虐待或性虐待。遭到家庭拒絕的人可能在犯罪幫派獲得大量支持。這些環境因素都可能導致犯罪行為，但先前提過，環境很可能與潛藏的遺傳因素結合，導致犯罪行為。

這點帶出了犯罪行為是否有遺傳因素的問題。有人生來就壞嗎？這個問題是許多研究分析的主題[19]，包括一些大規模雙胞胎研究。有研究比較了同卵和異卵雙胞胎的犯罪行為。同卵雙胞胎的基因組成完全相同，異卵雙胞胎則和一般兄弟姊妹沒什麼兩樣。如果同卵雙胞胎的犯罪率和異卵雙胞胎相同，而且這兩組雙胞胎成長的環境非常近似，那麼環境因素可能相當重要。然而，如果同卵雙胞胎的犯罪率比異卵雙胞胎高，那就表示遺傳扮演的角色比較重要。如果同卵雙胞胎一出生就分開，分別在不同的環境長大，這樣更好。如果兩者後來犯罪機率相同，同樣表示遺傳因素的影響大於環境。整體說來，目前根據雙胞胎研究的結論是，以犯罪可能性而言，遺傳是重要的決定性因素。這和第六章談到的成癮風險相當類似。

那麼證據是什麼？丹麥有一項含括三千五百八十六對雙胞胎的研究中（這個數字在同類研究中相當龐大，所以結果可能相當正確），同卵雙胞胎有五十二%犯罪率相同，而異卵雙胞胎則只有二十二%相同[20]。這類研究只有一個問題，就是因為某些因素，同卵雙胞胎生長環境相同的機率高於異卵雙胞胎。不過整體說來，雙胞胎研究也贊同遺傳因素在犯罪上的重要程度。另一項研究觀察在不同地方長大的三十一組同卵雙胞胎和一組三胞胎[21]，證據同樣指出，在不同地方長大的同卵雙胞胎犯罪率相同。

另一種方法是觀察被收養的小孩。以許多國家的收養率而言，這類研究比較可行。美國愛荷華州首先進行了這類研究，觀察組含括女性受刑人生下的五十二名被收養者[22]，對照組被收養者的年齡、性別、種族和收養時間都與觀察組相同，差別只有母親不是受刑人。觀察組五十二名被收養者中，七名長大後有犯罪紀錄，但對照組被收養者僅一人有犯罪紀錄，這個結果進一步證明遺傳影響相當明顯。瑞典一項研究觀察二千三百二十四名瑞典被收養者，檢視他們的犯罪紀錄[23]。這項研究發現，父親犯罪且兒子也犯罪的比例是父親未犯罪但兒子犯罪的兩倍，這點同樣顯示遺傳影響極大。丹麥有一項研究，分析一萬四千四百二十七名丹麥被收養者後發現[24]，親生雙親有犯罪紀錄但被非罪犯家庭收養的小孩，日後成為罪犯的比例較高。我們可由這幾項獨立研究斷定犯罪行為與遺傳因素密切相關。接下來的問題是，哪些基因造成犯罪風險提高，以及這些基因變異如何提高犯罪風險？

遺傳與犯罪行為間最有力的關聯證據，是生成單胺氧化酶A（MAO-A）酵素的基因[25]。這種酵素是腦部正常功能的調節器，負責控制腦中多巴胺、正腎上腺素和血清素三種重要的神經傳導物質（前面曾經提過）。這些神經傳導物質具有多重功能：多巴胺對酬賞激勵行為格外重要，對大多數酬賞的期望會提高腦中多巴胺濃度，讓我們感到愉悅；正腎上腺素的主要角色是提高清醒和警覺程度；血清素在大眾文化中被視為快樂的神經傳導物質，但它的功能其實更加複雜，與酬賞感、記憶和學習都有關係。MAO-A的責任是維持這些神經傳導物質的穩定。

犯罪行為可能是MAO-A出問題的第一項證據是荷蘭某個大家族一向有衝動性攻擊和反社會行為的紀錄[26]，該家族的MAO-A基因發生突變，導致MAO-A基因的活性低於正常基因。後續研究則證實，MAO-A基因活性過低將使人過度敏感，因而更容易受負面經驗影響，並且會把攻擊當成防禦。更重要的是，MAO-A基因活性過低的人小時候也曾受到虐待，所以更容易犯罪[27]。與MAO-A控制相同神經傳導物質的其他基因也與攻擊和犯罪行為有關，但MAO-A特別受到注意的原因是有許多研究以這個領域中極為優秀的科學推論證實它的角色。目前的挑戰是要找出MAO-A基因活性較低的人為什麼攻擊性較強，犯罪率也較高的合理解釋。

我們仔細看一下這個證據。要支持這個科學推論，首先要正確地定義出表現型（phenotype）。在這個研究案例中，表現型的定義是「個體的基因型（也就是基因組成）與環境交互作用後形成的可觀察特質」，意即一個人的遺傳與生活環境交互作用，所形成某些特質。我們在這個例子上探討的特質是環境觸發點造成的攻擊行為，這個觸發點可能是開車時有人突然切入車道，因此以攻擊行為回應。攻擊行為容易觀察，所以是評估時的重要反應。此外，攻擊行為將對社會造成破壞，所以研究攻擊行為相當重要。舉例來說，美國每年發生的非致命暴力犯罪超過五百萬件，

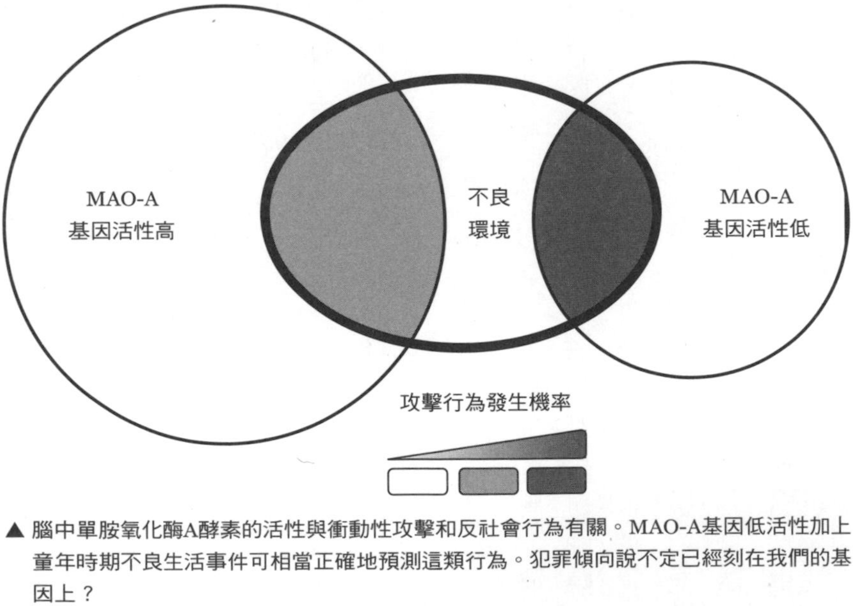

▲ 腦中單胺氧化酶A酵素的活性與衝動性攻擊和反社會行為有關。MAO-A基因低活性加上童年時期不良生活事件可相當正確地預測這類行為。犯罪傾向說不定已經刻在我們的基因上？

造成的財物損失超過二千億美元，包括訴訟費用、醫藥費和監禁成本等。二〇一八年在愛爾蘭共發生一萬九千九百九十五次非致命攻擊事件[28]。病態攻擊的治療方法目前也很有限，大致上不脫抗憂鬱藥物和認知與行為療法。

研究攻擊性表現型的第一步是將攻擊行為分類，可分成主動和被動兩大類。主動攻擊由攻擊者發起，目的是讓攻擊者取得想要的結果，可能是優勢地位或竊盜所得。就心理上而言，主動攻擊與「冷漠無情特質」有關，包含缺乏同情心和後悔感受等。被動攻擊是以不受控或過度的方式回應自己感到的挑釁或威脅。以攻擊性方式回應，稱之為犯了「敵意歸因偏誤」，原因是當事人認為自己受到挑釁或威脅，但事實上並未受到威脅。童年時曾經遭到不當對待的人經常如此。

前面提到，讓我們想到MAO-A基因可能出錯的第一項證據是某個荷蘭家族的這個基因出現突變。男性具有這個突變的特徵是破壞性突發情緒頻率異常地高，觸發原因通常是沮喪、憤怒或恐懼。這類情緒往往導致犯罪行為，曾經發生在這個家族的狀況包括企圖殺人、強姦和縱火。科學家還發現有這種突變的男性還有其他性狀，包括智能不足、睡眠障礙和異常手部動作等怪異特徵。這項發現對生物犯罪學而言十分重要，更使這個領域再度活躍起來。但MAO-A基因突變極為罕見，第二個病例直到二〇一四年才出現，距離第一個病例已有二十年之久[29]。

然而，犯罪行為中的MAO-A基因還是最受注目。接下來的重要進展是科學家去除了小鼠體內的MAO-A基因[30]，這些小鼠變得攻擊性極高，與人類MAO-A基因活性過低時的現象相仿[31]。科學家還發現小鼠腦中的多巴胺、正腎上腺素和5-HT值較高，5-HT的值甚至高達正常小鼠的十倍之多。小鼠的行為相當有趣。第一個星期，牠們不停點頭和顫抖，接著變得過動和過度活躍，同時開始攻擊性亂咬。此外，這些小鼠也對無害的刺激出現過度防衛反應。總體來說，小鼠研究顯示這個荷蘭家族的男性有攻擊性和犯罪傾向的原因，非常可能是MAO-A基因的缺陷。

其他MAO-A基因研究進一步強化了它在攻擊行為中扮演的角色。從荷蘭家族研究開始，許多人提出這個基因中的變異，另一項著名研究提出了uVNTR變異[32]，這個變異同樣會導致MAO-A生成量大幅減少。有幾項研究指出uVNTR和攻擊、敵意及反社會人格傾向有關。有這種變異的人也比較難以理解他人的臉部表情。重要的是，這類人也比較容易出現被動攻擊，而非主動攻擊。

儘管MAO-A研究指出遺傳明顯有關，環境影響扮演的角色肯定也相當重要。這裡的問題是，具有這個基因變異的雙親可能失職，而且可能影響行為。最起碼，環境可能與遺傳特質交互作用，在探討成癮的第六章稱為「先天發動，後天促進」。兒子可能具有缺損的基因，而且我們可由這個兒子接受的養育方式推測他後來的行為。紐西蘭一項研究支持這個說法。在紐西蘭，有虐待兒童或遺棄兒童紀錄且MAO-A基因缺損的男性，反社會行為發生率高於沒有相關紀錄的男性[33]。美國、英國和瑞典的相關研究也證實這點。

紐西蘭的研究為期超過三十年（心理學家必須很有耐心），指出MAO-A基因活性過低且受到虐待的兒童，通常在十六歲時出現行為問題。

靈長類研究也提出更多證據，證明MAO-A量是攻擊行為的重要因素[34]。許多物種的MAO-A有變異性，包括獼猴、大猩猩、紅毛猩猩、黑猩猩和巴諾布猿等。以獼猴為對象的研究特別多，具有MAO-A生成量較少的變異且成長過程中沒有母親的獼猴，競爭行為和攻擊性高出許多[35]。這個結果也證實人類的這個現象。

奇怪的是，研究指出，表現高於一般基因的另一種MAO-A基因可用於預測女性的攻擊性反社會行為[36]。這點很難解釋，因為依據男性的資料，MAO-A基因表現較低時與攻擊性行為有關，所以我們自然認為MAO-A較多的女性攻擊性應該小得多。從這點可以了解這類研究的困難之處，原因可能是修飾因子（modifier），也就是改變某種變異基因效果的因素。這個例子中的修飾因子可能是睪固酮，男性體內睪固酮較多，因此MAO-A較少時攻擊性較強。而女性的睪固酮原本較少，MAO-A較多時可能就會造成問題。此外，生成MAO-A的基因表現在X染色體上（女性有兩個X染色體）可能也相當重要。整體而言，這點使MAO-A在女性攻擊和犯罪行為中角色的相關研究變得難以評估。

既然MAO-A基因和導致犯罪的攻擊行為明顯相關，那麼基因資料是否應該用在法庭上，證明犯罪行為情有可原？二〇一七年一項研究檢視一九九五～二〇一六年間的案例，統計有多少法庭案件以低表現MAO-A基因為理由要求減輕刑罰[37]，最後發現有九個美國案件和兩個義大利案件提到MAO-A。整體說來，有兩個案件最後因此減輕刑罰；此外有五個案件在上訴中提出MAO-A，其中兩個案件獲得減刑。然而研究作者也指出，MAO-A對結果影響程度的證據效力很難評定。

有個問題是，最能證明MAO-A基因對攻擊性有顯著影響的證據與童年有負面經驗同時出現，但童年負面經驗難以評估。二〇〇九年在美國有個著名案件，其中一方主張，具有低表現MAO-A基因加上童年有受虐紀錄，因此導致受審者殺人[38]。結果該案被告免除死刑，但被判處三十二年徒刑。然而整體而言，目前沒有證據證明基因證據可以影響法官或陪審團認為受審者是否有罪。但法官或陪審團可能會斷定，被告有罪的原因有一部分是基因組成使他們比較容易攻擊他人，因此應該判決有罪及坐牢。

此外也有人主張，大眾並不相信遺傳因素是犯罪的正當理由。顯而易見，如果我們認為某個人因為精神疾病或年紀太小而「行為控制能力不足」，所以犯罪情有可原，就可能形成另一種結果，例如判決進入精神衛生機構治療等。然而目前這方面仍有待發展。如果有更多人研究缺陷基因對行為和責任造成哪些影響，就像研究MAO-A一樣，或許能改變大眾對遺傳差異的看法。

MAO-A雖然是大多數攻擊與犯罪行為遺傳因素研究的主要目標，但也有人研究許多其他基因，包括生成TPH2、5-HTT、D4受體和COMT等蛋白質的基因[39]。這些基因與MAO-A類似，都會影響血清素、多巴胺和正腎上腺素等神經傳導物質，因此進一步提高這些神經傳導物質對犯罪行為的影響。

雖然討論了這麼多，我的問題還是沒有解決：為什麼我不是蒙特喬伊監獄裡聽別人演講的受刑人？答案可能在於我擁有充滿愛和穩定的成長過程，小時候從沒受過苦，同儕團體也沒有犯罪傾向（這可能要歸功於我母親，她讓我進入好學校，而且經常留意我交了哪些朋友），還有最後一點，就是我的基因組成不會使我在更差的環境下變成罪犯。換句話說就是我很幸運。我們該如何幫助那些沒那麼幸運的人，例如降低他們變成罪犯的機率，或是讓他們不會再度犯罪？我們必須支持需要幫助的人，減少可能導致犯罪行為的情緒痛苦。這必須從我們自己的孩子做起。

二〇一五年，有人問專家，我們應該如何降低世界各大暴力都市的犯罪率，這些都市主要位於拉丁美洲和發展中國家[40]。專家的建議其實適用於世界各地，相當值得一讀。我們必須把暴力行為當成公共衛生問題，運用科技照顧每個兒童，藉由教養和學前教育讓他們感到自己受到關愛。家庭和社群的支援也很重要。過度壓迫和苛刻的政策不會有效，政府的想法必須超越執法和刑事司法，必須支援和鼓勵主動的社群和學校計畫。令人擔憂的是，愛爾蘭的犯罪率連續降低幾年之後，現在似乎又開始上升，原因還不清楚[41]，但我們必須密切注意。

結論：就犯罪而言，無論是受害者、加害者或整個社會，大家都是輸家，所以我們必須進一步了解原因，並且盡可能事先防範。

9 為什麼還是有人認為男人來自火星、女人來自金星？

Why do you still think that men are from Mars and women are from Venus

「每個成功的男人背後都有個翻白眼的女人。」
——好萊塢演員金．凱瑞（Jim Carrey）

我十幾歲時，我姊姊海倫鼓勵我加入國際特赦組織。我的會員卡寄來時，我母親沒收了卡片，她很怕我被激進組織帶入歧途。我姊因此大笑，讓我母親更加惱怒。我們在這件事上很團結。國際特赦組織只是海倫持續參與的一個組織。我很崇拜她，因為她一輩子都在幫助社會上大多數人都不想牽扯的弱勢族群，以各種方式幫助他們。她是社會工作者，永遠屬於左派，經常吃綠豆，使我母親的廚房充滿奇怪的氣味。我母親是老派愛爾蘭人，吃什麼東西都要配馬鈴薯。

海倫一九七〇年代到菲律賓當老師，教極度貧窮地區的菲律賓小女生，這工作在當時的年輕女性中很少見。讀書才能解脫束縛。女權，尤其是愛爾蘭的女權，一直是她關注的焦點。一九七一年，她十五歲時乘坐發送保險套的「避孕列車」，從北愛爾蘭向南行進（在一九八五年之前，使用保險套是違法的）。離開菲律賓之後，她去了倫敦，在密德薩斯技術學院攻讀社工（我這個幸運的弟弟有機會進大學，她則是我們所謂的「技術學院生」，不過現在一樣是大學了）。她住在倫敦東區一座摩天大樓的十三樓，把自己住的地方當成庇護所，收容到倫敦墮胎的愛爾蘭女性（墮胎在二〇一八年之前也屬違法）。她永遠為正義、為正確的事，最重要的是為女性而奮戰。

男性vs女性：這對我們人類而言是非常基本的區別，兩者間的差異也為生活帶來許多樂趣和煩惱。這個差異曾經似乎十分簡單。依據我們的觀察和測定，男性有一個X染色體和一個Y染色體，女性則有兩個X染色體。男性比較強壯，有低沉的嗓音、陰莖和睪丸，身體的毛髮較多、曲線較少。女性比較瘦小，有尖細的聲音、乳房、卵巢、子宮和陰道，有月經，而且能生小孩。由於偏見和無知，以往也曾經認為男性比較理性和聰明，比較適合擔任領導者，比較會開車和擅長數學。另一方面則認為女性比較柔弱，需要幫她們開門，不會處理事務，無法擁有自己的銀行帳戶，也喝不下五百毫升啤酒（不過我姊一向用五百毫升的杯子喝啤酒，令我父親頗煩惱）。

由於現在有許多傑出女性誕生，這些想法已經徹底改變。性別已經變得流動，一個人的性別可能是男性或女性，少數狀況下，依據生理狀況還可能是雙性[1]，但心理性別和生理性別可能不同。同樣，隨著研究越來越多，男性與女性間除了生理差異以外，其他差別越來越模糊，甚至完全逆轉。事實究竟是什麼？男性真的來自火星、女性來自金星嗎？除了容易描述的生理差異之外，男性與女性間具有科學根據的差異到底有哪些？這些差異對社會又有什麼影響？這些問題滿令人憂慮。已經完成的研究常常也代表了科學家無意間帶入分析的偏見。我聽到有讀者說：「什麼？科學家會有偏見？」很可惜，真的會。但這和本書探討的所有議題相同，我們只需要拿出男子（女子）氣概，盡可能依據科學做出結論就好。就像科學研究一樣，我們必須了解可以從最可靠的資料當中知道些什麼。差異確實存在，但不是我們認為的那些。有一項著名研究的主題雖然不是男性與女性的差異，而是月經，但其實帶有偏見。我猜有許多讀者相信，女性如果經常共處，月經週期會趨於一致對吧？其實這個說法已經證明並不正確[2]。接下來還有許多驚奇等著各位。

在動物界，狀況比較簡單明瞭。有些物種的性別差異相當明顯，最好的一個例子就是山魈，稱為性別差異最大的哺乳類動物。公山魈的臉部和臀部有許多彩繪（其實不是彩繪，那些色彩都是天生自然的）。此外，公母山魈的體型也差異很大。公山魈的體重高達母山魈的三倍，所以交配時有可能壓扁母山魈。山魈有點像雉雞：雄雉雞有色彩奇特的羽毛、又大又鮮豔的尾部，眼睛周圍有很長的肉垂，雌雉雞則體型小又色彩暗淡。

不過山魈和雉雞跟密棘角鮟鱇比起來又不算什麼了。密棘角鮟鱇的俗名是「三瘤海怪」（triplewart seadevil），可說名副其實。這種魚類生活在二千公尺深的海中，雌性長三百公分，雄性的體型只有一公分——我覺得牠們同床時應該很方便，完全不會搶棉被。觀察我們的靈長類近親，也能看出兩性之間的差異，但這些差異在最接近我們的物種身上變少了。紅毛猩猩性成熟時，雄性開始長出寬大的肉頰，用來展現優勢。家族中的雄性超過一頭時，地位較高的雄性會長出更寬大的肉頰。誰想得到優勢會以寬大的臉頰來決定？但以黑猩猩和巴諾布猿（最接近人類的物種）而言，雄性和雌性的生理差異與人類相同：體型和力氣略有差異，性器官則明顯不同。

那麼男性和女性除了看得見的生理差異之外，還有哪些科學家認可的差異？觀察人類特徵有個好方法是使用鐘形曲線（因為這種曲線的樣子像教堂的鐘），又稱為常態分布（normal distribution）。如果測量許多男性和女性的身高，畫成身高對應全部人口中某個身高的頻率（也就是某個身高的常見程度）的圖形，將可得出一條曲線。身高很矮和很高的人都相當少，其他則位於兩者之間。測定男性和女性的身高時，可以看出兩種性別的曲線不同[3]，由此得知男性的身高平均高於女性，但也有許多女性比許多男性高。如果測量攻擊性的鐘形曲線，同樣可以得知男性的攻擊性通常高於女性[4]。這個現象的成因可能是睪固酮的作用，也是男性肌肉通常比女性發達的原因。但如同前面探討過的各種特徵一樣，男女性兩者之間有部分重疊，也就是有些女性的攻擊性高於某些男性。

男女性之間還有什麼明顯的差異？有個有趣的領域是對疾病的易感性不同[5][6][7]。原發性膽汁性肝硬化（一種自體免疫肝臟疾病）病例中有九十％是女性，原發性硬化性膽管炎則大多是男性。許多自體免疫疾病的患者多半是女性，例如休格倫氏症候群、多發性硬化症、硬皮症和狼瘡等。此外，女性罹患造成骨骼脆化的骨質疏鬆症的比例是男性的四倍。男女性罹患新冠肺炎的比例相同，但男性罹患後狀況較差，死亡患者中有七十％是男性；到二〇二〇年四月為止，男性死亡率是女性的一．四倍[8]。女性罹患神經性厭食症和暴食症等飲食障礙的比例是男性的十倍，罹患憂鬱症的比例為男性的兩倍。另一方面，男性罹患自閉症的比例是女性的四倍，思覺失調症的比例是一．四倍，死於自殺的比例則是兩倍。這個差別在愛爾蘭尤其明顯，二〇一八年的自殺事件有五分之四是男性[9]。

男女性對疾病的易感性為什麼有這些差異，目前大多不清楚。唯一的例外是骨質疏鬆症，現在已經知道雌激素和黃體素可維持骨骼強度，而且這些荷爾蒙在女性停經後將會減少，因而造成骨質疏鬆。在其他疾病方面，醫學研究者過往則大多忽視女性的易感性差異，但現在狀況已經開始轉變。與骨質疏鬆症的狀況相同，科學家推測這些差異可能與荷爾蒙濃度有關，但還沒有證實，尤其是尚未找出明確的致病機制。近來有一項研究，檢視了人類、猴子、小鼠、大鼠和狗的十二個組織中一萬二千個基因的表現（亦即基因開啟程度）的性別差異。這個方法有點像測定這些基因的音量大小和每個基因的旋鈕轉到多大。十分重要的是，這項研究發現男性和女性確實有差異[10]，男性和女性運用同一基因的方式似乎不同。這些差異可以解釋男性與女性間十二%的身高差異（男性平均比女性高十三公分），數百個與身高有關的基因在男性與女性身上的表現程度不同。這項研究成果在醫學界中刮起一陣旋風，因為進一步分析或許就可得知男性和女性對不同疾病的易感性為何有差別。如果能把解釋這些差異的基因的音量轉小，說不定就能開發出新療法。

女性容易罹患疾病的比例雖然較高，但平均壽命仍然比男性長。在愛爾蘭，女性預期壽命目前是八十四歲，男性則是八十．四歲[11]。同樣地，這個差異的原因目前還不完全清楚[12]。女性比較長壽看來似乎是優點，但女性的整體生理疾病罹患率較高、失能期間較長、看醫生次數較多，住院次數也較多[13]。科學家提出了數項壽命差異的原因。男性內臟周圍脂肪較多（稱為內臟脂肪，請參閱第四章），女性則是皮下脂肪較多。這種現象有一部分源於雌激素，而且重點是內臟周圍的脂肪是罹患心臟病的重要因素，而心臟病也正是男性的主要死因。生活方式差異可能也相當重要。二十世紀有很長一段時間，男性吸菸率高於女性，但現在差異已經縮小，而且可能成為男女性死亡率差異未來可能縮小的原因[14]。觀察未來男性和女性的預期壽命是否趨於相同，將是相當有趣的事。

如果離開生理和醫學領域，進入心理領域，狀況將變得模糊許多。研究提出的男女性差異相當小，往往小到微不足道，但提出的結論卻很多。我們將謹慎地繼續探討。

科學家目前的共識是男女性在IQ測驗中的表現一樣好[15]。在一項大規模研究中，男女性在閱讀理解、數學、溝通技巧和動作技能（例如手工熟練度）的表現非常接近。在含括四十六項研究的綜述中，這類技巧的性別差異極小或接近零，整體而言，男性（與女性）本身之間的差異大於男女性之間的差異[16]。這點十分重要，因為這類特質的差異可能無法單以性別差異來解釋。

在四千項各自獨立的研究中（由此可以看出這類研究有多徹底和多累人），數學成就差異大致上是零，一舉消滅了男女性數學技能有差異的歧視性說法[17]。此外還有一項比較男性和女性的重要研究，漂亮地解決了人格差異問題[18]。這項研究分析三萬一千個人格測驗（在這類研究中同樣算非常多），研究者檢視溫暖、情緒穩定性、自我肯定、合群、盡責、友善、懷疑、想像、改變開放性、內向性、秩序性和情緒性等人格特質，試圖探究男性和女性的這些特質是否相仿。猜猜看結果怎麼樣？他們發現女性的焦慮和溫暖分數較高，男性的盡責和自我肯定分數較高。其他特質呈現的差異較小。這項研究的強固程度可以參考一項觀察結果，這個觀察結果是在九十五%的狀況下，隨機挑選男性的人格側寫比隨機挑選女性的人格側寫更接近典型男性。知道某個人的人格側寫後，猜測其性別的正確率將可達到八十五%左右，相當有用。當然，女性個性比較溫暖，但又比較容易焦慮，而男性比較盡責又自信的確實理由還不清楚，而且同樣可能是教養加上生理差異的結果，但這些因素的相對比例很難得知。

同理心是女性應該比較擅長的領域，即理解他人想法和感受的能力。我已經聽到有讀者（帶著包袱和先入為主的想法）說：女性在這個領域當然優於男性。有些研究的結果確實如此，但如果這些測驗的標題不是同理心測驗，所有差異都會消失，代表有偏見的是測試者[19]。如果他們知道要測驗的是同理心，給女性的分數就會高於男性。此外不要忘了，這類測驗經常只是填問卷，而問卷往往相當主觀。

這類研究的另一個問題是如何定義溫暖或同理心，但有幾項研究斷定女性的情商（emotional intelligence, EQ）高於男性[20]。情商的定義是妥善表達情緒以及明智且同理地處理人際關係的能力。這個說法的設想是女性在這方面的能力優於男性。女性面對難過或激動的人時反應不同，她們看到他人難過時，自己比較容易難過，而且這些感覺會一直延續[21]。腦中的島葉（insula）部分與這種反應有關。另一方面，男性則會維持這種感受一段時間，接著就逐漸脫離這個情緒。這樣的脫離或許能活化男性腦中的其他部分——這可能與解決問題比較有關，但尚未證實。女性經常對男性的情緒脫離有所抱怨。其實這兩種反應都有優點。以異性伴侶而言，如果有一方可以防止兩人都陷入憂傷，並且試著找出亟需的解決方案，或許是比較好的，也就是另一方可為憂傷的一方提供支持和照顧。當然，男性和女性都可扮演任何一個角色，但一般認為女性通常扮演支持者。

但心理學家觀察企業中的領導者時，發現重要特質超越了性別。兩種性別的成功領導者都融合兩種特質：持續展現同理心，接著著手解決問題[22]。這是因為女性扮演領導角色後變得比較接近男性，還是她們原本就具有這些特質，因此得以扮演領導角色？我們並不清楚。科學家觀察到黑猩猩也有類似的現象。有黑猩猩感到憂傷時，母黑猩猩提供安慰的頻率高於公黑猩猩，方式可能是用手輕拍，讓牠平靜下來；然而黑猩猩群中地位最高的公黑猩猩提供安慰的頻率又高於任何一頭母黑猩猩[23]。無論男性或女性，領導者都必須具備同理心。

女性和職場領導力的議題越來越重要。領導職位以往大多由男性把持（德國前總理梅克爾、英國前首相柴契爾、紐西蘭前總理阿爾登和印度前總理英迪拉・甘地是少數例外）。男性領導者多於女性領導者的趨勢似乎持續不衰。整體而言，男性比較容易成為領導者，原因可能是自我肯定的人格。二〇一八年，《財星》雜誌評選五百大企業中僅有二十四家的領導者是女性，但女性的專業程度和男性相同[24]。所以，女性為什麼沒有成為領導者？

理由之一可能是期望。二〇一五年一項研究中，男性員工有六十％希望雇主在他們的職涯發展中扮演主動角色，女性員工則只有四十九％希望如此[25]。在晉升方面，男性比較自我肯定，女性則較少說出職涯上的企圖心。另一個理由可能是男性經理有不良作為。近年一項研究指出，有一半以上的第一線和中階管理階層女性的主管把她們的工作成果據為己有，如此可能提高經理獲得晉升的機會，實際做事的女性則反而無法晉升。

另一項研究也指出男性容易以事業為中心，希望盡可能增加工作帶來的財務報酬[26]。女性對工作的看法或許比較全面，以比較自省的方式看待職涯，重視意義、目的和與同事的關係[27]，但這點同樣需要科學化的檢視。

然而，這些特質其實或許代表女性更適合擔任領導者。近來一項意見調查中，女性領導者特別強調幾項特質[28]——不過這同樣只是一種說法，需要更多證據輔佐。女性領導者認為自己比較願意培養團隊成員，協助團隊發展自己的技能。女性或許也比較重視團隊合作，比較不自我本位——這通常視為優點，因為自我有時可能妨礙正確決策。此外，女性也比較能在工作和個人生活的多重挑戰間取得平衡（可能包括照料家庭和年長的雙親，這些工作通常仍然落在女性身上）。女性或許並非天生比較擅長多重工作，而是必須經常這麼做，因而得心應手，並且把這個技能帶到領導工作上。儘管擁有這些技能，一項研究仍然指出，當問到偏好男性或女性主管時，結果相當有趣[29]：有三十九％的女性偏好男性主管。男性的比例更低，只有二十六％的男性表示偏好女性主管。在領導能力方面，性別刻板印象或許仍然占了上風，至少對男性而言是如此，原因可能是他們認為自己被女性主管壓制。然而同樣地，我們認為這裡應該也會出現鐘形曲線，男性和女性都具備多項能力，女性主管的曲線可能比男性主管更偏向右邊。

用以推斷男性和女性的情緒與人格差異的這類分析通常包含填寫問卷，此外還會請這些參與問卷調查的人表明自己是男性或女性，而且不一定與本身的性別一致。當然，調查可能有用，但另一個可能更有用的差異判定方法是檢查男性和女性的腦部。這個領域許多已經發表的研究價值並不高。二〇〇五年，有一項含括二十一名男性和二十七名女性（這麼少的數字立刻讓人懷疑）[30]的研究，其目的是找出男女性腦部的重要差異，因此媒體立刻陷入瘋狂。這項研究宣稱男性腦部的灰質是女性的六．五倍，女性腦部的白質則是男性的十倍。灰質由神經元細胞體構成，白質則具有許多髓鞘軸突。這些差異相當明顯，媒體大肆報導這可以解釋為何男性比較擅長數學（可能與灰質有關），女性則比較擅長多重工作（可能與白質有關）。事實上，我們尚未證明擅長數學或多重工作與灰質或白質有關。世界首屈一指的《自然》（*Nature*）科學期刊日前指出：「性別差異研究史充滿數字盲、誤解、發表偏誤、統計能力薄弱、不適當的控制和更糟的狀況。」[31]

心理學家吉娜．黎朋（Gina Rippon）把這個領域比喻為打地鼠遊戲。某一項公開發表的研究宣稱男性和女性有某種差異，就會被用來嘲笑政治正確，直到最後有其他研究者發現該項研究的疏失。換言之，一隻地鼠被打下去，但另一隻地鼠又跳了出來。對男性和女性腦部的檢查研究往往充滿這類打地鼠現象，儘管投入大量心力，還是沒有發現男性和女性腦部之間有任何具說服力的生理差異。如果給神經解剖學家看一個腦，再問他（她）這個腦是什麼性別，他（她）應該講不出答案。儘管如此，腦中有個部分可以說是性別差異區，就是內側視交叉前區（medial preoptic area）。至少在九個物種中，雄性的這個區域比雌性大，包括人類在內[32]。兩性的這個區域大小都會變化，但老化時會逐漸縮小。它的大小與性欲和性取向有關，但這個關聯仍有爭議。此外，二〇一七年一項含括二千七百五十名女性和二千四百六十六名男性的研究[33]發現，女性腦部的皮質（腦部表面有皺摺的一層灰色物質）較厚，男性的腦容量則略大於女性。然而同樣地，男性之間的這些差異往往大於男性與女性之間，就如同其他研究指出男性間的ＩＱ分數差異大於男性和女性之間。整體說來可以推斷，我們很難確定一個腦子來自男性或女性。

女性的腦部較小，但這與體型有關。十九世紀有人發現這個現象時，稱為「缺少的五盎司」。我們以為或許能從這五盎司找出男女兩性差異的關鍵所在，但其實只是因為女性體型較小。二〇一四年有一項現在聲名狼籍的研究，宣稱女性腦中的連線位於腦部的兩個半球**之間**，男性腦中的連線則多半在某個半球**內部**[34]。然而這些連線大多沒有描繪出來，也不具備控制青春期成熟或腦部整體大小的機制。這項研究當初為何可以發表，至今仍然是個謎。接受這篇論文的神經科學家顯然也需要檢查一下腦子。

男性和女性之間獲得實證的腦部差異非常少，所以目前的看法是兩性有別的腦部源自兩性有別的世界。現在認為人格和情商的差異主要來自社會，而非與生俱來。現在大多數心理學家都同意，任何差異都是粉紅色與藍色文化造成的結果。從雙親知道腹中胚胎的性別開始，嬰兒和兒童的腦子就沉浸在這個文化中。我們又怎麼知道這樣的文化存在？一項含括美國黃金時段一百二十五個電視節目的研究指出，女性扮演的主要是人際角色，包括戀情、家庭和朋友，男性扮演的則是與工作有關的角色[35]。一項含括五千六百一十八本童書的研究指出，男性出現在書名中的頻率是女性的兩倍，擔任主角的頻率則是一．六倍[36]。這類影響和其他許多類似的影響，或許有助於解釋女性和男性為何成為現在的樣子。但我們也不能忘記前面提到的研究，該研究確實觀察到男性和女性基因的「音量控制」有別。實際基因或許沒有生理差異（例如腦內不同部分的連線），但男性和女性相同基因的表現程度或許有差異，這一點可能由性染色體或環境控制。針對腦部的這個面向進一步研究，或許能確切找到心理特質差異的關鍵所在。我們可以熱切期待這個領域的進一步鑽研。

男性和女性的差異無論出自什麼原因，在教育和工作場合兩方面確實相當明顯。首先來看看教育。男女爭議最棘手的地方就是在學校的成績表現。許多研究證實男性在學校的成績表現遜於女性，來自低收入背景的學生尤其不佳[37]。因此這是個可查證的明顯差異。為什麼會有這樣的差異？我們又該如何改善？

在已開發國家，男孩的閱讀能力通常比女孩差得多，進入大學的比例也較低。男孩在學校的數學表現仍然稍好一點，但男女孩的差距正在縮小，而且在北歐和中國等某些國家已經沒有差距[38]。愛爾蘭的狀況也一樣，在中等考試（初中）和高等考試（高中）中，女孩大多數科目的表現優於男孩（但數學仍然例外）[39]。此外，男性成年後仍然和父母同住的人數越來越多。在英國，二十～三十四歲男性有三分之一和父母同住，女性則只有五分之一。從業者大多是教育程度不高的男性的工作（例如體力勞動或駕駛等）最可能轉向自動化。教育程度不高又不滿現狀的男性通常投票給川普等右派民粹主義者，所以如果不想辦法彌補這個教育落差，就會造成分裂政治旋風，為我們和整個地球帶來破壞。儘管看來讓人驚訝，但過往曾有刻意調高男孩分數的做法，例如英國的十一+（eleven plus）升學考試[40]。而在日本，大學也承認曾經操縱考試分數，差別對待女性應試者。女孩也較常被老師忽視或無法學習重要科目。從這類性別歧視消失之後，女孩的表現就超越男孩[41]。

在以往男性進入大學的比例遠高於女性的地方（一九七〇年代為五十八％比四十二％），現在比例剛好逆轉[42]，因為有更多女性申請進入大學。有證據指出，男孩從八歲開始就失去學習動機；十一歲時的字彙差距已經相當大，讀寫能力落差在十六歲時達到頂點。在經濟合作暨發展組織（OECD）採用的國際學生能力評量計畫（PISA）評分系統中，成績最差的學生是男孩。為什麼會有這種現象？女孩在學校的成績真的優於男孩嗎？

女孩較早熟，跟男孩的差距可能多達兩年，而且女性年紀較輕時，腦部負責思考的灰質較多，所以可能較受老師注意，學得也就比較多。一般認為男女合校對女性比較友善，現在大多數教室也由女性主導。學前教育相關人員有九十七％是女性。小學和初中老師大多是女性，與男性的比例大約是二比一。不過女性教師在大學中較少，但只限於教授層級。

諷刺的是，在兩性最平等的國家，教育成就（例如考試成績）的性別落差反而最嚴重。這種現象的成因目前還不完全清楚。現在最大的挑戰是如何使教室對男孩更友善，但又不會不利於女孩。有個方法是回歸男女分校，但女校中女孩的考試壓力大於男校中的男孩[43]。此外，女校中女孩的負面在校經驗也多於男孩。對女校中的女孩而言，必須符合社會期待的壓力較大。女孩在女校中的學術表現較佳，但對許多女孩而言可能壓力太大，最後各方面的表現都不佳。心理學家奧利佛・詹姆斯（Oliver James）日前指出，成績表現優異的十五歲女孩是英國和愛爾蘭最不快樂的族群[44]。

在各方面都相等的前提下，女孩在教室的表現通常優於男孩，但比較鐘形曲線才能量化差異幅度。愛爾蘭經濟社會研究所（ESRI）埃梅爾・史密斯教授（Emer Smyth）進行的研究發現，性別隔離與學術成就是否優異的關聯相當小[45]。男孩到達十八歲後，落差開始縮小，部分原因是表現較差的男性學生已經不再接受教育，也可能因為男孩的腦部發育已經趕上女孩。男孩與女孩成績表現差異的主要原因可能是男女成熟的年齡不同——所以，男孩晚一兩年入學或許比較好？

我們還能做些什麼？有人正在研究十六歲男孩的教育狀況，讓教育更適合男孩。男孩可能比較喜歡組織和規則（但這點還有待證明），行為不良男孩需要的是支持而非懲罰；字彙課程對男孩幫助較大，此外也應該鼓勵男孩閱讀他們想看的內容——這些方法都有幫助。同時，教導教師處理自己的性別偏見也屬必要。我們需要鼓勵教師評估男孩的冒險行為，而不是一味壓抑。我們也需要鼓勵男性進入教育界：德國已率先在這方面實施積極的招募計畫[46]。不過一般說來極為優秀的男孩表現很好，男性整體而言收入仍然較高，在工作場所晉升機會也較多，因此這個問題很少受到注意。但女性正在急起直追，這個性別落差也在持續擴大，這樣將會出現危機：許多教育程度不高的男性從事低薪工作，導致各種社會問題惡化，包括第八章提到的坐牢。

在職業方面，男性和女性之間的差異顯然相當大。男性較常從事與物品有關的工作，女性則較常從事與人有關的工作。同樣地，這種現象可能是童年時期粉紅色與藍色洗腦的結果。男性工程師為什麼比女性多這麼多？雙親和社會影響可能是原因，有一項研究也指出，女性通常不被鼓勵從事和電腦有關的工作。從一九八〇年代起，學習科學和醫學的女性畢業生比例開始增加，女性電腦工程師人數則反而減少[47]。在醫學領域有個有趣的現象[48]：已開發國家的所有醫師中，女性的比例不到一半。日本和韓國只有二十%醫師是女性，拉脫維亞則有七十%。愛爾蘭所有醫師中有四十一%是女性，家庭醫師有四十二%，主治醫師則有三十九%。另一個工作場合尚未充分解決的熱門話題是性別薪資落差。歐洲委員會進行的研究發現，以相同職位而言，女性的時薪比男性少十六%[49]。這在工作平等法中是違法的。這種狀況在清潔工或路邊攤等低薪工作更加嚴重，落差可能高達三十九%。但未來或許會改善。依年齡進行的性別薪資落差分析發現，對四十歲以下的女性而言，落差已縮小到二・六%。但以我們看到的好萊塢明星而言，狀況對女性格外殘酷。近來一項研究指出，女明星的收入比演出經驗相仿的男明星少很多。一項研究檢視一千三百四十四部電影的二百六十七位明星，女性平均每部電影的收入比男性少一百一十萬美元左右，唯一的理由應該是電影公司老闆[50]。

儘管有這些狀況存在，西方國家女孩至少可以想做什麼工作就做什麼，其他方面其實也是如此。與以往許多其他國家的女孩相比，這已經是極大的進步。不過有些問題依然存在，例如育兒和家務分攤等。我們要如何得知兩性已經真正平等？耶誕節是個不錯的例子。研究指出，英國女性在耶誕節時仍然必須負擔大部分工作，包括寄送耶誕卡、採購禮物、購物，以及烹調耶誕大餐[51]。等到這些工作平均分攤時，兩性才算平等。知名瑞典統計學家漢斯・羅斯林（Hans Rosling）指出，洗衣機問世對解放女性的功勞遠大於任何事物。兩性平等的另一個徵兆是女性擁有工具箱的人數，工具箱現在仍然可說是男性的專利，不過我家不是這樣，因為工具箱是我太太的。其實不應該如此，因為在修理方面，兩性的能力沒什麼不同（但我自己不算）。如果所有女性都擁有工具箱，我們就知道女性真的自由了。

我們還必須持續修正誤解。先前曾經提到有一項研究分析了四十六項關於性別差異的研究（這些研究沒有發現兩性有明顯差異），主持該項研究的心理學家表示，如果我們認為女性比男性有同理心和情緒化，而男性比較自我肯定，這樣一來可能在工作場合造成偏見，讓女性難以晉升。這種想法也可能讓配偶難以解決衝突。重要的是，如果兩性確有差異，也應該把這些差異視為可以改善的缺點。社會是可以改變的。

印度一項有趣的研究指出，有線電視使女性對家庭暴力的容忍程度大幅降低，同時提高女性的自主權[52]。這是因為肥皂劇中許多女性角色教育程度較高、較晚結婚、家庭規模較小、在外面工作，以及擁有主管職位。此外在重男輕女的文化中，有線電視也降低了女性希望生男孩的程度。

那麼歐洲的狀況如何？法國玩具廠商日前簽署協定，去除遊戲和玩具的性別刻板印象[53]。玩具廠商和法國政府簽署一項章程，目的是「平衡兩性在玩具中的表現」。法國初級經濟部長安妮斯・帕尼爾－胡納榭（Agnès Pannier-Runacher）表示，許多玩具散發出「陰險」的訊息，勸阻女性擔任工程師或程式設計師。她認為玩具廠商製造給女孩的玩具大多與家庭生活有關，給男孩的玩具則大多和建築、太空旅行和科學有關（法國知名研究機構國家科學研究中心〔CNRS〕中有三十八％是女性，但其中只有十％是程式設計師）。玩具性別中立可能改變這些比例。

愛爾蘭一項性別刻板印項研究也有些有趣的發現。要五～七歲的兒童畫工程師時，九十六％的男孩畫出男性工程師，但畫出女性工程師的女孩僅略多於五十％[54]。這項研究的主持人是柯馬・哈里斯（Cormac Harris）和艾倫・歐蘇立文（Alan O'Sullivan）兩名學生，這個計畫則在競爭激烈的二〇二〇年青年科展中視為最優秀的作品。這項研究還列出小學老師打破兒童心目中性別刻板印象時可運用的資源。

另一項長期研究分析學童描繪科學家時畫出的內容。分析內容含括五十多年來五～八歲學童畫出的二萬八百六十張圖（對，真的很多張）。可能有讀者好奇這些圖畫都保存在哪裡。一九六〇年代和七〇年代間，把科學家描繪成女性的圖畫不到一%。但到了二〇一六年，比例提高到三十四%。如果參與者是女性的話，比例更提高到五十%。這個結果與美國女性科學家的實際人數提升相符。一九六〇～二〇一三年間，生物領域由二十八%提高到四十九%，化學領域由八%提高到三十五%，物理學領域由三%提高到十一%[55]。科學界的狀況確實有所改善，連物理學領域也改變了一些。

愛爾蘭人或許可以成為未來男女平等的模範。愛爾蘭語的男性是*fir*，女性則是*mná*。我帶一個英國朋友到酒吧時，他覺得男廁標示F而女廁標示M很奇怪。他是走進去後碰到一位女性，而且被告知應該到另一間，才發現自己走錯了。他很好奇這個相反的命名方式是不是搞怪的愛爾蘭幽默。

凱爾特女性在古代世界中十分獨特，擁有其他社會許多女性缺乏的權利。我覺得我姊上輩子可能是強勢的凱爾特女性。古代凱爾特女性是戰士也是統治者。愛爾蘭神話中最傑出的戰士庫胡林（Cuchulainn）的師父是蘇格蘭女戰士斯卡塔赫（Scáthach），斯卡塔赫和姊姊伊菲厄（Aoife）都在戰爭中領軍打仗。伊菲厄也是庫胡林的愛人（他顯然是透過斯卡塔赫認識伊菲厄，現在愛爾蘭這種事不算少見）。女性經常和男性一起打仗，運用大聲尖叫和瘋狂跳舞等心理技巧嚇跑敵軍。這種行為在都柏林的夜店還是可以看到，愛爾蘭女性經常在這些地方嚇壞愛爾蘭男性。布狄卡（Boudicca）和卡蒂曼杜瓦（Cartimandua）都是不列顛島凱爾特人的著名領袖，和愛爾蘭的梅芙女王相同。在古代的愛爾蘭，女性不被刻意排除在各種角色之外，她們可以擔任祭司或外交官，不需要丈夫的同意就能做生意。婚姻視為伴侶關係，雙方帶來相等的嫁妝，女性也可以擁有自己的財產。婚姻也視為契約，所以離婚也相當簡單。甚至還有證據指出有一妻多夫的現象，女性擁有一名以上的愛人或丈夫[56]。

愛爾蘭人從古到今對兩性關係的看法一向很特別，從許多俗話可以看得出來，例如「男人要像男人，女人才是女人」，所以古代愛爾蘭人說得或許沒錯。

結論：在兩性關係方面，最重要的是合作、互補和獨立。

10 別人為什麼怕你？
Why do others scare you?

「她的詮釋令人驚訝，聽眾深受震撼。這正是我希望達到的效果以及我寫這首歌的目的。」

——美國作曲家艾伯．梅洛波爾（Abel Meeropol）談歌手比莉．哈樂黛（Billie Holiday）首次表演他的反種族主義歌曲《奇異的果實》（*Strange Fruit*）

一九八五年我搬到倫敦。當時愛爾蘭共和軍爆炸事件層出不窮。在搭乘從鄧萊里到霍里希德的渡輪（這是當時愛爾蘭移民的標準路線）前一天晚上，我和父親出門喝一杯。我父親雖然出生在愛爾蘭，但在英格蘭的薩福德長大，認為自己是英國人。他跟我說：「你或許覺得自己很聰明，但你在那裡永遠是愛爾蘭人。」當時英國很流行嘲笑愛爾蘭人是傻瓜或罪犯的笑話，這算是比較溫和的種族歧視，我對這些笑話可以一笑置之，但畢竟是一種傷害。當然，身為住在愛爾蘭的白人科學家，我以前從來沒經歷過這種感覺。可是為什麼有這麼多人是種族主義者？我們又能如何改變？這個問題現在比以往更加重要。

大約十八萬年前，一個可能只有幾百人的部落離開非洲，到達中東地區[1]。他們在中東住了一段時間，後代繼續前行。七萬年前，其中有些人到達亞洲，接著又在大約五萬年前抵達澳洲。一萬五千年前，亞洲有些人到了北美地區，接著遷徙到整個美洲大陸。四萬年前，原本留在中東地區的人向北遷徙到歐洲，一萬年前左右在歐洲各地定居。十八萬年前離開非洲的人類後代運用人類最重要的特質，也就是獨創性，克服當地狀況，例如在寒冷氣候中穿上動物毛皮、用火，或是造船在太平洋航行，最後遍布全球各個角落。當幾萬年來在各個地區形成的部落遭遇彼此時，就像遠房表親見面一樣。這些部落通常會打架，可能是因為害怕敵對部落搶走所有資源或劫持女性製造後代，也可能只是單純喜歡打架[2]。有些人類學家認為人類生來就有暴力傾向，就像人類學家理查·藍翰（Richard Wrangham）曾說人類是「五百萬年來暴力攻擊習性下的倖存者」。

在歐洲，所謂技術進展指的就是促成遷移各地的人類重逢的造船和導航技術。最初是哥倫布在美洲遇見美洲原住民，接著是庫克船長在澳洲遇見澳洲原住民。這兩次遭遇都導致當地人遭到外來者集體屠殺，方式包括實際動手或散播天花等疾病。在此同時，世界各地的部落也彼此爭鬥，甚至早在人類遷徙到中東之前就在非洲爭鬥。從黑暗時代開始，歐洲幾乎無時無刻沒有戰爭，在兩次世界大戰時達到最高峰，這兩次戰爭導致一整個世代的年輕人喪生。第一次世界大戰的估計死亡人數為一千五百～一千九百萬人，第二次世界大戰則是七千～八千五百萬人。在德國，一個部落（就是亞利安人）試圖消滅另一個部落，殺害多達六百萬猶太人；美國則在日本投下兩枚原子彈，導致二十二萬六千人死亡。

殺死這麼多人有什麼正當理由嗎？說到底，這些打仗的部落都源自離開非洲的第一個部落。人類為什麼彼此憎恨到這種程度？其他人為什麼讓我們害怕？當我們視為家族以外的人侵入領域時，戰鬥是不是我們為了保護資源而出現的本能反應？我們該如何阻止目前仍在進行中的爭鬥，包括世界各地的種族衝突和使人類無法進步的種族歧視？世界上到底有沒有不同的種族？（答案是斬釘截鐵的沒有。）我們為什麼不聽從甘地和馬丁·路德·金恩博士等我們奉為英雄的人物，停止所有爭鬥和問題，彼此好好相處？

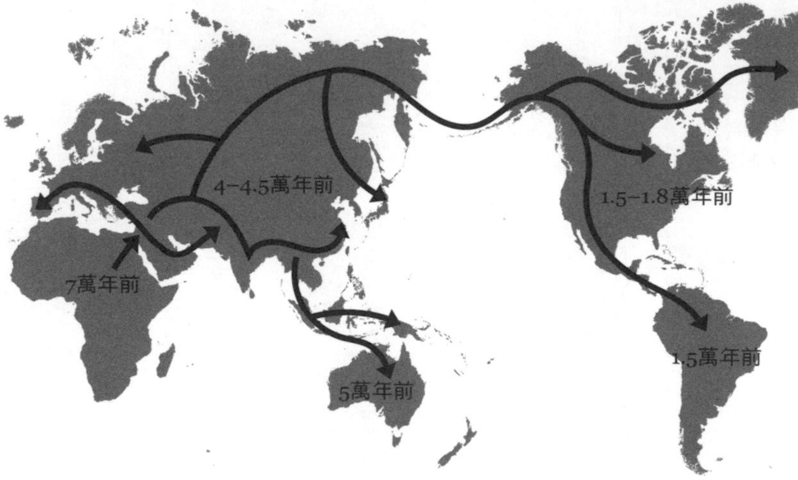

▲ 人類誕生在非洲，逐步遷徙到世界各地。

對其他人心存懷疑顯然是天生的。所有物種都會如此（至少就我們所知），而且這個天性和所有保留的生物特徵一樣有利於存活，所以保留下來。我們最重要的責任是保護自己的家人。我們會在家人遭受威脅時保護他們，因為我們希望自己的DNA傳遞下去，這是所有地球生物的重要動力。我是不是應該說，是DNA促使我們把它傳給下一代？早期人類生活的群體大概只有一百人左右，我們認識每個人，也和其中一些人有親戚關係，所以保護部落也是保護自己的利益。許多人也具有我們的某些DNA，規模更大的群體可提供更多保護。研究「傳統」人類的人類學家探究過不同部落如何彼此互動。如果資源受到威脅，暴力行為就會出現。坦尚尼亞的哈札人（Hadza）有許多學者研究，是了解智人（*Homo sapiens*）誕生以來部落生活方式的好例子[3]。

二〇一五年時，大約有一千二百名哈札人居住在東非大裂谷中部的埃亞西湖旁，其中約有三百人以傳統方式生活，完全靠覓食維生。在社會方面，哈札人自己組成許多小隊，每隊約十～二十人。他們是相當古老的人類，遺傳上和其他種族都不一樣。他們大約在一萬五千年前和血緣最近的桑達韋人（Sandawe）分化。他們的語言也和其他語言完全沒有關係。哈札人在目前的土地上已經生活了數千年，這段時間內生活方式改變相當少。他們擁有豐富的口傳歷史，把他們的過往分成四個時期。

根據他們自己的「起源故事」，天地創生之初，生活在世界上的是全身毛髮的巨人，這些巨人稱為格拉內比（Gelanebe），意思是「祖先」。格拉內比沒有工具，不會生火，打獵的方式是用眼睛盯著獵物，直到獵物死亡為止。他們吃生肉，睡在樹下。在第二個時期，格拉內比被毛髮較少的巨人取代，稱為特拉特拉內比（Tlaatlanebe）。特拉特拉內比會生火、使用藥品，也會使用咒語。第三個時期的人類叫做哈馬瓦比（Hamalwabe），意思是「現在」。哈馬瓦比會製作武器，建造房屋，還會玩一種博奕遊戲，稱為魯庫丘科（lukuchuko）。第四個時期一直延續到現在，生活在世界上的是現代哈札人，稱為哈麥修內比（Hamaishonebe）。

他們遇到其他人會怎麼樣？第四個時期有許多哈札女性被外來者俘虜的故事。有些哈札女性嫁到班圖伊桑祖（Bantu Isanzu）等鄰近族群，但經常帶著孩子回到哈札部落。這可能是避免近親通婚的一種方式。伊桑祖一向對哈札人不友善，多年來經常俘虜哈札婦女，十九世紀時甚至把哈札女性賣為奴隸。然而伊桑祖和哈札之間也有和平時期，曾經互相通婚，甚至住在一起。儘管如此，哈札人從一九一二年之後就一直對伊桑祖人「備戰」。另一個鄰近部落蘇庫馬（Sukuma）一向和哈札人關係良好，因為哈札人讓他們趕牲口通過領域，藉以交換金屬工具。

哈札人和鄰近民族的互動可能是非洲部落自古以來彼此來往的代表範例，再經由人類離開非洲散播到世界各地。我們遇見陌生人時，通常會先覺得對方可疑。這是否使種族主義和仇外心理變成直覺反應？十九世紀開始普及的種族概念起先是區別不同人類的方法，但也是歧視他人的一種方式，尤其是對方看來具威脅性的時候。部落一向認為自己和鄰近族群不同。我們現在的種族概念，也就是依據生理或社會特質將人類劃分開來，是歐洲人接觸不同大陸的族群後產生的想法，以皮膚顏色和身體差異來區分不同的民族。一七三五年，分類學家卡爾．林奈（Carl Linnaeus）把人類分成四個種族，分別是歐洲人、亞洲人、美洲人和非洲人[4]，儘管如此，這麼做的一個理由就是強調優越性。林奈對歐洲智人的描述是活躍及大膽，對非洲智人的描述則是狡猾、懶惰和粗心——現在所謂種族主義的起源就在於此。種族主義的定義是對不同種族抱持偏見、歧視或敵意，依據則是認為自己的種族比較優越。

一七七五年，德國醫學家及人類學家約翰．弗瑞德里希．布魯門巴赫（Johann Friedrich Blumenbach）列出五個種族，分別是高加索人（Caucasoid）、蒙古人（Mongoloid）、尼格羅人（Negroid）、美洲印第安人（American Indian）和馬來人（Malayan）[5]。膚色成為關鍵性的重要特徵：高加索人（當時認為起源於黑海和裏海之間的高加索地區，現在英文中的白種人Caucasian即源自這個字）是白色，蒙古人是黃色，尼格羅人是黑色，美洲印第安人則是紅色。從十七世紀到十九世紀，這些種族視為古來已有、存續已久又獨特鮮明。後來有許多種族類別陸續發表，皆斷定歐洲人優於其他種族，尤其是尼格羅人，並以此當成蓄奴制度的正當理由。但可能令人驚訝的是，連曾經說過美洲原住民和白人平等的美國總統湯瑪斯．傑佛遜（Thomas Jefferson），也認為非洲人的智力趕不上歐洲人。

十九世紀，不同種族的定義其實都為了征服所謂比較低等的族群。許多知名科學家認為不同種族是在每個大陸各自演化，沒有共同的祖先，生理特徵也不一樣。二十世紀初期，人類學家認為種族完全屬於生物概念，語言、文化與社會群聚（social grouping）和種族界線同時存在[6]。這種說法演變為科學種族主義，納粹也以此作為執行優生計畫的正當藉口。優生計畫的目標是改良所謂的「亞利安人」——即納粹認為自己所屬的種族，又稱為「超人」（Übermenschen）。此外，當時還有「種族優生」（racial hygiene）的說法，納粹認為世界其他種族都是劣等種族。美國運動員傑西・歐文斯（Jesse Owens）在一九三六年柏林奧運贏得四面金牌時，曾在希特勒手下擔任要職的德國建築師阿伯特・斯皮爾（Albert Speer）曾寫希特勒「因為令人驚嘆的美國有色運動員傑西・歐文斯的一連串勝利而大為光火。希特勒聳了聳肩說，祖先來自叢林的人類都是原始人，他們的體格比文明的白人強壯，因此未來的比賽應該排除他們。」[7]

科學家發現種族缺乏遺傳學依據，所以科學界已經以「族群」取代「種族」一詞。儘管如此，「種族」這個詞仍屬社會學構念[8]。人類有外貌上的差異（例如膚色或眼睛周圍的皮膚褶皺），但在皮膚之下，人類都非常相似，同一族群內的差異往往比族群間還要顯著。某些基因變異在某個族群中可能相當明顯（例如亞洲人往往缺乏製造乙醛去氫酶aldehyde dehydrogenase的基因，乙醛去氫酶是分解酒精的酵素，所以酒精不耐症在亞洲人中比較普遍），但仍然不能說是不同的種族。種族主義是把膚色等外貌差異和懶惰等更廣泛的差異連結在一起，但這樣的關聯其實並不存在。

所有人類在生物學上的分類都是智人。一九七〇年代，科學家檢驗遺傳特質後，斷定種族差異大多在文化方面，而文化之外的其他差異（例如身體差異）在不同族群中出現的頻率也不同。人類的遺傳差異不僅出現在族群內部，也出現在族群之間。人類之間的遺傳差異其實非常小，大約只有一～三％。列出人類全部基因的人類基因計畫指出，他們發現的基因差異，不足以支持各種族基因不同的說法。所有差異都呈現遺傳學家所謂的「梯度變異」（cline），也就是一種特徵在某個地理範圍內呈現梯度分布現象。

如果以膚色當作例子，可以看出從歐洲北部向南繞過地中海東端，再沿尼羅河進入非洲時，膚色有梯度變異現象[9]。一端的膚色相當白，另一端膚色相當黑，且隨梯度變異而逐漸變黑。其他身體特徵大多也是如此，沒有突然改變的明顯界線。

現在我們知道人類離開非洲時，皮膚全都是深色。大約八千年前，由於基因突變，淺色皮膚開始變得明顯，這些突變可能出現在SLC24A5、SLC45A2和HERC2/OCA2這幾個基因，並且開始擴散到所有人口[10]。SLC45A2基因可能來自五千八百年前左右到達歐洲的東亞農民，發生突變的原因可能是人類遷徙到太陽紫外線較少的環境。淺膚色人類皮膚中生成的真黑素（eumelanin）較少，因此能在較弱的日光中產生足夠的維生素D，維生素D對骨骼強度和免疫系統都很重要。亞洲人膚色較淺的原因則是不同的基因突變[11]。

人類學家法蘭克・李文斯頓（Frank Livingstone）推斷，由於梯度變異跨越種族界線，「所以只有梯度變異而沒有種族」。這些結果指出「種族」這個名詞已經難以讓人接受，種族現在視為社會建構，是社會賦予的意義（以種族而言，就是把人類分屬不同的種族）。歐盟理事會更已經宣告：「歐盟拒絕承認意圖斷定不同人類種族存在的理論。」二〇一七年美國一項含括三千二百八十六位人類學家的意見調查指出，人類學家有明確共識，認為生物上的種族不存在[12]。社會科學家則已經以「族群」（ethnicity）一詞取代「種族」，「族群」是依據共同文化、祖先和歷史而自我認定的群體。

儘管這個名詞尚未在科學界生根，但美國最近一次於二〇一〇年舉行的人口普查仍然要求美國人選擇自己的種族，選項包括「白人」、「黑人」、「華人」和「美洲印第安人」。對種族主義受害者而言，「種族」這個名詞沒有科學依據的新聞，並沒有什麼安慰效果。二〇一八年美國NBC電視網舉行的投票指出，有六十四%的美國人認為種族主義仍然是美國社會和政治的重大問題[13]；有四十一%認為種族關係越來越差；而有三十%認為種族是美國最大的分裂原因。非裔美國人有四十%表示近一個月內曾經因為種族而在商店或餐廳遭到不公平對待，七十六%表示曾經因為種族而遭遇工作場所歧視[14]；另外有五十一%的美國人認為當時的總統川普是種族主義者[15]。前幾年美國警察殺死黑人喬治・佛洛伊德（George Floyd）而引發的「黑人的命也是命」抗議行動，說明了狀況的嚴重程度。

而在大西洋的另一頭，足球流氓（hooliganism）則是有趣的社會研究案例[16]。要說明兩個部落彼此遭遇的狀況，最好的例子就是兩群足球迷穿著自己支持球隊的衣服彼此對峙。足球迷暴力行為的例子屢見不鮮，一九七〇年代在英國達到最高峰。許多社會學家研究足球流氓，有部分原因是為了提出防範對策。足球流氓的行為包括叫罵、吐口水和空手或持器械打鬥等，又稱為「儀式化男性暴力」。參與足球迷暴力行為，賦予了年輕男性正當性、認同和力量。宗教、族群和階級可能都是其中的一部分。在蘇格蘭，凱爾特人（Celtic）和流浪者（Rangers）足球隊之間的競爭有一部分和宗教有關，凱爾特人代表天主教，流浪者則代表新教。足球流氓在英國非常盛行，因此在國際間稱為「英國傳染病」。其中兵工廠、切爾西、里茲聯、米爾沃和西漢姆這幾隊的球迷問題特別大。真正的種族主義成為重要特徵，如黑人選手遭到叫罵並且被丟擲香蕉。令人擔憂的是，儘管許多行動希望減少足球中的種族主義，這類事件卻似乎有增無減。二〇一八～二〇一九年球季，種族主義事件比前一球季增加四十七％之多[17]。英國足球選手有二十五％是黑人，但九十二名球隊經理中只有4位黑人。雖然全座位運動場和更嚴格的安全控管措施對阻止暴力行為已經有成效，但要真正根除足球運動的種族主義仍然有待努力。

種族主義有一部分源自仇外心理（xenophobia），即恐懼或憎恨外來或陌生的事物。這個英文單字由希臘文的*xenos*和*phobos*組合而成，前者的意思是陌生或外來，後者是恐懼。聯合國教科文組織（UNESCO）曾說明種族主義和仇外心理的區別。種族主義的依據通常是身體差異，仇外心理則多半是對行為或文化的反感。仇外心理在歷史上最早的例證就是希臘本身，來自希臘以外的人在希臘都歸類為「蠻人」，應該被厭惡和懷疑。古羅馬也認為自己優於其他人類，因此羅馬認為馬其頓人、色雷斯人、伊利亞人、敘利亞人和亞洲希臘人都是「最沒有價值的人類，生來就應該當奴隸」。

至今狀況改變似乎不多，我們現在仍然可以看到許多令人憂心的仇外心理案例。在加拿大一項意見調查中，只有三十二%受訪者表示「對伊斯蘭教觀感大致良好」[18]。美國對來自其他國家的人一向有長久的仇外傳統。日本在第二次世界大戰中攻擊珍珠港，美國因此拘留境內所有日本人[19]，共有十二萬日裔美國人被送進集中營拘禁，其中有六十二%是美國公民。許多人認為這次拘留行動的理由是仇外心理，而不是風險考量。該項計畫的幕後黑手卡爾・班德森（Karl Bendetsen）上校指出，只要「有一滴日本血」就要拘留。所以即使只有十六分之一日本血統，也會遭到拘留。該計畫的主管約翰・德偉（John DeWitt）將軍經常向報社說「日本鬼子就是日本鬼子」和「我們必須隨時提防日本人，直到他們全部消失為止」。遭到拘留的日裔人士抱持令人稱許的達觀和順從，使「仕方がない」這句日文流行開來，意思是「沒別的辦法了」。父母把情緒藏在心裡，以便保護孩子。日本人拘留問題成為二次世界大戰後日裔美國人無法癒合的傷痛。一九八〇年，當時的美國總統吉米・卡特下令調查拘留當時是否有正當理由，這份名為《個人公義的否決》（*Personal Justice Denied*）的調查報告指出，足以證明日本人對國家不忠的證據極少，進而斷定拘留行動純粹出於種族主義[20]。後來的雷根政府為此道歉，並提供每名受害者兩萬美元補償，最後支付總金額超過十六億美元。這就是仇外的代價。

可能因為美國是族群大熔爐，所以仇外心理也深植在美國人心中。一群公民權與人權團體推斷「歧視已經深入美國生活的各個面向，並擴大到所有膚色的群體」。哲學家康乃爾．韋斯特（Cornel West）則斷定「種族主義是美國文化和社會結構中不可或缺的要素」。俄國人是仇外心理的最新目標。依據紀錄，曾經擔任美國國家情報總監的詹姆斯．克拉帕（James Clapper）曾說過俄國人行為狡詐「根本就是天生的」。前總統川普曾想禁止伊拉克、伊朗、索馬利亞、蘇丹、葉門、敘利亞和利比亞人入境美國，後來有人告訴川普，伊拉克是對抗伊斯蘭恐怖活動的重要盟邦，美國部隊雇用的伊拉克通譯將因此無法進入美國，伊拉克才被排出禁止名單。

仇外在其他國家也相當普遍。九十七％的黎巴嫩人、九十五％的埃及人，以及九十六％的約旦人表示不信任猶太人[21]。二〇一二年，人權觀察組織斷定，以色列猶太人的「制度手段、個人態度、媒體、教育、移民權利和住宅供給」等各方面，都對穆斯林阿拉伯人抱持種族歧視態度[22]。在此同時，阿什肯納茲以色列猶太人則對其他所有猶太人抱持歧視態度，包括衣索比亞猶太人、印度猶太人、米茲拉希猶太人（Mizrahi Jews）和賽法迪猶太人（Sephardi Jews）。以色列已經實行範圍廣泛的反歧視法，試圖對抗種族主義[23]。

哈佛學者從二〇〇二～二〇一五年在歐洲進行一項研究，以二十八萬八千零七十六名歐洲白人的資料探討種族歧視[24]。這項研究採用了內隱連結測驗，能相當準確地發現下意識的偏見或種族歧視。這種測驗以電腦進行，需要請受測者用電腦迅速地以一種態度區分兩個概念。舉例來說，在最簡單的測驗方式中，受測者會看到「黑色」和「白色」和「不快」這個詞，接著必須選出「黑色」和「白色」兩者中哪一個會和「愉快」聯想在一起。在這個種族偏見測驗中，東歐的捷克、立陶宛、白俄羅斯、烏克蘭、摩多瓦、保加利亞和斯洛伐克種族歧視最嚴重。馬爾他、義大利和葡萄牙在種族歧視方面表現也不佳。

南非是國家處理種族主義和仇外問題的鮮活案例。從一九四八年到一九九〇年代初期，南非曾經實行史上最深入最全面的種族主義制度。這套制度稱為種族隔離（apartheid），這個英文單字源自南非語的*partheit*，意思是「隔離」。種族隔離制度的用意是讓少數白人族群可牢牢掌控南非的政治、社會和經濟體系。白人公民擁有較高的法律地位，其次是亞洲人、有色人種（也就是混血族群），非洲黑人則地位最低。這個制度分為兩大類，第一類是小隔離（petty apartheid），包括公共設施和社會活動的隔離；第二類是大隔離（grand apartheid），包括住宅和就業機會的差別待遇。第一項種族隔離相關法律是一九四九年的禁止跨族婚姻法，其後是一九五〇年的不道德法修正案，兩項法律都禁止南非人與其他種族人士結婚或發生性關係。一九五〇年時依據外貌、已知血統、社經地位和文化生活方式等條件，把所有南非人分成四個種族，每個人可以居住的地點由所屬的種族決定。一九六〇～一九八三年間，南非共有三百五十萬非白人被遷移到隔離的社區。依據估計，種族隔離期間大約有二萬一千人死於政治暴力。好幾代非白人深受貧窮和缺乏機會所苦。由知名人物領導的南非國內反抗運動，包括曾經坐牢二十七年，後於一九九四～一九九九年間成為南非總統的曼德拉，以及一九七七年遭到逮捕並在拘留期間被保安部隊毆打致死的史蒂夫．比科（Steve Biko）等，加上來自聯合國、教廷和大多數西方國家的各方國際壓力，種族隔離制度最後於一九九一年六月十七日廢除。儘管種族隔離政策已經廢除，但南非仍然不平等。二〇一八年，世界銀行表示南非是全世界最不平等的國家，並指出執政的非洲民族議會十分腐敗，經濟和社會不平等也越來越嚴重[25]。

愛爾蘭人會不會種族歧視或仇外呢？前面提過的哈佛大學研究指出，愛爾蘭人的種族歧視嚴重程度低於其他歐洲國家，整體而言和英國相仿，但仍然有明確的疑慮。位於維也納的歐盟基本權利署署長麥可．歐弗拉赫提（Michael O'Flaherty）表示，一項為期四年的態度調查發現行為方面有「令人憂心的樣態」[26]。二〇一九年，受訪的移民中有三分之一表示曾經因為膚色而遭到歧視，明顯高於歐洲的五分之一。有十七％表示在工作上遭到歧視，有三十八％表示曾經遭到騷擾，八％表示曾經遭受種族暴力。但有三分之二的移民認為自己遭到不平等對待時可以申訴，七十一％表示警察對自己相當尊重，這點又高於其他歐洲國家的五十九％。歐弗拉赫提推斷，移民越早離開庇護所，搬進社區中的住宅，融入社會狀況越好。二〇〇五年，愛爾蘭領先全世界，首先設立為期四年的對抗種族主義國家行動計畫。愛爾蘭政府已經發起好幾項行動，例如促進跨文化理解和積極對抗種族主義與仇外心理的計畫，不過這些行動的成功程度則有待討論。

這些行動也擴及對旅居者（Traveller）社群的不平等對待。愛爾蘭旅居者是族裔和文化上的少數，數百年前起源於愛爾蘭。近年來的研究指出，儘管愛爾蘭政府努力防止他們受到種族主義和歧視傷害，他們仍然遭到不少歧視[27]。遺傳分析指出旅居者和愛爾蘭其他民族屬於不同的族裔，而且差異至少可以追溯到一千年前。但更新近的研究認為他們與定居社群的分歧點應該在二百四十～三百六十年前，這個說法可支持旅居者社群的祖先是一六五〇年代蓋爾（Gaelic）社會毀滅後開始游牧生活的族群。

旅居者自稱為Minkier或Pavee，使用衍生自愛爾蘭語和英語的雪爾塔語（Shelta），又稱為黑話（Cant）。愛爾蘭旅居者曾在媒體上提到他們在愛爾蘭是生活在種族隔離制度下。愛爾蘭記者珍妮佛．歐康諾（Jennifer O'Connell）曾說：「我們對旅居者不經意的種族歧視是愛爾蘭最大的恥辱。」[28]她承認某些旅居者的爭鬥和反社會行為確實有問題，但把這些行為歸咎於整個社群則是典型的種族歧視。

旅居者社群有嚴重的健康問題[29]，只有三％活到六十五歲。他們的自殺率是定居社群的六倍。政府試圖協助但成效不彰。旅居者的問題被視為愛爾蘭最後一個禁忌議題（前幾個是同性戀、避孕、離婚和墮胎）。二〇一八年愛爾蘭總統選舉時，曾對旅居者發表種族歧視言論的總統候選人彼得．凱希（Peter Casey）得票數僅次於麥可．希金斯（Michael D. Higgins），使許多人感到不安，但他在二〇二〇年普選時表現不佳。

格外令人失望的是，愛爾蘭對旅居者的歧視正好反映了英國和美國對愛爾蘭移民的普遍歧視。十九和二十世紀時，英美兩國經常出現「愛爾蘭人請勿應徵」的標語。英國首相班哲明．迪斯雷利（Benjamin Disraeli）說過一句名言：「愛爾蘭人討厭我們的秩序、我們的文明、我們有開創力的企業、我們純淨的宗教。這個任性、魯莽、懶散、善變又迷信的種族不認同英國特質。他們理想中的人類幸福是氏族爭鬥和粗鄙偶像崇拜的變形版。」年代較近的英國記者茱莉．伯契爾（Julie Burchill）則說：「我討厭愛爾蘭人，我覺得他們沒水準。」她曾經在《衛報》的專欄說愛爾蘭是「猥褻兒童、支持納粹和壓迫女性的同義詞」，差點因為煽動種族仇恨而遭到起訴。

那麼我們該如何阻止種族歧視？首先必須公開、坦誠和客觀地討論。種族主義領袖往往利用我們多疑又害怕的本能，輕易撩起他人帶來的威脅感。要扭轉這種狀況，需要雙方各讓一步。宣揚種族刻板印象，將使大眾接觸其他族群時成為種族主義者。

有個方法是彰顯移民對當地和國家經濟的貢獻。美國前總統川普打算禁止穆斯林和敘利亞人進入美國時，有人提醒他賈伯斯的父親是敘利亞移民。愛爾蘭前總理李歐．瓦拉德卡（Leo Varadkar）的父親是來自印度孟買的移民。從二〇〇〇年到現在，美國八十五位諾貝爾獎得主中有三十三人是移民。美國在二〇一七年時，移民僅占全部人口的十三・七％，但在企業家中的比例接近三十％。二〇一八年《財星》雜誌五百大企業中有四十五％的創辦人是移民或移民第二代[30]。這些公司帶來的稅收高達五・五兆美元，超過美國和中國以外世界各國的GDP總和，相當驚人。

美國中小企業有超過五分之一由移民經營（雇用人數總和超過大企業）。移民也是美國各大城鎮商業街繁榮的關鍵，有五十八％的乾洗店、四十五％的美甲沙龍和三十八％的餐廳由移民經營[31]。此外，移民也有助於緩和美國五分之四鄉村地區的人口減少問題。他們帶來自己的餐食、音樂和文化。沒有移民，美國工作人口將減少七百萬人。連非法移民也在美國經濟中扮演重要角色。近來一項研究指出，如果沒有非法移民，美國年度GDP將減少二・六％[32]。整體而言，移民是經濟成長的關鍵，移民可補足及擴充勞動力，而且通常資格和工作能力相當好，也是成立新公司的重要助力。

儘管有這些事實，歧視和種族主義在許多國家仍然是導致憂鬱症、健康狀況不良、就業和薪水過低、犯罪和坐牢的重要因素。黑人在美國坐牢的比例比白人高得多[33]。有色人種占美國全部人口的三十七％，但在坐牢人口中占六十七％。在美國和其他地區，種族主義仍然是個大問題。但希望仍然存在，膚色歧視在全球都有逐漸減少的趨勢。一九六〇年代，美國白人受訪者有將近一半表示，如果黑人家庭搬到隔壁，自己會馬上搬家。現在這個比例已經降低到六％[34]。一九五八年，只有四％美國人表示認同跨種族婚姻，現在支持率提高到八十七％。以全球而言，年輕人抱持種族主義的程度低於上一代，三十歲以下的人有十四%的想法帶有種族主義，三十歲以上的人則超過三十一%。我們必須把種族主義視為直覺反應，唯一的解決方法是鼓勵大眾為了其他人類而擺脫這種想法。最重要的是我們必須注意已經被邊緣化的人。英國記者及作家雷妮・埃多-洛奇（Reni Eddo-Lodge）寫道：「我們必須了解哪些人受惠於種族，哪些人受自己的負面刻板印象影響，以及最後是誰得到勢力和特權。」[35]

結論：種族是社會構念，沒有科學根據。我們必須時時察覺並修正自己的偏見，以科學當成對抗不公平待遇的武器，同時了解科學曾經被當成恐怖行動的正當理由，例如優生學。世界上每個人都有差異，我們應該珍視這些差異。種族主義是有害的思想，我們必須盡全力對抗這種想法。

11 我們為什麼做狗屁工作？

Why are you working in a bullshit job?

「花枝，就算妳討厭妳的工作也不要罷工，每天上班渾水摸魚就好。」

——電視動畫《辛普森家庭》的父親荷馬．辛普森

我很幸運，做的是自己喜歡的工作。這個工作當然有苦有樂，但整體說來還是樂多於苦。有什麼工作比教育下一代又能同時當科學家更棒的呢？

近來愛爾蘭一項意見調查指出有八十三％的愛爾蘭人每天都想辭職[1]。中國和日本有九十四％的工作者表示自己對工作不投入[2]，美國則有五十一％表示工作對自己沒有明確意義，只想做到最低要求[3]。但又有另一項意見調查指出，美國有八十五％的工作者表示對自己的工作有點滿意或非常滿意（可能是因為他們錢多事少離家近）[4]。那麼經常遭到污衊的千禧世代呢？嗯…有七十一％不是不投入工作，就是刻意遠離工作[5]。他們擁有教育、希望、幹勁、走遍世界各地尋找自己和正盛的青春，但大多數人在工作時仍然不快樂。為什麼會這樣？為什麼一碰到這個占去我們三分之一時間的事情，教育、職涯輔

導、高昂的學費、人生教練和正念（如果有錢去上課的話）對大多數人都沒有效果？一個人只要被問到工作，即使有一點點滿意，是不是也一定會抱怨？

（《駭客任務》〔*The Matrix*〕說的或許沒錯。在電影裡，史密斯探員提到第一個母體（Matrix）設計得極為理想，完全沒有人類的苦惱。但這個母體失敗了，史密斯探員斷定人類是透過苦惱和不幸來定義現實，所以重新設計程式以因應這一點。）

當然，幾千年來，單調沉悶的工作一直存在。建造巨石陣、紐格萊奇墓或金字塔的工人應該不會很開心，但在團體中工作也可能帶來滿足感，因為人類有群居的天性。這種狀況有一部分似乎可歸因於農業發明，有一小群人藉由農業驅使大眾，要大眾努力工作。現在的共識是農業造成巨大的不平等[6]，有錢人擁有種子、土地、知識和能力控制農業，驅使社群中頭腦、能力或關係沒那麼好的人為他們工作，但不對等地分享收穫。蓄奴制度的用意就是讓這些工人不斷工作。羅馬人知道，如果給這些工人「麵包和競技場」（觀看角鬥士打鬥），他們就會好好工作，不會造反。現在在Facebook工作的狀況大概也是這樣，舒服地坐在漂亮的椅子上，吃著未來肉漢堡，觀賞Netflix上習慣性羞辱其他人類的影集。

新教徒的職業道德出現之後，狀況有了改變。從馬丁．路德開始，新教徒就把工作視為有益個人和整個社會的責任。天主教徒常說「善行」（good work），意思是藉由自己的行為幫助其他人類。這些善行加上信仰，可以取得進入天堂的資格。但對新教徒而言，努力工作代表自己被「選上」，也就是可以進入天堂。這個鼓勵人努力工作的點子很有趣吧？實際上這可能表示，我們即使有點懶惰或受誘惑做出犯罪等「惡行」，也有能力抗拒，因為我們以後會進入天堂。相反地，這可能也使我們比較不會討厭自己的工作，因為我們工作是為了死後進入天堂。這或許也指出，工作得不快樂其實是對上帝缺乏信心。

「工作與生活平衡」的意思是工作和嗜好、與朋友家人聚會等工作以外的事物必須均衡，這對我們的身心健康十分重要。工作當然辛苦。我們設定鬧鐘讓自己準時起床、整理服裝儀容、搭上擠滿人的電車通勤、花一整個白天工作（對大多數人而言是對著電腦工作），中間不時要跟我們必須忍耐（因為他們決定獎金多寡）或確實不喜歡的人開會。我們經常陷在不必要的繁文縟節中。我們花一整個白天提升公司價值，然後晃悠悠地回到家，為了下班而感到開心。關於工作的統計數字充分印證了這個描述。

單單倫敦市區方圓一英里內，就有四十萬名上班族[7]。這些人是詩人艾略特（T.S. Eliot）在《荒原》（*The Wasteland*）中描述的：「一群人勇上了倫敦橋，人數非常多，我從沒想過死亡失敗過這麼多次。」這裡說明一下，現在這些人都帶著耳機，聽著各種內容，讓自己感到舒服一點。此外他們手上都拿著杏仁奶做的馥列白咖啡，可能是新的精神安慰劑。四十個已開發國家目前共有兩億上班族[8]，用掉很多便利貼（如果他們還在用這種原始的東西）。企業辦公室可說是全球經濟成長的引擎室，許多人通勤到辦公室，在裡面待上八小時，再通勤回家。好慘的生活。（新冠肺炎當然已經改變了這種狀況，通勤的人減少，永無止境的會議改成線上進行，不需要親自出席。很讚的進步！——也可能不是。）

觀察幾十年來的辦公室設計很有意思[9]。二十世紀初期，中央辦公室唯一的目標是效率，打字員和職員一排排坐在那裡。一九八〇年代，燙著爆炸頭的上班族坐在擁擠的小隔間裡。現在辦公室大多採用開放式設計，許多公司更逐漸改用自由座位模式，員工沒有固定座位，而是每天坐在不同的地方，也就不能把喜歡的玩具留在座位上了。高盛近來把一萬二千名員工遷到價值十二億美元、位於倫敦的歐洲新總部[10]。總部內完全採用開放設計、隔音玻璃、自由座位、動態空調，以及可促進員工互動的樓梯間。他們現在一定很擔心這種設計在新冠肺炎疫情下是否安全。英國辦公室協會（對，真的有這個機構，我很想知道他們的辦公室在哪）估計，近九年來，平均辦公桌空間減少了十%[11]。為了彌補這點，公司提供了桌球桌、攀岩牆（可以把人吊到牆上）和需要時可以小睡的小房間。這麼做的目的是減少職場疾病，原因是公司的人事支出平均有十%是醫療費用[12]。聯合利華計算過，每投入一美元在員工福祉上，帶來的生產力提升價值高達二・五美元[13]。然而一項含括六十萬名上班族的研究指出，有四十%受訪者認為辦公室妨礙自己工作時的生產力[14]。雖然自由座位現在相當風行，但問題是效果好嗎？事實上員工並不喜歡。一項自由座位辦公室研究指出，員工花費在找空位的平均時間是十八分鐘，一年下來浪費超過六十六小時[15]。此外，員工也不喜歡每天離開時都要清空座位。人比較喜歡熟悉的環境，放著自己的盆栽和新奇的馬克杯。

無論我們對工作生活有什麼看法，結論都是相同的：大多數人認為工作辛苦又難以投入，所以我們必須探討如何改變。其實工作不一定絕對是這樣，至少我們應該盡量選擇自己喜歡的工作，但生活與工作平衡的概念則是無稽之談。阿姆斯壯飛向月球途中會擔心工作生活平衡嗎？其實他當時說的是：「我唯一遺憾的事是我的工作經常要出差。」居禮夫人發現放射線時會擔心生活平衡嗎？還有畢卡索，他畫完巨作《格爾尼卡》之後會想休長假嗎？我覺得應該不會。不是每個人都能像這些偉人一樣，但我們至少可以盡量避免認為自己的工作非常糟糕，只要脫離工作就覺得是很大的解脫。喜劇演員比爾．希克斯（Bill Hicks）說過：「西方文明可以接受兩種毒品：從星期一到星期五用咖啡因提振精神，讓我們成為有生產力的社會成員。星期五到星期一用酒精麻痺自己，讓我們忘掉自己生活的巨大監牢。」許多調查一再指出工作場所已經陷入危機。另一項含括一百四十二個國家的大規模研究，則顯示對工作的平均投入程度是十三%[16]。主要理由其實是現代生活最新的**黑魔王**：數位科技——它讓人類置身永不停息的資訊洪流中，覺得自己必須隨時回應。

這讓我們思考工作的目的是什麼。當然，我們需要賺錢換取食物和住所，滿足基本需求。但這已經不是工作的關鍵理由。許多快樂研究指出，只要收入達到一定程度，即使收入再提高，快樂程度也不會增加[17]。有些人可能想賺更多錢，買更大的房子和車子，以便向同儕誇耀，但對許多人而言，金錢其實不是重要的激勵因素。我們心裡很清楚，更多的金錢不一定能使我們更快樂。全民基本收入（universal basic income）的概念現在越來越風行，意思是國家發給所有公民一定數量的金錢，讓民眾花費在經濟體中。這個概念的歷史其實滿久遠，最初是十八世紀極端分子湯瑪斯．潘恩（Thomas Paine）於一七九七年提議發給所有二十一歲的公民十五英鎊補助金。

現在全民基本收入的動機之一是提高自動化。Facebook創辦人馬克．祖克柏（Mark Zuckerberg）主張，自動化提高將可創造比全民基本收入更大的需求，這個說法尤其適用於目前從事低薪工作的人。二〇一〇年一份美國國會報告斷定，時薪二十美元以下的工作者，因為自動化而失去工作的機率為八十三％[18]。有些人主張，如果每個人都有收入，酒精或其他藥物的消費量將會提高；然而在二〇一四年，世界銀行委託進行含括三十項研究的綜述，最後斷定不會如此[19]。後資本主義社會（我們很可能會如此發展）將會把國營事業的獲利分配給全民，代表把全社會的資本回饋給每個公民。美國芝加哥大學的全球市場倡議組織經濟專家組也提議，如果二十一歲以上的美國公民每年有一萬三千美元的基本收入，將為日前飽受不平等蹂躪的社會帶來許多助益[20]。擁有基本收入的人仍然擁有經濟體中的工作，並產生經濟活動與成長。基本收入支持者主張，如此將可讓工作者脫離薪資奴役，讓民眾得以從事不同的職業，提升創造力，克服在工作中感受到的疏離，同時增加休閒時間。

但這樣會有用嗎？最近嘗試這個概念的國家是芬蘭。芬蘭政府以兩年為期做了一個試驗，發給二千名年齡為二十五～四十八歲的失業民眾每個月五百六十歐元薪水[21]。這筆錢取代失業津貼，無論有沒有工作都可以領，其用意之一是失業民眾可以從事兼職工作，不用擔心失去津貼。芬蘭人一向視為走在社會創新的尖端，他們再次對這個概念感到興趣的原因是擔憂勞動市場越來越破碎化。許多人從事低薪低技能工作，薪資不平等擴大，認真的員工在剝削手段下離開，社會福利制度也變得越來越苛刻。關於工作末日的預測當然不是新點子，一八九一年，作家王爾德就在他的散文〈社會主義下人的靈魂〉描寫過所有工作都由機器執行的世界。經濟學家凱因斯曾在一九三〇年代預測，人類未來平均每星期將只需要工作十五小時。那麼芬蘭的實驗成功了嗎？嗯，算是部分成功。重要的是這個措施使人更快樂、更健康（這個結果當然很棒對吧？），但沒有提高就業率，原因可能是這些民眾在實驗開始時失業的原因是技能不足或健康問題。不過許多參與者對這次試驗評價不錯，有一位參與者甚至寫了兩本書。

全民基本收入概念有個有趣的面向與新冠肺炎疫情相關。由於疫情造成大規模失業，各國政府都提供基本收入給許多民眾，藉以緩和疫情對個人經濟的衝擊，避免社會動盪。誰想得到，最先讓全民基本收入在全世界普及開來的因素不是自動化，而是病毒？這個措施對社會（其實應該是經濟）的影響還不明朗，但結果應該會非常有趣。

如果激勵我們工作的主要因素不是金錢，又會是什麼？我們可以參考馬斯洛的需求層次理論。一九四三年，心理學家馬斯洛（Abraham Maslow）撰寫影響深遠的論文《人類動機理論》（*A Theory of Human Motivation*）[22]，接著又撰寫書籍《動機與人格》（*Motivation and Personality*）。他以金字塔說明驅動我們的因素，最大、最基本的需求位於底部，真正屬於人類的最高層次需求位於頂端。他把生理需求放在最底端，包括食物、飲水、溫暖、性愛和休息。我們在驅策下尋求這些事物，沒有這些，我們就活不下去。往上一層是安全需求，意思是防止自己受到傷害，同時察覺威脅，這些需求保護我們遠離傷害。再上一層是「愛和歸屬的需求」。人類是群居的物種，喜歡和其他人在一起。此外，人類還有繁衍後代的衝動，需要愛人也需要被愛。孤獨對我們的心情有相當嚴重的影響，可能導致憂鬱症和焦慮，只是這些病症不一定會危害生命。新冠肺炎的封城規定使許多人與外界隔離，目前還不完全清楚這樣的隔離究竟造成什麼不良後果，但有跡象顯示，許多人的心理健康問題大幅增加。其他群居動物大多也有這類歸屬需求。接著是層次較高的需求，大致上是**智人**所獨有，這類需求包括「尊嚴的需求」，意思是我們需要其他人的尊重以及對自己做的事有成就感。最後是層次最高的「自我實現的需求」，意思是我們需要符合本身利益與能力的生活，這可以透過養育子女或尋找伴侶來達成。以音樂家而言，達成這個目標的方法是演奏音樂；以數學家而言，就是透過數學演算來達成這個目標。我們需要符合自身天職的生活。我們非常清楚自己身為人類的潛力。

馬斯洛另外還提到自我實現將可帶來超越。我們會從自我進入另一個領域，這個領域可以想成是精神層面，但也是利他主義——也就是超越自我。如果這些需求受到威脅，我們不是死亡（如果是比較基本的需求），就是生活得不快樂。我想在工作場所達成超越的人應該很少，但激勵我們工作的因素是滿足這些層次的各種需求。工作讓我們得以購買食物和擁有遮風避雨的地方，讓我們感到安全。工作安全其實是所有人都追求的東西，一旦遭到威脅，就會讓我們感到不安。失去工作是罹患憂鬱症和焦慮的主要風險因素。工作時通常會和其他人一起工作，因此可以滿足我們的社交需求。此外，我們也能從工作獲得尊嚴和成就感。最後，我們或許還能達成自我實現——這樣所有需求都滿足了，呼！

可惜的是對大多數人而言，這些需求只滿足了一部分，也就難怪很多人工作時不快樂。這個說法有資料可以支持。近年一項含括一萬二千名白領工作者的研究指出，員工的情感和精神需求獲得滿足時，滿意程度明顯高出許多。這裡的「精神需求」是感覺工作有更高的目標[23]，這點可能和先前提到某些宗教相當重視職業道德和善行有關。這個說法把工作和精神領域連結在一起。領導者和組織越能有效滿足這些需求，員工表現越好。二〇一二年，一項納入二百六十三項研究，含括一百九十二個機構、四十九個產業及三十四個國家[24]的統合分析指出，公司員工感到投入時，獲利能力將比投入程度不高的公司高二十二%、客戶評價高十%、偷竊率低二十八%，安全事故則減少四十八%。簡單說來，一個人工作時的感受，對他的工作表現影響極大。有個很大的負面因素是工作過量。如果員工每九十分鐘休息一次，專注力可提高三十%。如果每週工作超過四十小時，投入程度將會降低。

人在工作時無法滿足情感和精神需求，主要原因是自己做了「狗屁工作」。這個詞是美國人類學家大衛・格雷伯（David Graeber）二〇一八年在他的書籍《四十%的工作沒意義，為什麼還搶著做？》（*Bullshit Jobs: A Theory*）中提出的[25]。格雷伯認為現代世界有將近一半的工作沒有意義，他列出五種事實上

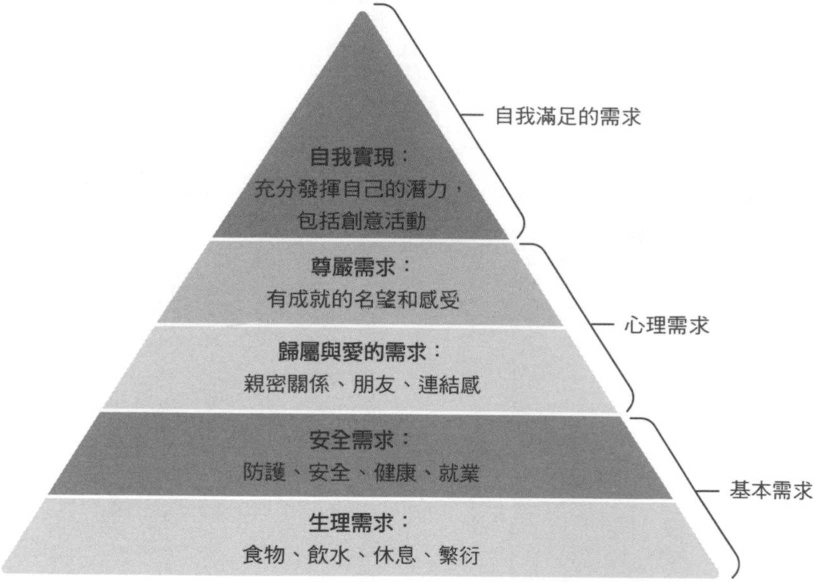

▲ 心理學家馬斯洛把激勵我們的事物畫成金字塔。
生理需求位於底部，較高層次的需求位於頂端，最高點是「自我實現」。

不具意義但從事者佯裝它很有用的工作，分別是幫閑、打手、補漏人、打勾人和任務大師。幫閑讓上層主管感覺自己很重要；打手代表雇主處理事務（這類工作包括企業律師和公關人員）；補漏人負責處理原本可以預防的問題，例如飛機乘客的行李遺失時，航空公司負責安撫乘客的櫃臺人員；打勾人把文書作業當成實際工作，包括績效管理人員和雜誌內部撰稿人員，花費很多時間永無止境地收發各種紀錄。最後，任務大師是創造各種額外工作的管理階層，而且這些額外工作往往毫無道理。

可怕的是，屬於這五種類型的工作將近有一半之多。一個組織即使少了做這些工作的人，也不會影響組織的生產力。更令人擔憂的是，許多做這類工作的人也有意識或下意識地知道這些工作是狗屁。這讓我想到英國科幻小說作家道格拉斯．亞當斯（Douglas Adams）的作品《宇宙盡頭的餐廳》（*The Restaurant at the End of the Universe*），裡面描述高伽弗林查姆方舟艦隊飛船B負責從已經毀滅的高伽弗林查姆星運送居民到地球，上面坐的是大致上沒什麼用的多餘人口。在亞當斯的世界，這些人是電話消毒人員、業務企畫、美髮師、疲倦的電視節目製作人、保險業務員、公關主管和管理顧問。方舟艦隊飛船A和飛船C運送的則是管理者或做有用工作的人。飛船B原本預計將直接撞擊地球，因為上面都是「沒用的白癡」。結果另外兩艘飛船失蹤，但方舟艦隊飛船B到達地球。船長想不起來為什麼必須撞毀飛船，但還是這麼做了。撞擊之後，一半的人死於從骯髒電話感染到的致命疾病，另一半人活了下來，繼續過著無用的生活，形成我們現在看到的地球。我在想，這個故事會不會是真的？

然而，新冠肺炎疫情同樣使社會對各種工作的看法出現改變。以往認為不算特別重要的工作突然變得非常重要，包括美髮師（去你的亞當斯！）、快遞員、超市工作人員和清潔人員等。這些工作以往經常被忽視或瞧不起。亞當斯列出無用工作清單時或許是在諷刺，少了電話消毒人員之後，電話遭到污染後傳染疾病，導致地球上一半的人死亡。這個情節聽起來是不是很熟悉？不過他對管理顧問的看法應該沒什麼改變。如果他現在要把專業人士送上方舟艦隊飛船B，他應該會選擇避險基金管理人、保險顧問和生活風格大師，這些工作在新冠肺炎後的世界顯然沒什麼用。

有點出乎意料的是，雖然大多數人認為市場力量應該會根除狗屁工作，但格雷伯列出的這些狗屁工作大多在民間企業。公部門經常遭到詬病的浪費和缺乏效率反而不一定正確。格雷伯把狗屁工作現象歸因於「管理封建制度」，在這樣的制度下，主管需要屬下，才會感到自己重要。此外，狗屁工作還有政治目的：政治人物只擔心就業人數，而不擔心有些什麼樣的工作。格雷伯這本書出版後，一項在英國進行的意見調查指出，有三十七％的人認為自己的工作沒有意義。格雷伯非常支持以全民基本工資取代狗屁工作，他認為自動化普及並沒有讓我們變得輕鬆，反而造成現在的狀況。大家都知道，政府也知道，但沒有人想動手處理。

我們可以怎麼處理這個危險狀況？有個許多人在探討的領域是遠端工作。同樣地，新冠肺炎疫情使遠端工作嶄露頭角，全世界有數百萬人在封城期間居家工作。疫情發生之前有一項研究指出，歐洲專業人士有七十%每星期至少遠端工作一天，有五十三%每星期至少有一半的時間遠端工作[26]，這些都是科技進步的結果。Zoom等遠端會議程式逐漸成為工作的一部分，在疫情期間更顯重要。目前在世界各地，有幾百萬人上線、把電話設定成靜音，等著輪到自己發言。這就是答案嗎？不用通勤，可以隨意安排自己的時間，達成工作與生活平衡。大家當然都想這樣，千禧世代有七十%比較偏好提供遠端工作選擇的雇主[27]。

可惜，遠端工作恐怕不總是那麼美好[28]。二〇一七年聯合國報告指出，遠端工作者有四十一%表示感到壓力大，辦公室工作者則只有二十五%這麼認為。這對雇主而言是個疑慮，因為在英國，壓力、憂鬱症和焦慮每年造成的損失高達一億英鎊。遠端工作者為什覺得壓力大？有個理由是「眼不見，心不念」。如果不在辦公室，就會擔心自己被排擠、其他人在背後講壞話，還有老闆可能不相信自己工作努力。一項含括一千一百名工作者的研究發現，居家工作者有五十二%有時會感到被排擠、遭受不公平對待，以及無法處理與同事間的衝突[29]。敏感問題還是要面對面才能處理，否則問題會越滾越大，電子郵件被解讀成不禮貌，缺少肢體語言更使得真正的意思難以傳達。

遠端工作的另一個缺點是主管面對遠端工作者時，注意力通常會放在工作而非關係上。由於重視期限，遠端工作者可能覺得自己像大機器的小齒輪，而不是團隊的重要成員。此外，遠端工作者有時可能會難以關機，電子郵件永遠開著，也覺得自己應該迅速回應（有趣的是，女性比男性容易覺得遠端工作壓力大）。重要的是，實際面對面互動也可解除壓力。谷歌針對有效會議關鍵要素進行的意見調查結果相當有趣：最初十～十五分鐘用來聊週末或小孩的會議，達成目標的效果好得多[30]。繁忙的白天花一點時間社交（指實際面對面，但在線上社交可能也有用）比較快樂，因此生產力也比較高[31]。這又讓我們想到馬斯洛了：我們都有社交的基本需求，遠端工作往往無法滿足這個需求。遠端工作或許不錯，但偶爾還是要進辦公室一下。

企業領導者在決定每個工作在組織中的目標時，可能扮演極具影響力的角色。美國前總統約翰．甘迺迪一九六二年訪問航太總署太空中心時，發現有個工友拿著一支掃把。他走向那個工友說：「嗨，我是約翰．甘迺迪，你在做什麼？」工友回答：「總統先生，我在協助把人送上月球。」這個小故事透露了一個重要訊息：無論我們的角色是大是小，都對大我有所貢獻。

此外還有三個砌磚工人的故事，三個人正在砌同一面牆，有人問這他們在做什麼。第一個說：「我在砌磚。」第二個說：「我在建造一面牆。」第三個說：「我在為上帝建造一座雄偉的教堂。」讀者認為哪一位對自己的工作最滿意？計畫負責人通常傳達較大的工作目標，可讓員工對工作滿意。如果負責人向員工說明他們的工作對公司有何意義的話，是更好不過[32]。密西根大學電話中心進行的研究結果相當有趣[33]。該中心的工作是打電話給校友募款，但員工遇到曾經得過獎學金的學生時，週收益提高了四百%。另一個例子，放射科醫師收到的患者資料中有患者的照片時，診斷正確性大幅提高四十六%。負責準備手術器械的員工認識使用者時，工作時數增加了六十四%，錯誤則減少十五%。

讓人找到可能滿意的工作也很有用。職涯輔導已經成為迅速成長的領域，教練（有時也稱為「生涯教練」）可提供職涯選擇和發展建議。職涯輔導十九世紀就已問世，歷史悠久。它採用多選問卷、性向測驗、作文，以及由輔導師仔細詢問和探查等各種方法，發掘一個人真正的稟賦所在。有證據指出職涯輔導確實有用，一項含括五十七項研究的統合分析指出，輔導能使找到滿意工作的機率提高三十二%[34]。輔導師可把資格和經驗與大環境一起考量，可能包括希望薪水、工作之外的興趣和教育機會等。所以如果難以決定要怎麼在工作中自我實現，或是覺得工作刻板乏味，可以去找職涯輔導師談談，這樣至少讓他們有工作可做。

露西．凱勒威（Lucy Kellaway）是找到適合工作的好例子。露西是英國《金融時報》記者，曾經定期撰寫關於職場的專欄。二〇一六年，她當記者三十一年後決定離職，改當數學老師——批評企業職場多年之後，她終於跳船了。她參與創立公益團體「現在教書吧」（Now Teach），宗旨是召募經驗豐富、主要是十分成功的商界人士來教學，尤其是數學和科學。「現在教書吧」認為教書這行已經陷入危機，協助大眾改行當老師，將可為教與學雙方帶來極大的助益。老師可把自己一輩子在這個行業的經驗傳授給學生。露西重新接受訓練，並找到挑戰性頗高的倫敦中學工作。她雖然喜歡當記者，但不想一輩子做下去，所以她很有熱情地開始新工作，但一年之後發現這個工作「糟透了」。她覺得當全職教師辛苦異常，但她轉為兼職教師並從數學改教商業研究和經濟學後，發現自己「非常喜歡」。她從原本的職業轉到一直想做的另一個職業，後來才弄清楚該如何做好這個新職業。這是我們每個人的課題。

露西告訴我們的另一件事[35]與她在某個工作發現的報酬有關，而且有許多探討如何在工作場所尋找意義的書籍和研究支持。有一天晚上她下班回家，坐在最喜歡的古董椅上，這把椅子是她阿姨留給她的。可怕的是這把椅子突然垮掉，她也跌到地上。這把椅子對她十分重要，所以她決定自己試著修理。修理這把椅子花了好幾個月，她必須找到各種特殊材料。她試圖從年代相近的椅子獲取材料，以便保持完整性。她必須學習用粗麻布填塞椅墊和使用特殊釘子固定皮革椅面等各種新技能。她必須學習上透明漆和保護木料，並清除椅子上舊木料裡的蛀蟲。這些工作很辛苦，她有時幾乎要放棄了。最後她修好了這把椅子，有了地方可坐。她獲得很大的成就感，可以坐下來喝杯茶。

為什麼一件這麼辛苦的事可以讓人這麼滿足？她說這件事包含三個關鍵要素。第一，她有自主權，她可以決定在什麼時候和什麼地方修椅子，而且她可以自己選擇材料。第二，她學會了新技能，熟悉新技能可讓我們感到非常滿足。在工作場所，我們通常會滿懷期待接受詳盡的教育訓練，學習有用的事物或動手的技能，進而熟悉相關技能。熟悉是所有工作的關鍵要素。第三，她有目標，這個目標就是有東西可坐。這個更大的目標帶來全新的想法。這件事不只是砂磨木材或是花很多時間把小釘子敲進木材，而是修復一個很有價值的東西。此外它也能讓人沉浸其中，她發現修椅子時經常如此——也就是進入心理學家所謂的「心流」狀態。這個重要目標有益於整體心理健康。我們進入心流狀態時，就不會再擔心小孩或是待付的帳單，或是某個同事為什麼總是想在背後捅我們。

這樣大家應該知道了。如果我們的工作有自主性、熟練性和目標這三個特徵，大致上就不會錯了。關鍵是工作者必須擁有某種程度的掌控和力量，否則就會覺得不快樂（不過這裡必須強調，即使在工作中不快樂，失去工作更糟，而且可能造成更大的問題）[36]。

幸運的是，我自己的學術和科學工作（雖然我不稱之為工作）具備以上這三個特徵。我可以在教學和科學研究等多項不同業務間自由分配時間；我擁有生物化學學位和藥理學博士學位，必須專精於兩種學科；我的目標很明確：啟發年輕人，為他們和社會謀福利，同時提出有用的科學發現，希望為發炎性疾病開發新藥。所以我有時會工作到凌晨兩點，或是花費很多時間來往機場，以便和其他科學家交流或演講。此外還有撰寫類似本書的書籍，因為我也喜歡傳播科學知識。

結論：我們可以避免或逃離狗屁工作，擁有豐富又有成就感的生活。這樣不會讓我們的人生顯得比較有價值嗎？誰知道，新冠肺炎或許會改變我們的工作生涯和對工作的看法，使它變得更好。

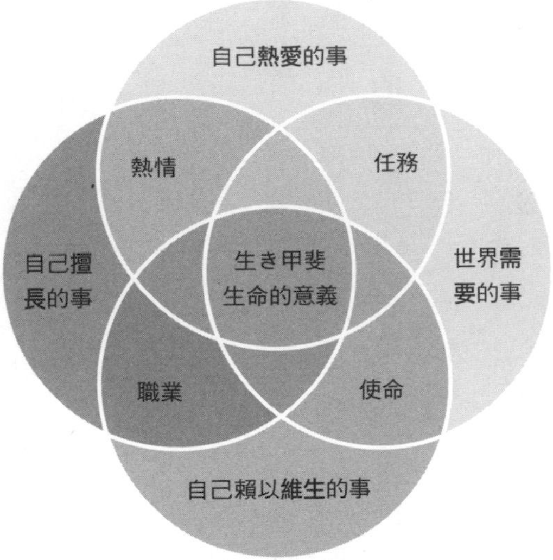

▲ **生き甲斐**（Ikigai）這個日文片語的意思是「生命的意義」，包含世界需要的事、自己熱愛的事、自己擅長的事，以及自己賴以維生的事。一個人如果擁有「生き甲斐」，行動就會積極自發，讓生活有意義。

12 為什麼不把所有的錢捐給慈善機構？
Why won't you give all your money to charity?

「我們做好事，別人說我們別有用心。但不管怎樣還是要做好事。」
——美國作家肯特．凱斯（Kent Keith），《矛盾十誡》（*The Paradoxical Commandments*）

我偶爾會捐款給慈善機構。有時我是因為有罪惡感而這麼做，有時候則是因為有個參加某慈善機構的朋友要我捐的。有時候捐款讓我感到快樂。但我為什麼不會捐出大部分財產，只留下夠我和全家過著一般生活的錢？我可以這麼做，但最後還是不會這麼做，為什麼呢？

其實世界已經分裂得相當嚴重。全世界一半的財富集中在一%的人口手上[1]。或者這麼說：全世界最有錢的八個人的總財富和全世界比較窮的一半人口（三十六億人）的總財富大致相當，也就是八＝三十六億[2]。這大概是世界上最不平等的方程式。另一種說法是這樣：全世界十%的成人擁有八十五%的財富，其餘九十%的人擁有剩下的十五%[3]。幾千年來狀況似乎沒什麼改變，除了偶爾發生的幾次革命期間。一小部分人掌握所有財富，對小農作威作福。怎麼可以這樣？最有錢的一％人口為什麼不放棄自己的財富，讓這些錢分配得更平均，尤其是他們自己也知道有那麼多人苦於貧窮？至於那些可以維持不錯的生活水準，荷包仍綽綽有餘的人呢？我們為什麼不把大部分財富送給其他人？我們是天生貪婪還是害怕變窮或生病？或者有其他因素？我們該怎麼消除已經存在的嚴重分配不均？

我們來更仔細地觀察這些數字。首先是超級富豪。依據美國Wealth-X研究公司二〇一九年億萬富翁普查（現在有名單可查了），全世界共有二千六百零四名億萬富翁[4]。億萬富翁的定義是財產淨值超過十億美元。這些億萬富翁中有七百零五人住在美國，比例超過四分之一；其次的中國有二百八十五人，第三名的德國有一百四十六人。這份報告發現從二〇一八年以來，這些億萬富翁的總財富減少了七％，只有八．六兆美元。當中有些人實在太有錢，甚至必須命名新數字來描述他們有多少錢。亞馬遜書店創辦人傑夫．貝佐斯（Jeff Bezos）二〇一七年的財產淨值是一千一百二十億美元，現在已經稱為千億富翁（centibillionaire），一切只因為他創辦了快遞服務。當時貝佐斯是全世界第二有錢的人，超過擁有這個頭銜多年的比爾．蓋茲，不過他還不是史上最有錢的人。全球首富的頭銜應該歸於石油大亨約翰．洛克斐勒（John D. Rockefeller），他於一九一六年成為十億美元富翁，如果換算成現在的幣值，他才是史上最有錢的人。

九十％的億萬富翁是男性，但是女性人數有上升的趨勢。近五年內，女性億萬富翁人數增加了四十六%，同期間的成長比率高於男性億萬富翁的三十九%[5]。本書撰寫時，女性億萬富翁有二百三十三人，二〇一三年則只有一百六十人。具有非裔黑人血統的億萬富翁只有十一人，其中最有錢的是商業興趣廣泛的奈及利亞企業家阿里科・丹格特（Aliko Dangote），財產淨值八十九億美元。歐普拉・溫福瑞（Oprah Winfrey）也在榜上，財產淨值二十七億美元。

與億萬富翁有關的各種統計數字很多，許多人也對這個主題非常著迷，對此我有點不解。有個有趣的話題是哪所大學培養的億萬富翁最多[6]，美國同樣名列前茅：哈佛

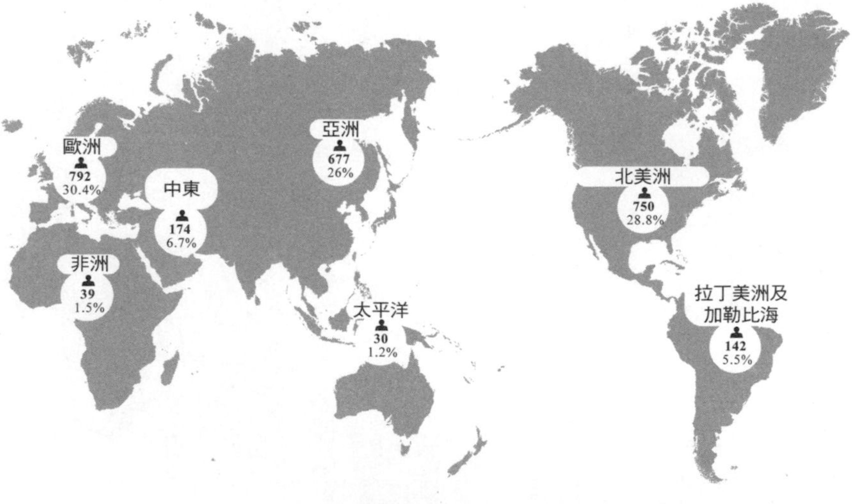

▲ 2019年全世界各地區億萬富翁人數。
資料來源：2019年WEALTH-X億萬富翁普查

大學有一百八十八位，史丹福大學有七十四位。事實上，億萬富翁誕生大學排行榜上的前十名全都在美國，所以依據《二〇二〇年泰晤士高等教育世界大學排名》，全世界前一百名的大學有三十九所在美國也就不足為奇了。美國大學畢業生捐了很多錢給母校。二〇一八年哈佛大學收到十四・二億美元捐款，其次的史丹福大學是十一億美元。二〇一八年，都柏林聖三一大學公布獲得諾頓家族二千五百萬英鎊捐款，是愛爾蘭史上金額最大的單筆慈善捐款。愛爾蘭的大學需要更多的諾頓家族。

二〇一九年，愛爾蘭有九位億萬富翁[7]，第一名是印度裔愛爾蘭大亨帕隆吉・米斯垂（Pallonji Mistry），財產總值為一百四十四億美元，他和愛爾蘭籍的派西・杜巴什（Patsy Dubash）結婚後入籍愛爾蘭，居住在孟買。排名第二的希拉瑞・威斯頓（Hilary Weston）財產總值八十六億美元，生長於都柏林，一九六六年和加拿大籍的蓋倫・威斯頓（Galen Weston）結婚，蓋倫則以食品業致富。出生在美國的約翰・葛瑞肯（John Grayken）排名第三，財產總值五十九億美元，他是私募股權公司龍星基金主席，一九九九年因為稅務考量入籍愛爾蘭（歡迎來到愛爾蘭，約翰，記得要繳稅喔！）

至於百萬富翁，全世界共有略多於四千七百萬人，美國同樣以一千八百六十萬名百萬富翁獨占鰲頭[8]。不過這個數字其實很難估算，因為還包含房地產等資產。二〇一九年，愛爾蘭的百萬富翁人數增加到七萬八千人，比前一年增加三千人，主要原因是資產增加和房地產增值[9]。其中有一千零二十九人的財產總值超過三千萬美元，因此躋身極高淨值人士（UNHWI）之列。

那麼這些人究竟是怎麼賺到那麼多錢的[10]？以全球而言，男性有六十二％是白手起家，主要是自己創辦公司的企業家，七．九％的財富是繼承而來，三十．一％是兩者都有。女性的差異比較明顯，十六．九％是白手起家，五十三．三％是繼承而來，二十九．六％兩者都有。隨著更多女性企業家進入排行榜，這些比率將會改變。我們把眼光從億萬富翁轉到百萬富翁時，可以看出累積財富的方法很多。在西方國家，新百萬富翁有四分之三靠創業而來。其他致富方法包括努力工作，以成為企業的「長字輩」主管為目標，例如執行長（CEO）、營運長（COO）和財務長（CFO）等。成為特定領域首屈一指的專業人士或企業頂級業務員，通常也能成為百萬富翁。新百萬富翁中只有一％左右是以運動、演藝或藝術等其他方法致富，這些領域很不容易致富。所以我們可以推斷要成為億萬富翁極為困難，要成為百萬富翁容易一點，但對一般大眾而言還是很難。

現在我們進入慈善事業的世界，看看捐出金錢的人。慈善事業的定義是增進他人福祉的意願，尤其是基於善意而慷慨捐出金錢；另一個定義是為了公眾利益而產生的個人行動，用意是提升生活品質。慈善事業和慈善機構有點不同，慈善機構的目標是減輕社會擔憂的特定問題，慈善事業的目標則是解決造成問題的根源，兩者的差別可以用眾所周知的「授人以魚不如授之以漁」來說明，慈善家通常教人釣魚。

首先是好消息。慈善活動近十年來有越來越興盛的趨勢，這點和億萬富翁人數增加有關。Wealth-X億萬富翁普查推斷原因是大眾越來越關注全球環境和社會議題，「對分配不均的擔憂」，以及億萬富翁族群更加多樣化和跨世代。知道至少有些億萬富翁感到擔憂是件好事。數字指出，全球排名前二十名的億萬富翁於二〇一八年總共捐出全部財產的〇・八%[11]。聽起來好像不多，對吧？有些人基於個人、文化或宗教理由，在捐款上相當審慎。不過有超過一半以上透過自己成立的機構或以其他方式進行慈善捐款，其中三十五%是自己成立慈善基金會。

我們觀察捐款流向時，也發現一些有趣的趨勢[12]。排名第一的是教育。三分之二的億萬富翁捐款給獎學金、教育支持、推廣計畫和師資培訓。億萬富翁總捐款有二十九%投入教育，這是因為捐款是美國教育取得經費的主要方式。其次是醫療保健，取得的捐款占十四%。十%捐款投入藝術、文化和體育，八%投入環境領域（我們很好奇大眾近年來對氣候變遷的關注大幅提升，這個數字是否會增加）。最後則有五%的捐款流向宗教機構。

慈善領域在二〇一〇年出現一項有趣的發展。當時世界上第一和第二有錢的人比爾・蓋茲夫婦和華倫・巴菲特發起「捐款承諾」（Giving Pledge）運動[13]，目標是鼓勵有錢人在生前或遺囑中至少捐出一半財富給慈善事業。起初有四十個人加入這項行動，全都是美國人；二〇二〇年四月增加到二百〇九人，分布在二十三個國家。他們承諾在二

○二二年捐款的總金額為六千億美元——如果真的實現的話，還算不錯。

依據「捐款承諾」活動網站，發起這項活動的源由是「世界上有好幾百萬收入高低不等的人，他們本身相當節儉，卻慷慨捐款，想讓世界變得更好。」這個說法相當有趣，它指出了比爾．蓋茲的目的是讓有錢人有罪惡感，因此多捐一些錢。如果沒那麼有錢的人都這麼做，那麼你也應該這麼做。這個機構的目標是「改變世界上最有錢的一群人的慈善社會規範，鼓勵他們捐出更多錢。」「捐款承諾」體認到世界面對的挑戰十分複雜，需要來自政府、非營利組織、學術機構和商業界的支援。其目標是促使政府和商業界無法或不提供經費的領域獲得更多投資。但也有人批評這種做法，因為這只是個道德承諾，不具法律效力，所以沒有義務一定要履行承諾。此外，這項活動的重點是承諾的金額，而不是捐款的流向。然而，這算鼓勵有錢人為了公益目的捐出財產的另一種方式，效果可能不錯。

鼓勵大眾捐錢給慈善機構當然已經有很長的歷史。慈善機構（charity）這個單字出自晚期古英語，意思是「基督徒對同胞的愛」。charity則來自拉丁文的*caritas*，描述我們對同胞的某種愛。慈善捐款是某些宗教的活動或義務，稱為施捨（almsgiving）或什一奉獻（tithing）。什一奉獻的定義是捐出某些東西的十分之一（通常是收入，但也指物品）給宗教組織或政府。傳統猶太律法包含什一奉獻，正統派猶太人仍然會把收入的的十分之一捐給慈善機構，和摩門教徒一樣。在基督宗教中，耶穌教導我們「什一奉獻時必須時時心存公義、憐憫和信實」。十分之一是適當的捐獻比例，或許不會多得令人反感或想逃避捐款，但又不會少得無法為目標帶來實質幫助。十二到十三世紀時的中世紀歐洲，有錢人會為病人和窮人成立醫院。此外也成立宗教修會，這類組織的主要任務是慈善工作。史上第一個兒童慈善機構是湯瑪斯．科拉姆（Thomas Coram）一七三九在英國設立的育嬰堂醫院，專門照顧「被遺棄的孤兒」。同年代的另一位著名慈善家強納斯．漢威（Jonas Hanway）則設立了海洋協會來照顧遭遇不幸的海員，以及協助娼妓的抹大拉醫院。十九世紀開始出現社會運動人士，其中最著名的是威廉．威伯佛爾斯（William Wilberforce），提倡廢止奴隸制度。一八六九年，倫敦共有二百個慈善機構，總收入為二百萬英鎊[14]。以一八九〇年代的四百六十六份遺囑為例，其中列出的總財產為七千六百萬英鎊，其中有二千萬英鎊捐給慈善機構。

十九世紀晚期，公益事業急速成長，有個著名的例子是吉尼斯信託基金，一八九〇年由愛爾蘭著名企業家亞瑟．吉尼斯（Arthur Guiness）的孫子，首任艾維伯爵愛德華．吉尼斯（Edward Guiness）成立。當時他捐款二十萬英鎊，相當於現在的二千五百萬英鎊[15]。這次善行還包含都柏林的艾維信託基金，宗旨是在都柏林市內外提供平價房屋。二〇一八年，吉尼斯信託持有及管理六萬六千棟房屋，在英國及愛爾蘭提供服務的對象超過十四萬人[16]。

目前公益捐款總共有多少？美國的捐款統計資料最完整[17]。二〇一八年，美國人捐款總金額為四千二百七十七・一億美元，比二〇一七年增加〇・七%。其中二千九百零八・四億美元來自個人捐款，其次有七百五十八・六億美元來自各基金會，三百九十七・一億美元來自遺產捐贈。二〇一八年的企業捐款為二百・五億美元，比二〇一七年增加五・四%。美國目前有一百五十萬個慈善機構。在愛爾蘭，登記在案的慈善機構（大約為一萬個，包括醫院和大學）共募款一百四十五億歐元[18]。政府和非政府公共機構是這些收入的主要來源，在募款總金額中占七十七億歐元；醫院募得三十一億歐元；大學則略少於三十億歐元。由於政府是主要來源，所以其實不應該算捐款。登記在案的慈善機構中，有一半的總收入少於二十五萬歐元。

目前愛爾蘭史上金額最大的公益捐款出自大西洋慈善基金會[19]。這個私人基金會由愛爾蘭裔美籍企業家查克・菲尼（Chuck Feeney）於一九八二年成立，主要宗旨是提供資金給健康領域，也資助社會與政治自由相關領域。一九八二年，菲尼把所有資產和他在DFS集團的所有股份轉移給大西洋基金會。基金會成立的最初十五年內，所有捐款都是匿名捐出。目前為止，大西洋慈善基金會捐出的總金額超過七十五億美元，以單一個人而言是相當驚人的數字[I]。其中投入愛爾蘭高等教育的總金額超過十億美元，包括大筆捐款給利墨瑞克大學、都柏林城市大學和都柏林聖三一大學，這也促使愛爾蘭政府進一步投注十三億美元在高等教育上，成就非凡。此外，這些捐款也視為一九九〇年代刺激愛爾蘭經濟成長的重要因素。一個慈善基金會可以影響整個國家，成為他人起而仿效的模範。大西洋慈善基金會的其他資助行動還包括捐款一千一百五十萬美元給同性戀平等網絡的政治主張。二〇一五年，大西洋慈善基金會捐款一億七千七百萬美元給美國加州大學舊金山分校和都柏林聖三一大學，成立全球大腦健康研究中心，主要目標是結合這個領域的研究者和醫師，一起遏阻失智症蔓延。

公益捐款（其實應該是所有的慈善捐款）最大的問題是如何評估捐款帶來的影響。大西洋慈善基金會應該是絕佳案例，它為愛爾蘭教育體系帶來的影響相當顯著，愛爾蘭和世界其他地區都因此而受惠。近來一項分析認為，公益慈善家其實大多是「誤打誤撞」。有個例子是Facebook共同創辦人馬克・祖克柏捐款一億美元在美國紐澤西州紐華克建造新學校，但被批評成效極差——一億美元捐款中竟有二千萬美元支付給顧問公司[20]。原本講得十分美好，但最後紐華克的公立學校獲得的經費反而**減少**，教師遭到解聘，也使教師和家長感到憤怒。因此有人提出以「公益科學」來研究公益慈善家資助計畫或活動的最佳方式[21]。

位於美國麻州的「高效公益事業中心」指出，就花費在準備和管理的時間而言，十筆一萬美元的補助金是單筆十萬美元的六倍[22]。位於倫敦的nfpSynergy顧問公司觀察英國

I 譯註：基金會已於二〇二〇年九月宣告結束。

慈善機構，發現慈善機構認為二英鎊無條件補助（沒有附帶條件的補助）的價值等同於三英鎊有條件補助（有附帶條件的補助）。殼牌基金會也發現，用於創立及管理工作的補助，成功案例是單純申請補助的三倍。對經費提供者而言，另一個重要問題是應該提供多少補助。有一項研究探討關節炎研究帶來的影響，指出大筆補助的效果並未優於小筆補助，原因可能是小筆補助可以提供給更多樣的計畫。

因此對於公益慈善家而言，最難處理的問題是怎麼確定捐款確實達成希望的目標？這裡我想表揚全世界最有錢的八個人，他們都是超級慈善家，財產總值相當於全世界比較窮的三十五億人，共捐出數十億美元給醫學研究、公共衛生、教育和多項人道目標。這幾位慈善家是：蓋茲，二〇一九年捐出市值三百五十八億美元的股票給蓋茲基金會[23]。祖克柏，他和太太普莉希拉・陳（Priscilla Chan）於二〇一五年承諾捐出他們九十九％的Facebook（已更名Meta）持股（當時市值粗估為四百八十億美元），用於「人類發展目標」[24]。貝佐斯，捐出約二十億美元，成立貝佐斯首日基金，宗旨是協助無家可歸的家庭和低收入族群的學齡前兒童[25]。但貝佐斯還沒有加入捐款承諾行動。健康議題正好也是這些超級富豪關注的焦點。蓋茲捐了許多錢用在開發疫苗和全球衛生方面；祖克柏指定以三十億美元用來「治療、預防或控制」疾病。美國企業家、政治人物、公益慈善家和作家麥克・彭博（Michael Bloomberg）也指定十億美元用於降低吸菸和交通事故死亡人數。

超級富豪致富時的年齡也是相當有趣的發展。以往捐錢的都是老人，例如洛克斐勒或卡內基等。但現在祖克柏的捐款金額已經超過洛克斐勒、福特和卡內基三人的總和。祖克柏現在是三十九歲，洛克斐勒成立基金會時是七十六歲，卡內基則是六十八歲時成立第一座圖書館。這些發展看來很不錯：很多錢投注在很好的方向上，而且很早就投入。不過有人批評，尤其在美國更是如此。美國政府過往是向最有錢的族群收取幾十億美元，再以民主的方式重新分配這些錢，但其實早已經不是這樣了。現在的狀況是最有錢的人繳稅比以前少得多，隨他們的意思捐錢，而且方式很不民主。沒有明確的方法可以評估這些錢花得是否有效果，或是花在正確的地方，所以美國有人呼籲應該抑制超級億萬富翁，某種程度上回歸以往的方式：課稅後重新分配這些財富[26]。

但也有相當值得稱道的成功範例，例如大西洋慈善基金會和愛爾蘭教育體系。還有個例子是二〇〇一年蓋茲基金會贊助的一項計畫[27]。該基金會在十年內提供七千萬美元給跨國疫苗機構PATH和世界衛生組織，用於開發A型腦脊髓膜炎疫苗，並讓需要的民眾都能施打。後來每劑〇．五美元的疫苗開發成功，二〇一三年只有四個病例，距離腦脊髓膜炎流行造成二萬五千人死亡（大多是年輕人）不到十年。這次行動成功的原因是持續提供經費（研究過程經常遭遇挫折，長期提供經費相當重要）和蓋茲基金會不干涉的態度。基金會提供經費給專家，讓他們好好做事。

無論這些高淨值人士怎麼捐錢，一般大眾呢？許多人探究大眾要怎麼樣才會捐錢給慈善機構，以及大眾不捐錢的理由[28]。可以想見，一般大眾最關注的是自己和家人，他們可能掛念著要準備小孩的教育基金（尤其是在美國），此外越來越多人還要準備自己的退休基金。愛爾蘭近來一項意見調查指出，有超過八十％的人很關注自己退休後的財務保障[29]，只有六分之一的人有把握自己退休時的財務狀況健全。這個信心水準高於其他歐洲國家，原因可能是愛爾蘭的國家養老金比較高。舉例來說，目前愛爾蘭的養老金是每星期二百三十八歐元，英國則是每星期一百二十六歐元。大眾擔憂退休後的財務問題，所以不敢捐款給慈善機構。

此外大眾也認為自己捐款太少，不可能造成什麼影響，或是認為捐款會被濫用。慈善機構投注許多心力說明捐款人的捐款能產生多少效益。二〇一八年一項分析列出受惠於捐款最多的慈善機構[30]。GiveWell、Charity Navigator和GuideStar等評比機構依據捐款運用有效程度和資金需求程度來評比慈善機構。排名第一的是瘧疾聯盟，主要工作是協助提供瘧疾藥物給兒童。瘧疾是非洲經濟發展最大的障礙，所以是亟需解決的重要問題。為什麼特別提到這個慈善機構？因為它有明確的目標：在瘧疾流行季節為三～五歲兒童提供瘧疾預防藥物。有實質證據證明這個慈善機構帶來明顯改變，九十五％的兒童獲得一個月以上的藥物。這個慈善機構明確列出六．八美元可為一名兒童提供四個月藥物。GiveWell也認為進一步投資可為瘧疾聯盟帶來極大的助益。名列第二的是瘧疾防治基金會，主要工作是在非洲和巴布亞紐幾內亞提供殺蟲蚊帳。四．五九美元可買一組抗瘧疾蚊帳，保護兩個人三年之久。

二〇一六年，《愛爾蘭時報》分析愛爾蘭各慈善機構的捐款流向[31]。愛爾蘭慈善機構在媒體上的形象一向不太好，機構人員挪用捐款成為疑慮。愛爾蘭慈善機構研究所成立於二〇一六年，宗旨是推展最佳實務和恢復大眾對這類機構的信心。關鍵問題是大眾的捐款有多少真正投入直接活動。協助銀髮族的慈善機構ALONE把百分之百的捐款投入第一線服務；愛爾蘭樂施會投入捐款的八十％對抗世界各地的貧窮問題；同樣以對抗貧窮為目標的Concern表現也不錯，投入慈善工作的捐款有九十一・一％。就這個標準而言，其他慈善機構的表現不算很好。在英國，一份主題相同但批評性較高的報告指出，在接受調查的五千個慈善機構中，有五分之一投入慈善工作的捐款比例不到一半[32]。不過也有人批評這個標準，因為有些慈善機構必須把一定比例的收入用來募款，可能包括經營慈善商店，這樣就會產生間接成本。

全世界致力於緩解開發中國家貧窮問題的慈善機構面臨許多挑戰[33]。大眾通常認為這是政府的責任，而不是慈善機構的責任，因此聯合國於二〇〇〇年提出聯合國千年發展目標（United Nations Millennium Development Goals），要求所有已開發國家政府把國民所得的〇・七％用於海外開發援助[34]。現在只有五個國家達成這個目標，分別是丹麥、盧森堡、荷蘭、挪威和瑞典，英國和芬蘭則已經接近達成。這個目標的論點是每個國家的個人只要捐款就能帶來改變。目標已經確立，有些則已經有了進展，但每個國家進展不同。有個重要目標是使全世界每天收入不到一美元的人口比例減半，這個目標已經在二〇〇八年達成，而且還在持續進步。但二〇一五年開始，目標已經有所改變，兩性平等現在是所有目標的關鍵基本目的。其他導致大眾沒有意願捐款給慈善機構的因素，包括認為援助將使這些國家依賴外國資源，以及捐款經常導致人口過剩。現在已經有論證反駁這兩種說法，而且慈善機構和政府的合作模式變得相當重要（例如蓋茲基金會投資計畫時便經常運用政府資金），也有明確證據證明經濟發展其實可以降低出生率[35]。

我們也可以反問：大眾為什麼捐款？近來一項大規模研究綜合了五百項研究，探討促使大眾捐款的關鍵因素[36]。八十五％捐款的主要理由是「有人要我捐款」，這個理由看來充分，但沒辦法解答捐款者為什麼答應捐款給某個慈善機構。大多數人捐款是為了貫徹重要的個人價值觀，包括對需要幫助者的同情。此外捐款者也常表示捐獻讓自己感到快樂，或是讓別人認為他們很好。有一項研究詢問了八百一十九名近一個月內曾經捐款給慈善機構的美國人，發現共有五個理由，可以縮寫成TASTE[37]。第一是信任（trust），捐款者必須信任捐助的慈善機構。第二是利他（altruism），希望幫助他人。第三是社會（social），捐款應該與捐獻者認識及關注的人有關。舉例來說，我們或許認識罹患某種疾病的某個人，所以支援研究這種疾病，或是有人邀請朋友參與募款活動後一起捐款。第四是稅捐（tax），如果能獲得減稅，捐款的可能性就會提高，許多國家的政府就讓捐款給慈善機構的人享有稅賦優惠。在愛爾蘭，慈善捐款方案可把二百五十英鎊以上捐款繳付的稅金退給慈善機構。最後第五個理由是自我中心（egotism），例如每個人都希望自己在他人眼中是好人，從而感受到個人助益。不過整體而言，大眾捐款的動機大多是協助他人，而不是取得某些東西。

公益和慈善捐款未來將會如何？公益的未來看來不錯，成長的趨勢相當明顯，但還是要取決於全球經濟狀況。同樣地，新冠肺炎可能改變了這個趨勢。全世界的億萬富翁捐出大筆金錢給新冠肺炎相關計畫——依據《富比士》雜誌指出，有七十七位億萬富翁捐出的金額通常不公開但相當龐大[38]。Twitter創始人傑克・多西（Jack Dorsey）捐出十億美元。蓋茲捐出一億五百萬美元，連川普也捐出十萬美元，他們似乎是在逐步加碼。

但就整個慈善事業而言，有些令人不安的趨勢正在逐漸浮現。二〇一九年在英國，受訪者表示曾經捐款給慈善機構的比例在三年內從六十一％降低到五十七％[39]。有人研究這個現象時，發現理由之一是直接請求捐款的慈善機構減少，原因是一般資料保護規則（GDPR）生效實施，降低了直接信函的比例，而慈善機構相當依賴直接信函。從好的一方面看來，遺產捐贈和社區募款活動增加了，數位互動也逐漸增加，這樣應該有所幫助。捐款會有波動，但希望未來能持續和成長。

歷史上，慈善事業曾經遭到無數批評，一直持續至今。作家王爾德除了詩和劇本之外還有一個作品相當有名，就是〈社會主義下人的靈魂〉（*The Soul of Man Under Socialism*）這篇散文。他在文章中說慈善機構是「極度差勁的部分補償方式，通常還會加上某些多愁善感的人無禮地試圖粗暴干涉窮人的私生活」。他認為慈善機構是在延長貧窮的「疾病」，而不是治療它。雖然王爾德的目標之一是催促政府做更多，但他說的不對。有錢人除了用這些錢協助人類，還有什麼更應該做的事？這句話也適用於我們所有人。

結論：依本身能力捐款，把繳稅當成做慈善。某位好人曾經說過：「因為在施捨時我們便有所得。」

13 為什麼破壞地球？

Why are you wrecking the planet?

「如果真的認為經濟比環境重要，可以試試看在數鈔票時不要呼吸。」

——美國亞利桑納大學自然資源與演化生物學名譽教授蓋伊．麥弗森（Guy McPherson）

和大多數人一樣，我們家有三個垃圾桶。一個黑色、一個綠色，還有一個是棕色。丟垃圾這件事很複雜，複雜到我這個大學教授有時都會放錯，搞得人很緊張。不過，這些垃圾桶是拯救地球戰役的一部分。

我們破壞地球的故事開始於幾億年前，浮游動物和藻類等微生物在自然生命循環中大量死亡，沉積在海底[1]。後來過了幾百萬年，這些生物屍體上面慢慢覆蓋了土壤和泥巴。在重量壓擠下，生物屍體開始分解，形成稱為油母質（kerogen）的蠟狀物質。構成這種物質的主要成分是碳水化合物。地下後來變得越來越熱，油母質漸漸變成稱為「石油」的物質。幾百萬年後，如果有幸住在這些地下石油庫的上面，就會變得非常有錢，因為石油成為全地球最重要的資源。這是怎麼發生的？燃燒這種古代生物液態殘骸為什麼會破壞地球？我們又能做些什麼？

史上第一個關於石油用途的記載，出自公元前四八四～四二五年的希臘歷史學家希羅多德[2]。他描寫了巴比倫建造城牆和高塔時曾經使用稱為瀝青（或柏油）的半固態狀石油。伊斯河（幼發拉底河的支流）河岸有大量瀝青。中國也有關於石油的記載，並且有史上第一個用來當成燃料的紀錄，年代早在公元前四世紀。日本曾經於公元七世紀描寫石油是「燃燒的水」。公元十世紀，阿拉伯地理學家馬蘇第（Al-Mas'udi）曾經描寫亞塞拜然巴庫地區的油田。公元九世紀，阿拉伯和波斯化學家最早描述了用分餾石油所得的蒸餾液來點油燈。

石油的現代史始於十九世紀。蘇格蘭化學家詹姆斯．楊（James Young）把英國達比郡的里汀斯煤礦採到的原油蒸餾成輕稀油。楊在一八五〇年成立史上第一座煉油廠，提煉出的油用來點燈，較濃的油用來潤滑。一八四六年，巴庫建造了史上第一座油井，石油產業正式問世，後來美國賓州和加拿大安大略省也開始建造油井。當時提煉的油主要用來當成油燈燃料。燃燒油可產生熱和光，同時也以二氧化碳的形式釋出碳，問題就從這裡開始。微生物吸收空氣中的二氧化碳，把碳存放在體內，現在這些碳又回到空氣中，但排放量不斷增加。

第二次世界大戰後，石油產業開始成長，主要是為了供應汽油給車輛。以石油為原料的合成材料可替換價格高昂且有時效率較低的產品，因此這類合成材料的需求增加，也就使石化處理發展成主要產業。直到一九五〇年代中期，煤都是世界上最重要的燃料。但煤本身就是問題，它和石油一樣含有大量的碳，來源是植物腐化成泥煤後再壓縮成煤。燒煤和燒石油一樣會把碳釋放到大氣中，形式同樣是二氧化碳。一九五〇年代到現在，石油逐漸取代煤，成為發電和車輛的主要燃料。現在我們仍在持續燃燒數十億噸所謂的「石化燃料」，供應火車、飛機和汽車使用，並生產電力供應住宅暖氣和電腦運作。二十世紀石化燃料使用率大幅提高，在人類歷史上相當獨特，原因在於它的使用方式。以石油作為能源，便能以低廉的成本製造肥料，大幅提高糧食產量，這也是近百年來全球人口增加的主要原因。全球GDP也在二十世紀翻倍四次，這四次全都可以歸因於使用石化燃料支持工業發展。我們受石油產量最大的三個國家宰制，分別是沙烏地阿拉伯、俄羅斯和美國。難以置信的是，全世界立即可得的石油蘊藏量約有八十%在中東，其中六十%以上來自沙烏地阿拉伯、阿拉伯聯合大公國、伊拉克、卡達和科威特[3]。委內瑞拉則是石油蘊藏量最大的單一國家。

那麼燃燒石油或煤為什麼會為地球帶來問題？全都是因為溫室效應[4]。這個名詞指的是大氣使地球表面暖化，使溫度變得高於沒有大氣時。「溫室」這個詞，是一九〇一年瑞典氣象學家尼爾斯．古斯塔夫．埃科（Nils Gustaf Ekholm）首先在這個領域使用。想想看一般的溫室．日光穿透玻璃，使空氣變暖，但玻璃可防止大部分的熱逸出溫室，因此可提高溫室內的溫度。但地球外圍沒有玻璃，而是大氣。大氣中的氣體吸收來自太陽的熱，把熱朝周圍散發，也包括地球表面，使地球表面溫度升高。法國數學家傅立葉（Joseph Fourier）於一八二四年首先提出溫室效應。此外法國物理學家克勞德・普耶（Claude Pouillet）、美國科學家尤尼斯・牛頓・富特（Eunice Newton Foote）和愛爾蘭科學家約翰・汀達爾（John Tyndall）也提出重要證據，證明大氣中的氣體能散發熱。大氣中主要的溫室氣體是水汽（三十六～七十％）、二氧化碳（九～二十六％）、甲烷（四～九％）和臭氧（三～七％）。汀達爾首先測定每種溫室氣體的能力[5]。事實上，自然溫室效應對許多地球生物相當重要，如果沒有這種效應，地球將會太冷，海洋也會結冰。如果沒有自然溫室效應，就不可能演化出複雜生物。

然而，溫室效應已經成為我們的大敵，因為這種效應，地球變得熱得不得了。十九世紀晚期，科學家開始主張人類排放的溫室氣體可能改變氣候。一八九六年，瑞典科學家斯萬特・阿瑞尼奧斯（Svante Arrhenius）提出，因為人類燃燒煤或石油，大氣中的二氧化碳濃度將會提高，造成後來所知的全球暖化[6]。到了一九三〇年代，有人發現美國五十年來明顯暖化。英國工程師卡倫達（G.S. Callendar）力排眾議，指出二氧化碳將導致溫度進一步升高。科學家以美國陸軍經費進行氣象研究，開始蒐集資料，資料量十分龐大，但都指出同一件事：地球溫度確實在迅速提高。只有溫室氣體二氧化碳濃度同時提高可以解釋這個現象。

現在我們已經排除一切合理懷疑，確定全球暖化的原因是人類活動排放的溫室氣體[7]。但許多人依然否認，美國前總統川普也沒有收回他在Twitter說全球暖化是中國人為了破壞美國製造業而捏造的謊言。（有點類似他宣稱新冠肺炎出自武漢的實驗室。）

要了解以往的氣候，冰芯資料格外重要。冰芯是從高山冰河或極地冰帽採取的冰塊樣本。冰層一年年逐漸增厚，所以科學家可以採取樣本並進行分析，得知久遠之前的空氣成分，甚至可以追溯到八十萬年前。這些資料指出，十九世紀初期人類開始燃燒石化燃料之後，二氧化碳濃度就不斷增加[8]。目前的二氧化碳濃度已經達到五百萬年來的最高點[9]。長此以往，地球的平均溫度將提高三℃。格陵蘭真的是綠色的，南極洲某些地方也有森林。海平面比現在高二十公尺，所以都柏林、倫敦、紐約、波士頓或舊金山（以及許多沿海城市）會在水裡。二氧化碳的增加幅度，有將近一半出現在一九九〇年到現在。科學家已經提出警訊[10]。世界各國政府表示已經採取因應行動——的確，但這些行動遠遠不夠。

測量結果指出，從十九世紀晚期到現在，地球平均表面溫度提高了〇・九℃。紀錄中最熱的五年出現在二〇一〇年之後，目前預測每十年將會升高大約〇・二℃[11]。二〇一五年《聯合國氣候變遷綱要公約》（UNFCCC）在巴黎舉行的會議中訂定的目標，是把整體溫度升高幅度限縮在一・五℃以下。從一九六九年到現在，地球上的海洋溫度已經提高〇・四℃，格陵蘭和南極冰層因為溫度提高而融化。一九九三～二〇一六年間，格陵蘭的冰量每年減少二千八百六十億噸[12]；南極冰層流失速率近十年來增加到三倍，導致海平面上升。整體而言，上個世紀海平面提高約二十公分[13]，這個現象不僅帶來洪水威脅，也可能使得受鹹水影響的洋流發生擾動。而且冰帽融化也會產生更多淡水。如果墨西哥灣暖流不再流向愛爾蘭，將造成劇烈的氣候變化，例如使愛爾蘭變得更熱。此外，二氧化碳增加還會導致海洋酸化。工業革命至今，海洋酸性提高了三十%，這對海洋生物傷害極大，最明顯的影響是不喜歡酸性環境的珊瑚礁大量死亡。冰河也在後退，整體覆雪量減少，每年春天融雪時間越來越早。這些變化告訴我們，氣候變遷進展的速率令人擔憂，原因正是大氣中的溫室氣體增加。

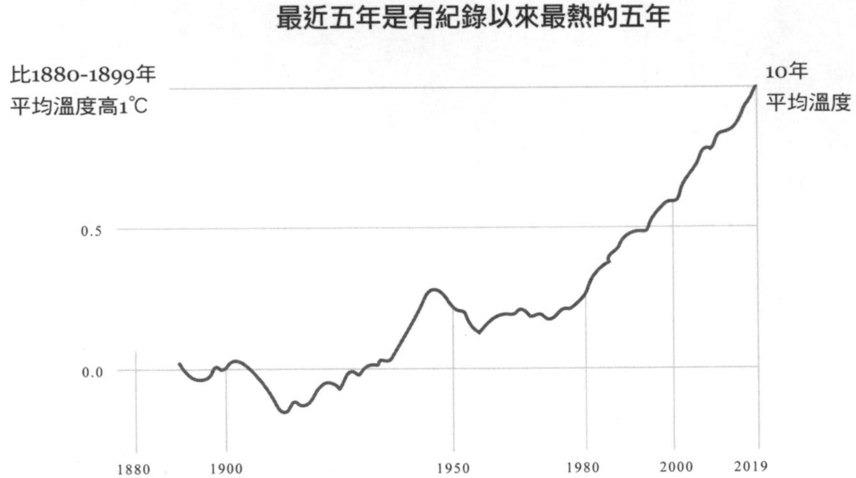

資料來源：NASA

▲ 世界一年比一年熱。美國航太總署（NASA）的資料證實，近五年是有紀錄以來最熱的五年。

政府間氣候變化專門委員會（IPCC）的最新報告直接坦率地說明目前的狀況：「大氣中二氧化碳、甲烷和一氧化二氮的濃度已經達到近八十萬年以來前所未有的高點。整個氣候系統處處都可看出它們的影響，而且極可能是二十世紀中期以來全球暖化的主要原因。」[14]有九十九％以上的科學家已經斷定人類就是這個問題的始作俑者，燃燒石化燃料則是主要因素[15]。這可說是程度極高的共識，因為科學家很愛彼此爭辯，藉以得知事實。比例之所以沒有達到百分之百，是有些科學家喜歡抱持不同意見，反對公認證據（也可能是填問卷時填錯）。但現在已經無可否認。絕大多數氣候變遷科學家認為，就人類是全球暖化的原因而言，關鍵時刻已經到來。

IPCC格外擔憂海洋。人類需要海洋。海洋為我們提供食物、八十五％我們呼吸的氧，還能調節氣候。海洋從暖化的大氣吸收多達九十％的熱，並吸取大量二氧化碳。一九九四～二〇〇七年間，海洋吸收了三分之一人類活動產生的二氧化碳。沒有海洋表面，地球溫度將提高三十℃，生物將所剩無幾。然而海洋也面臨嚴峻的威脅：一九七〇年起，全球海洋逐漸暖化；從一九九三年開始，暖化速率超過兩倍。越來越多淡水流入鹹水海洋，因此造成洋流改變等嚴重後果，進而導致氣候變遷加劇。

大量浮游生物在海洋中四處漂浮，透過光合作用使用來自太陽的能量，同時釋出氧。全地球的氧有一半由海洋生產，另一半來自陸地植物。原綠球藻（Prochlorococcus）對製造氧而言特別重要，海洋中的原綠球藻數量極多，基本上是以一〇二七為計算單位。它可說是地球的肺，但同樣陷入嚴重危機。

ＩＰＣＣ這份報告還點出這些現象可能對人類有何影響：全世界有六億八千萬人居住在沿海地區，海平面上升將淹沒這些地區。另外，居住在北極地區的五千萬人和小島上的六千五百萬人也有被海水淹沒的危險。這些人可能失去家園、飲水和生計。許多人生活在貧困地區。這份報告預測，原本上百年才會發生一次的極端洪水，二〇五〇年後可能年年都會來襲。

許多魚類無法在暖化的水域生存，海洋的整體生產力將會降低。令人驚訝的是，我們有多達三十億人依賴海洋作為最大蛋白質的來源。紅樹林和珊瑚礁則已經因為暖化水域的酸性提高而逐漸死亡。

金星可以說明溫室效應失去控制會出現什麼狀況。數百萬年前，金星大氣中的二氧化碳濃度提高，來源是岩石和土壤。金星暖化導致更多二氧化碳釋出，最後大氣中的二氧化碳濃度高達九十六％，導致表面溫度升高到四百六十二℃，表面的水全部蒸發消失。地球也正走向同樣的方向，我們有決心阻止這種狀況嗎？我們會不會到達所謂的「引爆點」，氣候變遷從此開始加速到無法逆轉？

狀況會糟糕到什麼程度？全世界的氣候科學家面臨重大挑戰，必須加以扭轉。首先，他們必須建立準確的地球氣候運作模型，接著必須依據未來可能狀況（主要與人類行為有關）加以修改，以每秒能進行幾十億次數學運算的超級電腦蒐集資料。現在蒐集資料已經更加可靠和有效率了，人造衛星發揮了很大的效用，從近來發現格陵蘭冰層流失速度是以往認為的三倍，可以看出蒐集資料的重要性[16]。目前另外一個重大問題是永凍土融化，如此將使大量甲烷進入大氣，使全球加速暖化，甚至超過目前排放量的暖化速率。在此有個重大議題，就是人類是否可能減少排放，進而阻止碳從地面進入空氣。這個改變需要政治、經濟和科技三方面合作。如果我們沒有達成巴黎協定將全球暖化限縮在一・五℃以內的目標，後果將相當嚴重。

減緩全球暖化有點像讓超級油輪迴轉。我們的整體目標是扭轉排放量在二十世紀已增加到二十倍的現狀，要達成這個目標，則必須更換所有燃燒石油、瓦斯或煤的事物。這表示我們必須回收或替換所有塑膠製品（因為塑膠的原料是石油）。這表示我們必須改變世界各地的農場。這些工作必須在經濟為了因應人口需求而膨脹時完成，而人口在二一〇〇年將比現在多五十％。關鍵挑戰是維持經濟成長，也就是擁有經濟學家所謂的「綠色成長」（green growth）。這一點或許不可能達成，因為經濟要成長就必須燃燒石化燃料，所以一向會造成排放量增加。全球排放量持續增加，其實還在二〇一八年創下紀錄。二〇一九在紐約舉行的聯合國氣候行動峰會中，六十五個國家承諾在二〇五〇年達成淨零碳排放（排放和吸取的二氧化碳一樣多），例如印度就同意把再生能源目標提高到五倍。行動必須一致才會有效果。如果有一個國家減少排放，但其他國家沒有減少，對地球的危險仍然不會降低。如果有一個國家不減少排放，但其他國家都減少，這個國家就等於不勞而獲。

近來一項研究發現，全球排放量有七十一%集中在一百家公司。我們必須把這些公司當成目標，鼓勵它們改變。目前已有至少總值超過十一兆美元的六百五十家公司已經簽署了監測巴黎目標進展的「科學基礎減量目標倡議」（Science-Based Targets Initiative）。這些公司都同意減少運輸和建造的排放量。

這些進展聽起來不錯，對吧？的確如此，但要做的還有很多。造成氣候變遷的過程已深入全球經濟的根本，所以阻止氣候變遷的必要措施必須含括所有層面。《經濟學人》有一篇評論提到，這個改變可能必須含括「剷除或消滅資本主義」[17]。拯救地球或許需要「去成長」，也就是不搭飛機、不吃肉、禁止私人擁有汽車，把錢從消費轉移到建造環保基礎建設。有趣的是，新冠肺炎已經造成其中某些效果；矛盾的是，這種病毒說不定能拯救地球。

最重要的是，我們必須改用再生能源。目前全世界僅有七%的能源來自風力和太陽兩種主要再生能源[18]，但這類設施的成本已經大幅降低。再生能源增加，將可促進綠色成長，也就是不傷害地球的經濟成長。全世界最大的離岸風電場正在北海建造。這是英國的荷恩夕計畫（Hornsea project），預計建造一百七十四座風力發電機，占地四百零七平方公里，由一家英國公司負責執行。英國目前離岸風電場的發電量為八十億瓦，比第二大的德國高出三分之一，但德國的總風力發電量接近英國的三倍。二〇三〇年，英國的風力發電量將達到三百億瓦，可以說風電是英國於二〇五〇年達成零排放的重要關鍵。

風力非常適合用來輔助太陽能，因為風日夜都有，而且在日光較少的冬季更強。風力發電機可以建造在海上，以避免規畫問題。英國政府取得先機，提供經費研究新科技，同時提供補貼給企業，鼓勵開發。然而英國近來已經停止補貼，暫停陸域風電發展。這些行動讓風電占英國再生能源的二十五％。更令人驚訝的是，愛爾蘭的電力有二十九％來自風電。位於巴黎的能源監察機構國際能源署對此相當樂觀。這個機構在報告中指出，離岸風電場成本降低，將使風電在下一個十年內能與化石能源競爭，並預測成本將在二〇三〇年降低四十％。此外它還預測離岸風電將在二〇四〇年成為歐洲最大的發電來源。二〇一八年，中國建造的離岸和陸域風電場冠於世界所有國家。

德國政府推廣使用太陽能的行動，使這個領域活絡起來，價格也因而降低，這樣的狀況或許會持續下去。二〇一八年，世界能源需求增加三．七％，所以減排目標還會改變，但再生能源用量無疑必須增加。不過電力其實還算比較容易解決，發電廠排放量在所有工業排放量中的比例不到四十％。工業製造和交通運輸是排放的主要來源，而目前全世界只有〇．五％的車輛是電動車，這個數字同樣必須提高。

另一個方法是負排放，也就是把大氣中的二氧化碳提取出來。這方面現在已經有很好的方法，就是植物——植物能吸收二氧化碳，用來進行光合作用，讓自己生長。所以我們需要更多植物。麻省理工學院科學家最近開發出新裝置，以比其他方法更省能源地提取空氣中的二氧化碳，他們讓空氣流過一疊帶電的電化學板，捕集空氣中二氧化碳，再以安全的方式進行處理。

我們還必須確定海洋中的原綠球藻和浮游生物持續繁盛生長，因為它們是效率極高的吸碳機。現今海洋面臨的問題除了暖化和酸化，還充滿各種塑膠垃圾，每天大約有八百萬件塑膠污染物進入海洋[19]，相當於每分鐘有一輛垃圾車的塑膠倒入海中。這些塑膠垃圾有二十三萬六千噸會化成塑膠微粒，也就是比小指甲還小的塑膠片。海洋中有非常龐大的塑膠垃圾帶，例如美國加州和夏威夷間的塑膠垃圾帶面積就和德州相仿。如果我們不阻止塑膠進入海洋，到二〇五〇年，海中的塑膠總重量將超過魚類。我們食用的鱒魚和鱸魚等許多魚類體內都有塑膠微粒。但科技或許能扭轉海洋塑膠垃圾的現狀。塑膠通常來自河流，河流把數以噸計的廢棄物從陸地帶到海中。英國的Ichthion新創公司發明了一種裝置在河面的機器，能把漂浮物體送到河岸，用輸送帶撈出這些垃圾，以攝影機分類之後，把塑膠垃圾送進垃圾箱。這種機器每天能分類八十噸塑膠垃圾，送去重複使用或回收。另一款機器則可裝置在船上，過濾海洋中的塑膠微粒。我們說不定能在這場對抗海洋塑膠的戰爭中獲勝。

科學家還把較適應高水溫的珊瑚和不能適應的珊瑚配對，培育出耐熱的「超級珊瑚」。這個方法可以爭取時間盡量挽救珊瑚，但海洋最後還是必須降溫，以確保珊瑚生存。另一個重要方法是成立海洋保護區來保護魚類等物種。目前全世界有八%的海洋受到保護，歐洲委員會指出歐洲有十・八%的海洋受到保護。二〇一六年，成員包含一千四百多個政府與非政府組織的國際自然保護聯盟匿名投票，準備在二〇三〇年保護三十%的海洋。聯盟認為，這項行動加上減少排放量來限縮全球暖化，可讓海洋有機會復原。

所以還有希望，而且也必須有希望。除了各國政府的一致行動，希望還來自另一方面，就是所有人類。我們為什麼一直破壞地球？這是個複雜的問題，與我們的貪心、懶惰以及對全球經濟的需求密不可分。改變會讓我們付出什麼代價？專家要我們改變

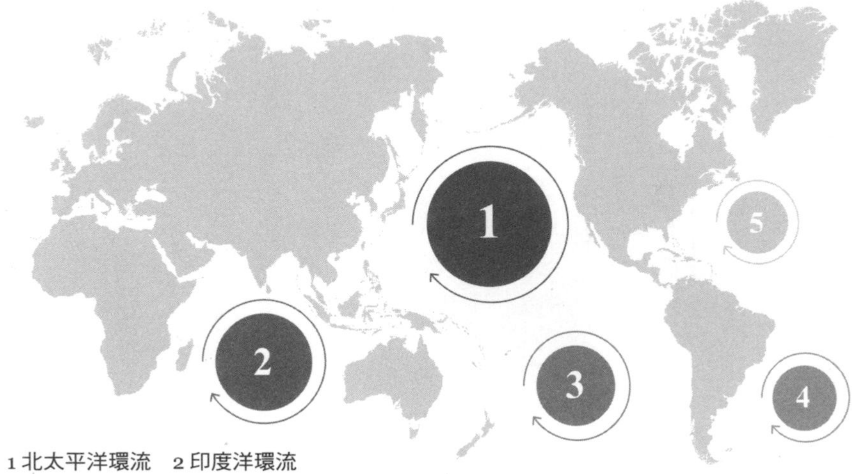

1 北太平洋環流　2 印度洋環流
3 南太平洋環流　4 南大西洋環流　5 北大西洋環流

▲ 五個主要海洋環流都有龐大的塑膠垃圾帶，包括北太平洋環流的「太平洋垃圾帶」。這片垃圾帶的面積和德州相仿。

飲食、交通（尤其是空中交通）、家中使用的能源、購買的東西，甚至家庭規模等各方面的個人選擇，藉以幫助地球。為了達成改善氣候變遷目標，我們每個人每年製造的二氧化碳不能超過三噸。目前歐盟國家每人每年製造十一噸二氧化碳。在愛爾蘭，一九九〇年代晚期前次經濟起飛最高點時的平均值是十七噸[20]。有人算出如果遵守某些規則，每年可以減少多少排碳量。少生一個小孩，父母一生中每年可以減少五十八・六噸。在一年中，不開車可以減少二・四噸，少坐一次橫越大西洋的飛機可減少一・六噸，吃蔬食可減少〇・八噸，回收紙張和塑膠可減少〇・二一噸[21]。

科學家甚至測量各種事件對排放量的影響。近來一項研究中，科學家檢測德國的啤酒節[22]。這個節慶就各方面而言都相當令人驚奇：六百萬名遊客南下慕尼黑兩星期，喝啤酒、享用美食和遊玩，消費二十五萬條臘腸、五十萬隻雞和七百萬公升啤酒。慕尼黑科技大學研究人員測量這些消費對環境造成的影響，結果發人深省。他們採取空氣樣本，發現這次節慶總共排放一千五百公斤甲烷，甲烷是重要的溫室氣體（我有點懷疑這些甲烷從哪裡來的？）平均說來，每平方公尺每秒排放六・七微克甲烷，是波士頓市的十倍。但這個節慶已經盡可能環保：他們做了很多回收並採用有機食品；照明用的電力來自再生能源；也鼓勵啤酒節酒客購買碳補償（carbon offset）。從這些可以看出，儘管會產生甲烷，啤酒節仍然會繼續存在。

除了少生小孩、留在本地度假、騎單車代替開車和改吃蔬食，我們還能做些什麼？

個人購買碳補償被宣傳為好事，意思是付錢給別人種樹，補償我們排放的二氧化碳。舉例來說，我們要坐飛機的時候就可以這麼做。有很多方案可以捐錢給其他人，讓他們種樹，這些人通常住在開發中國家。有些氣候變遷運動人士支持公民參與團體來支持集體行動，進行政治遊說，引進碳定價、肉定價、石化燃料使用落日條款或大幅提高汽車價格，不過這些都曾帶來政治挑戰。結論是只要願意，我們都能幫助地球，但工業生產也必須改變。

一九九〇年代有個環境政策改變的成功故事，也帶給我們希望。這個故事開始於一九八五年，氣候學家喬・法曼（Joe Farman）、布萊恩・賈第納（Brian Gardiner）和喬納森・山克林（Jonathan Shanklin）指出，近三十年來，南極的哈雷研究站和法拉第研究站上空的臭氧濃度大幅降低。臭氧層位於地球上空十～五十公里處，能阻隔來自太陽的紫外線，防止造成傷害，所以相當重要。紫外線可能導致癌症，所以這個耗竭現象很令人憂心。科學家後來發現臭氧層減少的原因是噴霧罐和冷媒中的四氯化碳（CFC），因此各國簽署協定禁用CFC，臭氧層破洞後來也復原。這次事件是全球環境政策的成功案例。

改變確實可能發生。但要挽救地球，最好的做法是聽聽孩子怎麼說。大眾對氣候變遷問題的體認大幅提升，世界各地也發生新一波的抗議行動，這些改變起因於年輕的氣候變遷運動者格雷塔・童貝里（Greta Thunberg）。二〇一八年八月，童貝里坐在瑞典國會大廈前，要求對氣候變遷採取更多行動。一個月後，她宣布每星期五都會抗議，直到瑞典政府改變政策為止。童貝里把這項抗議行動命名為「週五罷課為未來」（FridaysForFuture），後來發展成全球運動。英國的「反抗滅絕」（Extinction Rebellion）是非暴力抗議團體，擔憂氣候變遷可能導致大規模滅絕，於二〇一八年十月發起第一次抗議，有一千五百人聚集在倫敦國會廣場，這項運動後來發展到一百五十六個國家，參與總人數多達十五萬人。反抗滅絕的創辦人之一羅傑・哈藍（Roger Hallam）表示，他的想法來自《為何非暴力抗爭有效》（*Why Civil Resistance Works*）這本書[23]。這本書蒐集近十年內三百多件暴力和非暴力政治運動的資料，發現非暴力行動的成功率是暴力行動的兩倍。其中的分析也指出，如果有超過三・五%的人口參與反對某個政權或領袖的抗議行動，這個政權或領袖就不可能持續掌握權力。極富聲望的科學家多年以來不斷指出氣候變遷確實存在，而且相當危險，但一般大眾和媒體經常不接受或淡化處理，不是很奇怪嗎？但一個小女生說同一句話，就能獲得這麼大的迴響。這是不是和我們依據感性內容來評判資訊內容有關？第二章講疫苗時就曾經提到，情緒化的訊息比純粹的資訊更容易刺激大眾。

一項運動要成功必須具備幾個關鍵因素。首先必須由創新者發起——這個人發起運動，但必須堅持而且誠懇，童貝里就是這類人物的典型。接著需要有早期追隨者來形成運動，在氣候運動中，這類人物就是年輕人。但抗議有時反而可能使反對方的態度變得更強硬，如果一個人原本就對氣候變遷感到懷疑，那麼上班途中被氣候運動人士妨礙，可能會使這個人更加懷疑甚至反對，就像「反抗滅絕」阻擋倫敦地鐵行駛一樣。此外，運動出現效果有個最佳窗口，一般說來是三年。「反抗滅絕」或「週五罷課為未來」的有利條件是參與運動的年輕人，許多不同的新世代參與，更彰顯出對當今世代而言最迫切的議題。讓我們為全人類寄望這次運動真能造成影響。並期許在政治領袖的協助下，我們可以及時讓這艘超級油輪回頭。如果失敗，世界將在五十年內完全變樣——而這都是因為科學界已經對地球健康這個最重要的主題做了種種研究，但我們卻無力採取行動。在新冠肺炎疫情中，我們看到了潔淨健康的世界應該是什麼樣子。人類活動大幅減少，使許多國家的空氣變好，二氧化碳和二氧化氮濃度大幅降低。溫室效應隨之減輕，空氣也變得更乾淨，因為二氧化氮是損害肺部的重要污染物質。這些都發生在一個月之內，所以只要確有必要，我們就能採取行動，而且效果相當迅速。

結論：全球暖化的原因是人類活動。我們必須改變現狀，必須現在就採取行動，而且要快。正如抗議的孩子們手上的標語和海報上寫的：我們沒有其他選擇。

14 為什麼不應該讓想死的人死？

Why shouldn't you let people die if they want to?

「安樂死——聽起來很不錯
一個中立的阿爾卑斯山地區
裝在木箱裡回到英國
顯而易見，事情將會變得更糟」
——英國表演詩人約翰．庫柏．克拉克（John Cooper Clarke），《長年病患藍調》（*Bed Blocker Blues*）

我父親曾經要我殺了他。他當時七十四歲，從七十一歲中風開始就備受折磨，無法正常講話，而且左側半身不遂。他的妻子已經去世，住在安養中心。我們試過請日間看護，但他還有嚴重的憂鬱症，使狀況更加棘手。他常用模糊的聲音說：「你在實驗室工作，一定有什麼藥劑可用。」此外他也常說：「如果我是一匹馬，你就會開槍打死我了。」我父親擁有我很欣賞的黑色幽默感，所以我都把這類對話粉飾成大難臨頭前的幽默，但我知道他真的這麼想。我離開他房間，讓他留在自己的地獄時，有時候會哭。

基於同情和愛，我是不是應該讓他死？這樣應該算是殺人。但是如果法律允許我協助他死呢？我該怎麼做？我有沒有膽子這麼做？所以我們來探討一下安樂死，包括如何執行以及有什麼防護措施。會不會有一天，大多數人口又老又病，許多老人真的想死的時候，安樂死就像生小孩一樣平常？另一方面，新的疾病療法和更優良的緩和療護等醫學進展，會不會使安樂死變得沒有必要？身為科學家，我們不應該逃避，而必須盡可能以科學觀點勇敢面對這個議題。

許多科幻作品都以安樂死為主題，最著名的是一九七六年的電影《攔截時空禁區》（*Logan's Run*）。這部電影描寫二二七四年（其實已經不算遙遠）的反烏托邦世界為了維持資源消耗平衡，每個人到三十歲時就必須安樂死，因此三十歲生日這天稱為「最終日」。生日當天收到的不是某個門的鑰匙，而是去「沉睡處」報到，取得一份讓人產生快感的毒氣。每個人的年齡顯示在右手手心的晶體上，這枚晶體每七年改變一次顏色，「最終日」時交互閃爍紅色和黑色，最後持續顯示黑色。我們的世界當然不會像這部電影描寫的那樣，但安樂死變得稀鬆平常的預言，則不像以前看來那麼遙遠。

安樂死（euthanasia）這個英文單字源自希臘文的「好的死亡」。安樂死分成兩類，第一類是主動安樂死，委託者同意由另一人執行安樂死；另一類稱為「輔助自殺」，一切都由另一人準備，再由委託者執行最後一步[1]。這兩者的區別相當重要，輔助自殺的定義是「在他人自願及有效要求下給予藥物供自行使用，協助他人死亡」。實際上，安樂死就是衰弱過度、無法自殺的人由他人協助自殺。不過有點沒意義的是，自殺在某些國家仍然有罪，可能對死者的房地產處置等造成影響。英國上議院醫學倫理專責委員會把安樂死定義為「基於為解除無法忍受的痛苦而終結生命的明確意圖所採取的蓄意介入行為」。但在荷蘭和比利時，安樂死的定義稍有不同，是「醫師在患者要求下終結患者的生命」。這代表安樂死的目的不一定是解除痛苦，這個差別非常重要。醫學對痛苦的理解往往很難明確表達。心理痛苦是否算是痛苦？又該怎麼測定？荷蘭和比利時或許就是因為這個理由而簡化了定義。

主動安樂死在荷蘭、比利時、盧森堡、哥倫比亞和加拿大合法。輔助自殺在瑞士、德國、荷蘭、澳洲維多利亞省和美國的加州、奧瑞岡州、華盛頓州、蒙大拿州、華盛頓特區、科羅拉多州、夏威夷州、緬因州、佛蒙特州和紐澤西州合法[2]，在其他國家全都不合法，非自願安樂死（患者無法表達同意）也不合法。安樂死雖然在上述國家合法，但只允許在一定條件下執行，同時必須取得兩名醫師同意，某些地區還必須包含一名顧問。因為不具效益而停止治療或醫療支持，也可加速死亡但不算違法。倫理上，安樂死和殺人之間的區別是意向性。安樂死執行者的意圖是盡可能以沒有痛苦的方式，讓已經給予同意的人解脫痛苦。這個說法聽起來非常合理，對吧？對於人類應該或不應該做些什麼，荷蘭等國家一向非常理性，以成人的方式看待成人（第七章曾經探討過這一點）。

那麼愛爾蘭呢？從三個法律案例可以得知愛爾蘭目前的狀況。一九九五年，愛爾蘭最高法院允許撤除一位變成植物人超過二十年的女性的鼻胃管，讓她自然死亡。然而最高法院也強調，不會寬恕主動終結人類生命的舉動[3]。

在另一個案例中，都柏林大學學院講師瑪莉・弗萊明（Marie Fleming）罹患末期多發性硬化症[4]。她和先生對國家提出訴訟。瑪莉已經無法控制四肢，表示想在自己選擇的時刻藉由伴侶協助死去，因為她無法自主行動。他們後來敗訴了。法院裁定《愛爾蘭憲法》並未包含自殺或協助他人終結生命的權利。這個案例吸引許多人注意，瑪莉的勇氣也獲得許多人讚賞。瑪莉在法院審理時表示：「我今天來到法院，是要趁我還能講話的時候，請你們幫我在湯姆和孩子的懷抱中安詳有尊嚴地死去。」瑪莉要挑戰的是禁止輔助自殺的一九九三年刑法（自殺）法案，她主張法律侵害《愛爾蘭憲法》和《歐洲人權公約》賦予她的自主權。一年後，瑪莉自然死亡而離世。

二〇一三年，一名女性蓋兒・歐洛克（Gail O'Rourke）遭指控在二〇一一年三月十日到六月六日間協助朋友伯納黛特・佛德（Bernadette Forde）自殺[5]。二〇一一年，蓋兒幫伯納黛特從墨西哥訂購劑量足以致死的巴比妥鹽，伯納黛特服用後死亡。蓋兒遭到起訴的罪名有三項，分別是訂購藥物供伯納黛特服用自殺、提前安排伯納黛特的喪禮，以及規畫前往蘇黎世——伯納黛特原本想在那裡安樂死。後來旅行社通知警方，阻止了這個計畫。二〇一五年，蓋兒．歐洛克協助伯納黛特．佛德自殺的三項罪名獲判無罪。

愛爾蘭目前的狀況是安樂死和輔助自殺都違反愛爾蘭法律。安樂死視為殺人或謀殺。愛爾蘭健康服務管理署提供了愛爾蘭安樂死替代方案清單[6]。首先，患者可以拒絕治療。患者如果知道自己表達同意的能力未來可能受病情影響，可以提早準備具法律約束力的預立醫療決定（稱為生前遺囑），列出不願接受的治療。如果患者即將接受可能導致呼吸或心跳停止的手術，可以表明不願接受心肺復甦術。這種做法稱為「不施行心肺復甦術」（do not resuscitate，DNR），在愛爾蘭還沒有明確的法律依據，但大多數醫師都會尊重。允許這麼做的原因是心肺復甦術成功率低，同時可能造成腦部損傷等嚴重併發症，所以通常允許罹患絕症的患者這麼做。安樂死的另一個替代方案是緩和鎮靜（palliative sedation），方法是給予藥物，讓人失去意識、不感到痛楚，最後影響呼吸，促成死亡。這個做法有縮短生命的風險，但相當普遍。第三種方法是患者顯然已經不可能復原時，醫師可以停止維持生命的措施，措施停止後，患者通常會極度平靜，安詳地去世。

安樂死在愛爾蘭的爭議，短時間內不會有明顯改變。十九世紀中期，嗎啡開始用於「緩和死亡的痛苦」時，關於安樂死的討論隨之出現。美國的安娜．霍爾（Anna Hall）以很早就大力支持安樂死而聞名[7]，她看著母親長期對抗肝癌後去世，此後一生致力於讓其他人免於經歷她母親的痛苦。一九〇六年，她推動在俄亥俄州立法但沒有成功。英國也有許多人大力支持安樂死，查爾斯・基里克・米拉德（Charles Killick Millard）於一九三五年創立自願安樂死合法化協會，現在改名為尊嚴死亡（Dignity in Dying）。英國有個早期安樂死案例，是英國國王喬治五世接受注射致死劑量的嗎啡和古柯鹼，促使他因為心肺衰竭死亡，但這件事五十年後才公諸於世[8]。由此可以得知，安樂死在英國或許不算罕見。一九四九年，美國安樂死協會向紐約州議會遞交請願書，要求安樂死合法化，有三百七十九位知名的新教和猶太教牧師都簽署了這份請願書[9]。一九四七年，一千多位紐約州醫師也曾經簽署類似的請願書，但立法行動一直沒有成功。

從此以後，安樂死經常引起爭議，而且這個問題很可能因為人口逐漸老化而越來越多。這類爭議主要集中在四個議題：人選擇自身命運的權利；協助他人死亡優於讓對方繼續受苦；常見的「拔掉插頭」和主動安樂死的倫理差異不明確；以及允許安樂死未必會造成無法接受的後果。但在荷蘭和比利時等安樂死不成問題的國家，這類爭議都不存在（但後面會提到還是可能出現問題）。

安樂死合法化爭議中較常出現的議題是與同意有關的問題。或許這個人沒辦法做決定（判定有沒有能力並不容易）。或許這個人認為自己是醫療服務或家人的負擔。我們怎麼知道不是缺德的朋友或親戚強迫這個人這麼做？醫院人員是否因為經濟誘因而鼓勵同意？更好的緩和療護不是應該能使安樂死變得沒有必要嗎？使以往的不治之症變得有機會治癒的醫學進展呢？黑色素瘤就是個很好的例子，檢查點阻斷（checkpoint blockade）技術問世後，這種癌症現在已有一些病例可以治癒[10]。

宗教對安樂死的看法也各不相同[11]。天主教會認為安樂死在道德上不正確，某些新教教會也持相同看法，包括美國聖公會、浸信會、衛理公會和長老教會等。英國聖公會接受被動安樂死，但反對主動安樂死。伊斯蘭教反對以任何理由奪取生命，猶太教正在激烈爭議但仍然不接受。

對倫理學家而言，安樂死是重要主題，它造成多項棘手的道德難題，包括殺人和讓人死亡在道德上是否有差異等。這個倫理議題的核心是對人類生存的意義和價值的看法不同。除了倫理上的考量，使安樂死難以合法化的主要原因可能在於這個議題太過複雜，害怕遭到選民攻擊，所以讓人裹足不前。有些國家不想合法化的理由，或許只是某些因素不大對或令人不快，或是爭議中提出的問題難以解決，所以安樂死在大多數國家仍然不合法。

然而，一般大眾對安樂死的接受程度正在逐漸提升。許多國家曾經進行相關民調，支持輔助自殺的看法顯然越來越普遍。二〇一三年，一項大規模民調（科學家喜歡大規模調查，因為通常能呈現比較準確的狀況）在七十四個國家舉行[12]。整體而言，反對醫師輔助自殺的比例為六十五%，但這七十四個國家有十一國的意見是大致支持。二〇一七年，一項蓋洛普民調結果指出，美國有七十三%受訪者支持安樂死，顯然已經成為多數[13]；每星期上教堂的教友有五十五%支持，非教友的支持比例更高達八十七%。二〇一九年英國一項含括二千五百人的民調指出[14]，超過九十%的人認為應該對罹患不治之症的患者開放輔助安樂死合法化；有八十八%的民眾可以接受失智症患者獲得協助終結生命，但前提是必須在失去心智能力前同意。如此高的支持率或許可讓政治人物感受到壓力，讓安樂死合法化。在英國另一項民調中，有五十二%的受訪者表示，如果國會議員支持輔助死亡，他們對國會議員的評價將會提升，只有六%的受訪者表示評價將會降低[15]。愛爾蘭近來則有一項民調指出，民眾贊成安樂死的比例是六十三%，與贊成墮胎合法化的六十四．五%不相上下[16]。年紀較輕的民眾支持率較低：十八～二十四歲的支持比例是四十八%，三十五～四十四歲則是六十七%。年齡超過五十五歲的支持率則降到四十九%。

因此，除了與宗教信仰有關的理由之外，還有什麼因素讓民眾懷有疑慮？執行準則和防護措施相當重要[17]。民眾申請安樂死時，必須有醫師和顧問參與評估。在允許安樂死的國家，這些措施各不相同。在美國、加拿大和盧森堡，申請執行安樂死必須年滿十八歲，在荷蘭是十二歲；比利時沒有年齡限制，只要具備判斷能力即可。而在防護措施方面，各國也各不相同。在美國，申請者不需要有無法忍受的痛苦或疾病；在荷蘭、比利時和盧森堡則必須罹患「無法忍受的生理或心理痛苦」，狀況已經無法改善，但不一定要罹患不治之症。不過有個問題可能出現，就是長期罹患嚴重憂鬱症的患者如果已經無法治癒，或許也想終結生命，這種狀況就很難評估，因為許多絕症患者也可能罹患憂鬱症。此外，程序方面的規定也有許多差異。在美國，輔助自殺必須經過兩次口頭要求，兩次間隔十五天以上，並且在最後一次書面申請後等待四十八小時以上。在加拿大，書面申請後必須等待十天以上。比利時的等待期是一個月，荷蘭和盧森堡則沒有規定等待期。研究指出，在安樂死已經合法化的所有地區，輔助自殺採用者大約有七十五%罹患絕症[18]。第二多的疾病是肌萎縮側索硬化症（又稱為運動神經元疾病），占十～十五%。痛苦不是最常見的促成因素，失去自主性和尊嚴等問題反而更加重要。

安樂死又是如何執行？主動安樂死的執行方式是醫師在患者身上施用致死劑量的藥物。輔助自殺的執行方式則是由醫師提供藥物給患者，由患者自行施用。最常用的藥物是巴比妥鹽類[19]，作用方式是讓腦部和神經系統減慢，使呼吸系統衰竭而導致死亡，患者在過程中完全平靜。這類藥物少量使用時可以治療失眠，但安樂死的使用劑量很大，讓人就此長眠不起。巴比妥鹽的作用類似大腦的主要抑制神經傳導物質GABA[20]，對GABA受器產生作用。這種受器被GABA或巴比妥鹽觸發後，可使氯穿過神經元的薄膜，抑制神經元活動。巴比妥鹽與GABA受器上的數個點結合，這些結合點和GABA本身結合時的點不同。此外它們還會和AMPA及鉀鹽鎂礬等興奮性神經傳導物質的受器結合，使它失去作用。簡而言之，巴比妥鹽具備雙重破壞效果，可模擬抑制性神經傳導物質（GABA），同時阻斷興奮性神經傳導物質，就像同時放開汽車油門踏板和踩下煞車一樣，如此將使腦部運作逐漸減慢，最後呼吸衰竭。

巴比妥鹽的英文名稱（barbiturate）出自德國化學家阿道夫・馮・拜爾（Adolf von Baeyer）[21]。一八六四年，拜爾首先製作出這種物質，據說他和同事到當地小酒館慶祝這項發現，當時這家酒館正好也在慶祝聖芭芭拉節，因此命名為巴比妥鹽。另一個故事則說拜爾以慕尼黑一位名叫芭芭拉的女侍者的尿液合成，所以命名為巴比妥鹽。不過直到一九〇三年發現巴比妥鹽能讓小狗睡著，才真正找到它的用途。第二次世界大戰期間，太平洋戰區士兵曾經服用巴比妥鹽（暱稱為「鎮靜丸」），幫助他們忍受炎熱和潮濕，因為低劑量巴比妥鹽可降低呼吸頻率，減輕心肺在炎熱氣候下運作的負擔。許多士兵在戰後終身成癮，醫師持續給予巴比妥鹽，卻使狀況更加嚴重。一九五〇和一九六〇年代，巴比妥鹽用來治療焦慮症和失眠，但這類藥物容易成癮，所以逐漸被苯二氮平類藥物取代，其中包括商品名為煩寧（Valium）的丹祈平（diazepam）。瑪麗蓮夢露、布萊恩・艾普斯坦（Brian Epstein）和茱蒂・嘉蘭都死於過量服用巴比妥鹽。

用於安樂死的主要巴比妥鹽類藥物是西可巴比妥（secobarbital）和戊巴比妥（pentobarbital）。戊巴比妥在美國也常用於執行死刑。這些藥物可以單獨或一起使用，相當安全（所謂安全，是基於不具明顯副作用這點而言），可讓人迅速、平靜、安詳地死亡。

世界其他國家是否可能跟上荷蘭和比利時的腳步，對安樂死鬆綁？大力支持避孕和墮胎的嬰兒潮世代年齡漸長，罹患各種導致衰弱的疾病。他們現在會不會大力支持自己的死亡？如果社會變得像荷蘭一樣，幾乎每個人都有親友選擇安樂死，又會是什麼狀況？荷蘭有些醫師已經開始憂心狀況失控。

記者克里斯多福・德・貝萊格（Christopher de Bellaigue）曾經報導，一位接近死亡的肺癌患者找荷蘭醫師伯特・凱澤（Bert Keizer）到他的住家[22]。這位患者覺得死期將近，凱澤帶著護理師來協助，他們發現有三十五個人圍在床邊，喝酒、談笑和哭泣。那位患者喊道：「好了，各位！」大家都靜了下來。他們先把小孩帶離房間，接著醫師開始為患者施打致命的針劑。這類狀況顯然相當常見。凱澤醫師在荷蘭的生命終結機構工作，該機構於二〇一七年為七百五十人執行安樂死，當年荷蘭選擇安樂死的總人數為六千六百人。他認為安樂死遠優於一般自殺，自殺將使深愛的人受創極深。二〇一七年，荷蘭有一千九百人自殺，但另外有三萬二千人在緩和鎮靜劑下死亡。未來很可能會像荷蘭一樣。

但荷蘭的狀況也造成不少疑慮。界線應該畫在哪裡？這點一直是安樂死爭議的重要考量。開放安樂死就像滑坡，使原本要讓癌症患者解脫痛苦的措施遍及還能活上許多年的人。荷蘭倫理學家西奧・波爾（Theo Boer）在二〇〇五年到二〇一四年間負責審查所有安樂死申請[23]。他在荷蘭公開批評安樂死，尤其是二〇〇七年修改法律，納入許多種疾病，同時安樂死的理由不需要包含「難以忍受的痛苦」之後。現在許多荷蘭民眾只要精神狀態惡化到某種程度，例如認不出親人，就可合法選擇安樂死。這使得越來越多失智症患者選擇安樂死，有些人對這樣的發展感到擔憂。

越來越多失智症患者在先前預立的指示下執行安樂死，因此醫學倫理學家伯納・范・巴森（Berna Van Baarsen）決定不再擔任安樂死審查委員會成員。他辭去這個職位的原因是一個可怕的案例。某位患者失智前曾經預立安樂死指示，但準備執行時（理由是她罹患重度失智）開始抗拒，因此在醫師為她注射致命針劑時不得不由家人約束患者身體[24]。荷蘭正在爭議以非絕症疾病當成安樂死理由的議題，但法律不大可能為了禁止失智症患者安樂死而修改。其他正在考慮讓安樂死合法化的國家或許會因為荷蘭經驗，而限制只有絕症患者可以安樂死。

荷蘭的大眾和法律觀點可能會因此改變。日前一位醫師為失智症患者執行安樂死前沒有確認同意，因此遭到起訴[25]。這位七十四歲的女性患者去世於二〇一六年，生前曾經書面表示希望安樂死。法官裁定醫師行為並未違反患者指示，檢察官則主張醫師未曾確認這位女性患者同意，但患者的意向可能已經改變。他們表示應該進行更深入的討論。由於阿茲海默症等疾病患者在**神智清楚**時要求安樂死的案件可能越來越多，因而這次審判被視為重要的參考案例。這個議題的關鍵在於，一個人神智清楚時的選擇，在他失去心智能力之後是否應該持續有效。這個案例的法官裁定有效，而且在判決宣讀之後，法庭中響起了一小陣掌聲。現在問題變成：我們在哪個時間點才可以不必再確認一個人是否確實想死，以及這個人如果已經無法控制心智功能，是否仍有能力同意？

我思考安樂死的對與錯時想到兩個人。第一個人是比利時著名生化學家克里斯蒂安．德．杜夫（Christian De Duve）[26]。他因發現溶酶體（lysosome）而在一九七四年獲得諾貝爾獎。溶酶體是微小的酵素囊，存在所有細胞中；溶酶體是細胞的垃圾處理系統，負責摧毀細胞中衰老或耗損的部分，也能完全消化衰老或損壞的細胞。換句話說，溶酶體有點像細胞的安樂死機器。我有幸曾經在紀念奧地利物理學家爾文．薛丁格（Erwin Schrödinger）一九四三年在都柏林聖三一大學舉行「生命是什麼？」講座五十週年的研討會上接待德杜夫。這一系列講座在生物學界掀起革命，帶來許多重大進展。德杜夫後來在比利時安樂死，享壽九十五歲，當時他罹患末期癌症等多種疾病。他的朋友和同事古特．布洛貝爾（Günter Blobel）表示，德杜夫想趁還有能力時做出決定，不要成為家人的負擔。在生命中的最後一個月，德杜夫寫信給朋友和同事，說明自己決定終結生命。在接受比利時《晚訊報》（*Le Soir*）訪問時表示，他想等四個小孩都到身邊時才死[27]。此外他也表示自己對這個決定感到相當平靜，說：「說我不怕死是太誇張了，但我怕的不是死後會如何，因為我不是教徒。」

結論是，在適當的規範下，安樂死可望帶來更好的死亡品質，但我們也必須努力為深受病痛之苦的患者開發更好的治療或緩和療護方法。

最後我想談談我思考這個主題時想到的另一個人，這裡要再提一下我父親。

一九九五～一九九六年冬天，我父親得了好幾次肺炎，有一次幾乎喪命。一九九六年一月，他的家庭醫師說要跟我談談。醫師表示，他或許不會再開立抗生素，看看我父親是否能靠自己對抗肺炎。我從眼神看出他要講的意思。一九九六年二月二十日，我父親因為肺炎（他常說它是「老人的好朋友」）在睡夢中安詳去世，我坐在床邊，握著他的手。

爸，這樣走也不錯。

15 未來會有什麼發展？
What have you got to look forward to?

「預言很難，尤其是預測未來。」
——美國職棒大聯盟選手尤吉．貝拉（Yogi Berra）

我小時候很想擁有噴射背包。我在《傑森一家》（*The Jetsons*）卡通看過噴射背包。卡通裡的艾羅伊每天都靠它飛來飛去。我曾經幻想自己背著噴射背包上學，當時我真的相信自己未來會擁有噴射背包。我父親（出生於一九二一年）告訴我，噴射機在他小時候還沒有出現，而且讓我難以想像的是，他長大的過程中沒有電視機。我曾經認為等我長大生小孩之後，我會告訴他們，我小時候世界上還沒有噴射背包（當然也沒有行動電話），是件多麼令人難以相信的事。我跟他們說過沒有行動電話，但他們一直不願意相信。可惜的是，噴射背包到現在還沒有普及。

但我認為未來會出現的東西大多像《星際爭霸戰》（*Star Trek*）一樣。每一季影集的編劇努力想像未來的科技會是什麼樣貌。至少從我這個愛爾蘭觀眾的觀點看來，最有趣的一集是一九九〇年播出的〈高地〉（High Ground），描述太空船上某位成員被路提亞四號行星的叛變分子當成人質，她的同僚把這次事件比做幾世紀前發生在地球上的衝突，也就是北愛爾蘭問題，因此斷定這些問題最後會以「二〇二四年愛爾蘭統一」解決。他們沒搞錯吧？英國脫歐可能使愛爾蘭統一？《星際爭霸戰》的確說中了幾樣現在已經問世的科技。未來學家不斷預測未來，科幻小說也在這個領域扮演一定的角色。那麼，我們的未來會是什麼模樣？

我想穿越到未來，看看這本書提到的事物有多少會在科學進展下實現。如果我所有的結論都實現，不就太讚了嗎？儘管有些物理學家認為時光機不是不可能發明，但目前還沒有問世[1]。疫苗會不會變成強制規定？我們又是否能克服大多數傳染病？我們對科技成癮將是什麼狀況？毒品是否會對成人全面開放？安樂死是否會普及並具備明確規範？當自動化成為常態，我們的工作方式和職業種類出現重大改變後，狗屁工作是否會消失？把男性和女性視為不同人類的想法是否會被更複雜細膩的人類觀點取代？肥胖是否會（因為醫學介入或營養狀況改善）而消失？至少在已開發國家中，許多疾病（包含精神疾病、成癮和癌症）是否會像肺結核和脊髓灰質炎一樣成為遙遠的回憶？我們是否能拯救地球？如果這些都能實現，世界對全人類而言不是會變得更好？我們不應該努力達成這些目標嗎？

我們可以多參考《星際爭霸戰》和《黑鏡》（*Black Mirror*）等科幻影劇作品，看看我們是否能拯救世界。這些故事有時不是在預測未來，而是評論現在。如果忽略外星人和太空船，很多科幻小說談的其實是現在的迫切問題。諸如人工智慧帶來的影響、生態危機的嚴峻、控制科技的極權政體如何濫用權力等。科幻小說另一個常見主題是改變性別政治態度，在那個世界，性別並不重要，可以自由選擇或任意改變。科幻小說可依據現在的狀況，協助我們邁向未來。

可能有點出乎意料的是，科幻小說還能協助政府和企業規畫未來。法國政府成立了國防創新署[2]，請一群科幻小說作家提出未來的各種狀況。奧雅納工程公司（Arup）委託作家描寫未來可能因為氣候變遷而發生的四種狀況[3]。Google、Microsoft和Apple也都聘請科幻小說作家當顧問。對企業界而言，科幻小說可讓思想跳脫各種限制。科幻小說可以啟發科技業員工，設計出新的產品和服務。Motorola公司曾經表示，激發他們設計出史上第一款行動電話的因素正是《星際爭霸戰》的掌上無線通訊器[4]。Amazon的Alexa語音助理靈感來自企業號星艦上會講話的電腦[5]。Kindle的靈感則來自尼爾．史蒂文森（Neal Stephenson）小說中的電子書[6]。Instagram執行長亞當．莫塞利（Adam Mosseri）曾說過，科幻影集《黑鏡》的某一集讓他想到可以隱藏Instagram貼文中所有人都看得到的按讚[7]。該影集〈急轉直下〉（Nosedive）這一集描述在某個世界中，每個人都依據彼此的互動為其他人評分，最低是一分，最高是五分，這個分數影響社會上每個人對待彼此的態度。在這一集中，主角投入大多數時間提高自己的分數，藉以增加自己在真實世界中的機會，但最後心理健康出現極大的問題。未來科技的創新者應該多看現在的科幻小說。

《星際爭霸戰》的政治也相當有趣。它的主要創作者金・羅登貝瑞（Gene Roddenberry）參加過第二次世界大戰，他製作《星際爭霸戰》時，非常害怕美國和蘇聯再度發生戰爭。影集中有好幾集談到極權政體讓人民失去自由，有時則是被電腦控制。現在的狀況和劇情其實相去不遠，有人指控俄羅斯藉助電腦科技影響二〇一六年的美國總統大選和英國脫歐公投（參見第一章）。在《星際爭霸戰》中，各行星於二一六一年加入星際聯邦。星際聯邦擁有重要的「超光速太空船推進器」，稱為曲速引擎。這種科技可使空間彎曲，讓太空船以光速的數萬倍飛行。影集中的科學家季弗蘭・寇克瑞恩於二〇六三年發現空間彎曲現象，曲速引擎首次測試讓人類首次接觸到外星的瓦肯人。

星際聯邦總部位於美國舊金山。羅登貝瑞描寫星際聯邦北約組織時以真實的北約組織為藍本，克林貢人則代表蘇聯。該影集對未來的看法相當樂觀。星際聯邦的經濟進入「後蕭條時代」，發展已經超越政府管制的貨幣制度。在複製機技術加持下，貨幣已經消失，許多貨物和產品可以用複製機輕易地製造出來。星際聯邦有總統、內閣和最高法院。星際聯邦的軍事和探索機關是星際艦隊司令部，星際聯邦議會由主權成員代表組成。二二六七年，寇克船長表示星際聯邦含括一千個行星，而且仍在持續增加。

星際聯邦最重要的兩項科技是曲速引擎和複製機。這兩樣東西有可能實現嗎？現在我們要運送物品時，唯一的方法是火箭推進器，火箭技術從一九六〇年代到現在進展不多，因此太空旅行仍然受限於化學。以可貯存或低溫氧化劑燃燒燃料依然是推進火箭的唯一方法。二〇一八年，美國國防情報局公開了二〇一〇年的報告，其中提到以超越光速行進的可能方法[8]，但許多人對這份報告感到懷疑。或許還有其他選擇，例如使用核能引擎等。太空基礎建設也改善了不少，國際太空站稱為「孕育中的星際艦隊」。下一步則是計畫於二〇二六年啟動的月球門戶計畫（lunar gateway）[9]，月球門戶將環繞月球運行，讓太空人再度造訪月球表面。

不管曲速有多快，航空史都有不少進展——但是如果有人從一九六八年穿越到現在造訪機場，應該看不出現在的飛機有什麼不同，卻一定看得出來社交距離因為新冠肺炎而大不相同。一九七〇年代協和式客機等超音速噴射機問世時，未來似乎一片光明，但後來發現這類飛機太不經濟。如果全球航空產業是一個國家，它將躋身全世界排碳量最嚴重國家之列，航空業的排碳量從二〇〇五年到現在增加了七十%，到二〇五〇年更將膨脹七倍[10]。二〇二一年初，全球航空業共有約二十萬名機師，原本預測可能增加到六十萬人，但如果飛行對地球造成傷害或新冠肺炎導致航空受限，這個數字就可能受到影響[11]。以人工智慧操縱飛機，無人飛機或許可能成真，但目前還沒有人設計出完全無人駕駛的飛機。對經常飛行的人加徵額外費用或許可行，但這麼做便有歧視貧窮國家之嫌（這些國家的空中交通正在成長）。實施飛行配額制，規定每個人每年可以乘坐飛機的里程，或許也是個選擇。高速鐵路或許能取代飛行。產業界已經在開發電動飛機，以及容量更大的電池、馬力更大也更輕的發動機，這些都可減少對環境的傷害[12]。計程電動飛機正在開發中，因此科幻電影裡城市空中有汽車在飛行的畫面，未來或許會成真。太陽能飛船也在開發中，可能將帶我們進入慢旅行時代，因為飛船橫越大西洋需要花費四十四小時。

有個比較奇特的點子是建造環繞地球的軌道環[13]。這個軌道環距離地面約八十公里，由堅固的鋼纜打造，不斷旋轉並產生力。兩列磁浮列車在軌道環下方行駛，以難以置信的高速載運乘客。科學家設想，行駛在軌道環下方的磁浮列車把乘客從澳洲送到歐洲只需要不到四十五分鐘[14]。誰知道呢，新冠肺炎可能會加速這項開發工作，我們以後或許就不需要長時間坐飛機了。

新的超音速飛機也在開發中。就速度而言，飛機從協和號的全盛時期到現在，其實算是走回頭路。新的公司不斷出現，試圖讓超音速航班重起爐灶。大噪科技（Boom Supersonic）正在開發飛行速度超過音速兩倍（二．二馬赫），但營運成本低於協和號的商用飛機[15]。德國航太中心（DLR）正在開發飛行速度可達音速二十五倍的太空客機（Space Liner）[16]。這款客機將在地球高空的太空邊緣飛行，從倫敦到澳洲只需要九十分鐘，超越目前從倫敦到伯斯十六小時三十五分的最速紀錄——我坐過倫敦到伯斯的這班飛機，真的很可怕。

伊隆・馬斯克（Elon Musk）的SpaceX公司是太空船開發領域的先鋒[17]，二〇一二年，它成為第一家載運貨物前往國際太空站的民間公司。馬斯克在NASA協助下建造乘龍號（Crew Dragon），載運太空人前往太空站。此外他還打造並發射了一百二十二枚通訊衛星，組成「星鏈」（Starlink）網路[18]。SpaceX表示將在二〇二〇年代中期前發射一萬二千枚衛星。馬斯克希望星鏈網路將大幅改變寬頻通訊，為全球資源不足的地區提供服務，甚至進入太空，含括火星等區域。此外他還提供十億美元，與Microsoft共同提供資金給大規模人工智慧計畫OpenAI，同時協助建立「月球基地阿爾法」（Moon Base Alpha）[19]。但他最大的雄心是發射太空船前往火星。NASA計畫在二〇三〇年前把人類送上火星。馬斯克認為人類必須成為跨行星物種，以便對抗小行星的威脅和地球人為災難的危險，尤其是核子戰爭或基因改造病毒——新冠肺炎疫情後，基因改造病毒變得更加重要。他的公司日前宣布，原型太空船SN1即將開始試飛[I]。這艘太空船高五十公尺，以龐大的超重火箭（Super Heavy）載運。日本一位億萬富豪已經訂好於二〇二〇年環繞月球的行程，並且正在尋找一同探月的終身伴侶[20]。有人想去嗎？

《星際爭霸戰》中的曲速航行或許還要很長一段時間才會問世，但複製機就沒那麼遙遠了。3D列印技術正飛快進步中，這類技術也稱為積層製造（additive production）。傳統製造技術是切削材料，製作出成品，3D列印則是把原料一層層堆疊起來形成物體。3D列印技術可用來製作人造器官、巧克力、餅乾、麵食和纖維狀植物肉等食品、鞋子和衣服，甚至汽車、飛機和船舶零件。3D列印未來可能會更加進步，甚至製作出整棟房子和家具。誰知道最後會發展到什麼程度？

除了曲速和複製機，《星際爭霸戰》中令人驚奇的還有醫療程序。在該系列科幻影集的第四部電影《星艦迷航記4：搶救未來》（*Star Trek IV: The Voyage Home*）中，麥考伊醫官穿越時間，回到一九八〇年代的醫院時，把他看到的醫療程序比做黑暗時代。該劇另一個角色喬迪・拉弗吉生下來就失明，但他戴著的眼罩讓他能看看東西。類似這種眼罩的東西現在已經問世。二〇〇五年，史丹佛大學研究團隊在小鼠網膜後方植入微晶片[21]，搭配與小型攝影機連線的頭戴式LED顯示器，讓小鼠能分辨黑白。後來一位因車禍而失去視力的女性使用這套裝置，讓她看得見物體的輪廓和光線強弱的差別。但這套裝置跟喬迪的眼罩還有一段距離。

《星際爭霸戰》中的注射方式是超噴霧（hypospray），不需要針筒，而且能穿透衣物。美國食品藥物管理局（FDA）日前核准一種注射裝置，也不使用針頭，而是以超音波使皮膚上的毛孔張開，把疫苗等液體注入體內[22]。還有一款開發中的高壓噴射裝置可用來注射粉狀疫苗。因此未來我們可能不需要注射疫苗，疫苗也不需要存放在低溫下，對

I 譯註：SN1已經毀於壓力測試。

開發中國家而言方便許多。

《星際爭霸戰：重返地球》（*Star Trek: Voyager*）中也有一位精通各領域醫學的全像急診醫師，此外還有著名的醫療三度儀（tricorder），只要掃描患者的身體，就能診斷各種疾病和蒐集患者相關資料。機器人醫師或許很久之後才會實現，但現在機器人已經能執行某些手術。人工智慧在診斷中扮演的角色越來越重要，近來在乳癌診斷中的表現更已經超越真人[23]。未來，很可能會用電腦診斷疾病並提供治療方法。當然現在已經有運用核磁共振透視腦部的MRI掃描器，但這類裝置距離可以手持還非常遙遠。不過美國國土安全部正在開發遠距檢傷分類工具（SPTT）[24]，能在十二公尺外偵測生命徵兆，在新冠肺炎時代是非常重要的臨床醫學工具。美國國家太空生物醫學研究所正在開發用光偵測血液和組織化學狀態的裝置[25]，這款裝置必須接觸皮膚，所以和三度儀不一樣，但也朝這個方向邁進了一步。此外還有一款裝置，能診斷糖尿病、心房顫動、泌尿道感染和肺炎等三十四種身體症狀的DxtER，它運用了人工智慧、患者問卷和感測器，可迅速評估患者的健康狀況[26]。這項裝置參加了一項旨在開發具備科幻影集中三度儀功能的醫療設備，贏得了首獎二百六十萬美元，並在美國臨床化學協會的會議上亮相。

醫學的樣貌將有大幅進展。大量經費和資源投入醫學研究和新藥物開發工作（參見第三章），未來一定能看到很大的成果。從美國國家衛生院的www.clinicaltrials.gov網站可以隨時追蹤這些工作的新進展[27]，目前網站上有三十二萬六千一百四十七項研究，地點遍布全美國五十州和其他二百零九個國家。我們想一下這個數字：三十多萬項臨床試驗，其中大多數的目標是對抗疾病。二〇一九年，這個網站每個月的點擊數是二億一萬五千萬次，每天有十四萬五千人造訪。二〇二〇年六月時，正在進行的新冠肺炎療法試驗共有三百多項，可以想見這個產業的規模有多大。

這些研究的分類細項也相當有趣。其中有十四萬四千三百四十二項是測試對抗某種疾病的新藥，有些是小分子（口服藥），有些是注射用的生物製劑：有八萬二千八百八十項屬於「行為試驗」，方法是改變受試者的某些行為（可能與飲食或生活方式有關），再觀察這些改變對某種疾病或病症的效果。此外有二萬七千零四十一項新外科手術方式試驗，三萬二千九百二十九項新醫療裝置試驗，方法通常是植入受試者體內。二〇一〇年到現在，試驗項數增加到四倍[28]。

許多重大疾病的療法效果不佳甚至尚未問世，都是「醫療需求未滿足」的疾病，包括阿茲海默症和帕金森症等神經疾病、種癌症、心臟病、憂鬱症、思覺失調和精神病等心理疾病、關節炎和炎症性腸病等發炎性疾病，以及瘧疾和肺結核等傳染病，當然也包括新冠肺炎。此外還有許多罕見疾病（因為常被忽略而稱為「孤兒疾病」）。許多治療方法正在進行測試，其中包括比較新近的基因療法，方法是更換導致特定疾病的故障基因。目前有二十五項前景看好的基因療法正在進行試驗，其中有些療法已經取得核准。基因療法能治療的疾病包含導致兒童失明和肌肉耗損的病症。

有個重要問題是這些治療費用極為高昂，應該由誰支付（第三章曾經探討過這個問題）。以相關研究活躍程度而言，我們一定會看到讓人類苦於病痛的重大疾病出現進展。我自己的研究試圖了解新陳代謝在發炎性疾病中扮演的角色，因為我們已經發現在發炎時，體內的免疫細胞消耗營養的方式很不尋常。我們認為，針對這個異常過程下工夫，或許將是治療關節炎、炎症性腸病，甚至阿茲海默症等疾病的嶄新方法。我推測，未來我們將會把現在的重大疾病（癌症和心臟病）視為過往，許多人將可健康地邁入老年。每個人都會死，但許多人將可享有充實、富足又長久的人生，最後優雅地離去。

那麼《星際爭霸戰》系列裡的其他科技，例如《銀河飛龍》（*Star Trek: The Next Generation*）裡的全像甲板（holodeck）呢？全像甲板可產生虛擬實境的模擬體驗。如果全像甲板實現了呢？我們將會過著虛擬生活。這類科技已經離我們越來越近，主要動力來自遊戲產業，商業界也對它很有興趣。全空間立體顯示器、精密投影機、動作感測器等科技也越來越普遍。Microsoft日前發表Illumiroom投影技術[29]，這項技術可含括電視機周圍的空間，使虛擬和真實間的界線變得模糊。現在已經有虛擬實境或擴增實境頭戴式裝置（例如Microsoft的Hololens或Facebook的Oculus Rift），但這些裝置笨重又不舒適，難以長時間使用。全像甲板還要好一段時間才能實現。

不過《星際爭霸戰》中有許多科技已經接近實現。常視為最先問世的科技就是滑門。《星際爭霸戰》中的滑門其實是用繩索帶動，但現在已經隨處可見。此外，《星際爭霸戰》中還有稱為「個人資訊存取顯示器」（PADDS）的手持觸控式資料板，就是現在的iPad。通用翻譯機只要掃描腦波，就能把使用者不懂的語言翻譯成自己的語言。Skype 翻譯預覽（Skype Translator Preview）現在已經能翻譯十種語言。許多應用程式可以協助我們藉助即時翻譯程式和其他人對話，尤其是包含四十二種語言的iTranslate。Google推出了Pixel Buds，這個產品有點類似英國作家道格拉斯・亞當斯的《銀河便車指南》裡的巴別魚，在這本書中，只要把巴別魚放進耳朵，牠就能翻譯各種語言。

未來十年內進展最大的領域可能是機器人。《銀河飛龍》的機器人叫做百科（Data），他是擁有人工智慧的人造人，正子腦讓他具有自我意識，但他早期難以理解人類各方面的行為，也無法感受情緒。他的創造者宋博士（Dr Noonien Soong）幫他加裝「情緒晶片」來解決這個問題。在〈理論上〉（In Theory）這集中，百科和組員珍娜・迪索拉（Jenna D'Sora）墜入情網，還為此寫了浪漫副程式來協助。他下載了一大堆愛情小說和電影，學習如何愛人。有一天他刻意和珍娜爭吵，珍娜問他為什麼這麼做時，他回答，他分析過幾千段感情，認為這時是發生情侶口角的最佳時機。不消說，這段感情最後無疾而終。

接下來是關於性愛機器人的問題[30]。正在開發中的產品有好幾款，其中最先進的產品「和諧」（Harmony）歸屬在「家用愉悅產品」。依據目前對「智慧型情趣用品」的需求看來，業界估計市場規模將可達到二千五百萬歐元。這類機器人未來將更栩栩如生，並且具有人工智慧。未來即使床伴是機器人，我們也能在享受魚水之歡前後親密地對話！說不定連場景狀態也可以設定，例如順從、爭論、沉默或愛爾蘭風等。談到可能引發倫理疑慮的性愛機器人時，世界往往就變得很奇怪。性愛機器人會使人類變得更自私嗎？會導致性愛成癮嗎？我們是否應該限制性愛機器人的外觀（倫理學家想探究是否應該允許我們擁有面貌和前任相同的性愛機器人）？性愛機器人是否會侵蝕我們的人性，導致真人出現更超乎常態的行為？

儘管機器人現在是熱門研究領域，但距離「百科」問世還有很長的時間。二〇一八年，美國有四百項創投案，總金額為四十九億美元[31]，中國的總投資金額也相仿。但愛爾蘭有一款機器人在二〇一九年博得不少注意。都柏林聖三一大學機器人工程師康諾・麥克金恩（Conor McGinn）、伊蒙・博爾克（Eamonn Bourke）、安德魯・墨爾塔夫（Andrew Murtagh）、麥可・庫利南（Michael Cullinan）、西恩・唐納文（Cian Donovan）和尼安姆・唐奈利（Niamh Donnelly）發表機器人史蒂維（Stevie），是愛爾蘭第一款具備先進人工智慧的社交輔助機器人[32]，主要功能是輔助銀髮社區和其他長照機構中的照顧者和長者。史蒂維可自由移動、動作敏捷，而且能運用距離測定器、深度攝影機、觸覺及影像感測器來感知環境，並與環境熟悉地互動。此外，設計史蒂維的工程師也賦予它「更強的表達能力」，能與使用者更自然直接地溝通。

史蒂維團隊在開發過程中曾經諮詢長者、護理師和照顧者等許多相關人士，愛爾蘭著名銀髮族慈善機構ALONE是開發工作的主要合作者。目前史蒂維正在美國和英國各大銀髮社區進行測試，最初步的工作包括協助照顧人員帶領賓果遊戲和益智問答等團體活動，讓照顧人員有更多時間照顧長者。此外，史蒂維還能讓年長者透過視訊通話和家人聯絡，克服傳統平板電腦和智慧型手機程式的使用問題。它的人工智慧系統運用先進的電腦影像和語言辨識演算法，產生的互動經驗相當良好，許多長者和人員與機器人對話時相當愉快。這款機器人的發明者表示，開發工作未來的重要目標是讓史蒂維能隨意聊天或講冷笑話，應該可以讓他更像愛爾蘭人。

未來學家走出《星際爭霸戰》和科幻小說，投入許多時間，把眼光投向未來（當然是在心裡看）。他們提出的預言除了上面這些還有很多。一九二〇年代有一套預測未來的《今天和明天》（*To-Day and To-Morrow*）叢書，其中有些預言相當精準。阿奇博德・洛（Archibald Low）一九二四年時曾經預言行動電話，他寫道：「幾年之後，我們應該就能使用掌上型無線裝置，跟飛機上或街上的朋友聊天。」出生於愛爾蘭蒂珀雷里郡的J・D・伯納爾（J.D. Bernal）是一九三〇年代首先把X射線結晶學運用在分子生物學上的先驅，他曾經預言未來將會出現全球資訊網。他寫過一本探討未來的書籍《世界、血肉與魔鬼》（*World, the Flesh and the Devil*）[33]，讓人好奇出版商是不是為了賣書而採用這個書名。寫下史上最重要的科幻小說《二〇〇一年太空漫遊》（*2001: A Space Odyssey*）的著名科幻作家亞瑟・克拉克（Arthur C. Clarke）曾經說這本書是「史上最傑出的科學預言」。伯納爾還曾預言我們死亡之前可以把大腦儲存起來，再轉移到機器上。他很迷所謂的超人類理論（transhumanism），也就是人類應該不斷改良的概念。他預言人類未來將擁有感應無線電的小型感官、更強大的視覺（讓人類看見紅外線、紫外線，甚至X射線）和聽覺頻率範圍更大的耳朵。他還預言人類將能運用無線技術，跨越極大的差異彼此溝通。他並未預言電腦將成為二十世紀的重要科技進展，部分原因是當時的計算機（當時連「電腦」這個名稱也不存在）使用打孔卡片運作，應該算是類比而不是數位。沒有人曾經預言現在這種數位電腦的出現。

這對我們嘗試預測未來當然是個重要提示。沒有人預言過電腦問世，但電腦又對我們的生活影響如此重大，那還有什麼沒預測到？新冠肺炎呢？科學家雖然曾經預測將會出現另一波流行病，但沒有人想到是那種疾病。我們到現在才慢慢理解新冠肺炎對未來可能有何影響。誰知道我們有哪些盲點？儘管如此，仍然有人畫出這個世紀未來可能發生的事件時間表[34]。這個時間表依據目前已知的狀況，預測未來可能發生的事件，起點是世界的現狀。數位科技顯然是我們生活中最重要的面向，全世界七十億人口中，有五十億人擁有我們經常使用的智慧型手機[35]。Twitter[II]目前擁有三億三千萬使用者，其中六十六%是男性、三十四%是女性，每天張貼的推文約有五億則[36]。喜極而泣的表情符號每天約使用二十億次[37]。每天有十五億人使用Facebook[38]。大眾目前最關注的是過度使用智慧型手機導致的壓力和反社會行為，此外也對監視攝影機過多和侵犯隱私感到疑慮。

未來還有哪些需要擔憂的事？二〇二〇年代，氣候變遷問題可能越來越明顯，依據目前趨勢看來，食物和水源可能受到威脅（請參閱第十三章）。二〇三〇年代，由於奈米科技突飛猛進，再生能源成本更低、效率更高，我們終於能逐漸改用再生能源。二〇四〇年代，遺傳學、奈米科技和機器人之間彼此連結，超人類理論的實際案例將越來越多。人體內將可植入裝置，協助我們對抗疾病、強化感覺、以不同方式溝通以及提供娛樂。我們將在火星和月球上建立殖民地。人工智慧在企業和政府決策中扮演的角色將比現在重要許多，而且將取代人類決策。到了二〇六〇年，世界人口將達到高峰並開始減少。二〇七〇年代，儘管我們已經盡了全力，全面環境災難仍將發生。由於海平面上升，各大城市將大規模撤離。不過到了二〇八〇年代，在人工智慧協助下，科學發現將大幅加速。二〇九〇年代，智人將不再主宰地球。國家的日常運作將由速度超快、智力極高的機器人和虛擬實體執行。世界上大多數語言將不再普遍使用。英語、中文和西班牙語將成為三大主要語言。一般員工的每星期工作時間將少於二十小時。南極洲西部將成為世界上發展最迅速的區域之一，當地氣候將與目前的阿拉斯加相仿，冰冠已經融化，移民將從遭到氣候變遷摧殘的地區被吸引到此。由於人口極為多樣化，那裡的大城

II 編按：馬斯克於二〇二二年四月買下 Twitter，並於二〇二三年四月正式更名為 X。

市將成為藝術大熔爐。大家覺得這樣的未來怎麼樣？我們的子孫或許都能看得到。

我們人類是好奇的物種。我們在天擇定律下，從比較「原始」的生活方式逐步演化。生物是生化機器。極為複雜的化學作用、適當的條件、小行星撞擊導致恐龍滅絕（這為我們的遠祖，一種類似樹鼩的小生物的繁衍生息提供了空間），以及很長很長的時間，造就我們現在的模樣。我們因為好奇而發明科學，並發現生活周遭許許多多有趣的事物。我們以難以置信的速度不斷發現新事物，我們發明的機器更讓我們如虎添翼，尤其近十年來數位時代起飛之後。

宇宙學家和科學傳播專家卡爾．薩根（Carl Sagan）曾說：「在某個地方，有些不可思議的事物正等著我們發現。」我們是唯一（就目前所知）能深入了解及探究自己如何運作的物種。接著我們再運用這些科學，發明大多數人其實都不了解的新科技。這件事確實很奇怪，而且將隨我們邁向不確定的未來持續飛快發展。

一九八〇年代晚期，我在劍橋準備成為研究科學家時，曾經在傑出的科學家和風濕病學專家傑瑞．薩克拉瓦拉（Jerry Saklatvala）那裡工作，他是我最重要的指導教授，他正在研究人體免疫系統製造的TNF（腫瘤壞死因子）蛋白。當時認為TNF和癌症有關。正如科學史上經常出現的狀況一樣，進行過的實驗越多，兩者間的關聯反而越少。但傑瑞發現，把TNF加入從豬腳（軟骨的優良來源）取得的軟骨時，TNF將會破壞軟骨。我們認為，嗯……傑瑞的發現可能很有趣。軟骨分解是類風溼性關節炎的重要特徵，也是患者最後手指彎曲、必須依靠枴杖行走或坐輪椅的原因，如果不加以治療，這種疾病將無情地侵蝕關節。醫學研究帶來許多虛幻的希望。傑瑞的發現雖然很有趣，卻沒多少人想到TNF可能是藥物治療類風溼性關節炎的重要目標，但事實確實如此。阻斷TNF的藥物阻止關節被破壞，協助了千萬患者，使它免於成為痛苦的疾病。傑瑞的觀察對這些新藥物的發展十分重要。誰知道呢？誰知道世界各地實驗室目前正在進行的研究，未來會有什麼結果？

最後的結論：我對人類未來將持續改良抱持樂觀的想法。讓我們一起懷抱夢想。我等不及想知道未來是什麼樣子。

致謝

感謝Gill Books的莎拉・利迪（Sarah Liddy）邀請我撰寫一本藉助科學幫助我們解決重大問題的書（但我覺得她應該沒想到書名會是這樣）。莎拉，感謝你的協助。此外我想感謝Gill Books的編輯奧伊伯恩・莫倫比（Aoibheann Molumby）傑出的編輯功力和許多了不起的見解。

有幾位朋友幫忙讀過內文，查證事實（同時因為糾正我而開心不已），並提出許多很棒的建議。首先是同為免疫學家的安迪・吉爾林（Andy Gearing）。我在英國工作時認識安迪，並且開始合作研究他發現的NOB免疫細胞（我不會研究這種細胞）。更重要的是，有一天我到他的住處午餐，他說：「看看冰箱裡有什麼。」我只看到冰箱裡有一瓶香檳和一罐醃萊姆。我知道我找到了一輩子的朋友。安迪讀了全書兩次，提出許多非常好的建議，簡直可以算是共同作者。不過抱歉，安迪，你沒有稿費可拿。

接下來的幾位讀過的篇章不一：我姊姊海倫和我太太瑪格莉特對男性與女性這一章提出很好的建議。克莉歐娜・歐菲瑞利（Cliona O'Farrelly，也是免疫學家）試讀本書某些主題後提出寶貴意見。茲畢紐・札斯羅納（Zbigniew Zaslona，我實驗室的博士後研究員）提出幾項建議，而且總是樂於提供意見。布萊恩·麥克馬努斯（Brian McManus，他似乎當過醫師，但我覺得很難相信）建議我加入《駭客任務》和《銀河便車指南》的資料，並建議在狗屁工作那一章的職業清單應該只列學者就好。布萊恩也為安樂死和種族主義這兩章提出重要意見。鄧肯·萊維（Duncan Levy，氣候工程師）協助檢閱氣候變遷這一章。我的同事免疫學家金斯頓·米爾斯（Kingston Mills）為疫苗這一章提出很棒的建議。奧恩格斯·布克雷（Aongus Buckley，經濟學家和湯瑪斯·潘恩〔Thomas Paine〕的書迷）和尼爾·托瓦特（Neil Towart，左派澳洲人）為狗屁工作這章提供建議。奧恩格斯還檢閱了種族主義和掌控生活這兩章，外號「布雷艾特」的法蘭西斯·格黎森（Frances Gleeson，他擁有的學位比我多）也檢閱了這兩章。肯·梅利（Ken Mealy，外科醫師）和柯姆·歐唐納（Colm O'Donnell，醫師）都為安樂死這章提供建議。柯姆還檢閱了關於毒品合法化（他很懂毒品⋯）和種族主義這兩章並提出重要建議。唐納·歐西（Donal O'Shea，醫師）為飲食法這章提出很棒的意見，並建議我加入「肥胖羞辱」。克里斯·麥克柯馬克（Chris McCormack，出身特里姆的紳士，曾經擔任典獄長）為監獄和毒品合法化這兩章提供建議。我的老朋友約翰·歐康諾（John O'Connor，神經科學家）為成癮和憂鬱症這兩章提供了建議。最後我要大大感謝史提威·歐尼爾和山姆·歐尼爾，他們完全沒有看過這本書，但總而言之感謝你們，兩位小朋友。

作者註

前言

1 World Health Organization (2019). Tobacco explained: the truth about the tobacco industry ... in its own words. Available at: https://www.who.int/ tobacco/media/en/TobaccoExplained.pdf

2 R. Matthews (2000) *Storks deliver babies* (p= 0.008). Teaching Statistics, 22(2): 36–38.

3 Snopes (2016). Does this map show mad cow disease prevalence vs. Brexit voters? Available at: https://www.snopes.com/fact-check/mad-cow- versus-brexit

1 我們憑什麼認為自己掌控生活？

1 M. McKenna and D. Pereboo (2016). *Free Will* (Routledge Contemporary Introductions to Philosophy). New York: Routledge.

2 R. Pippin (2012). *Introductions to Nietzsche*. Cam- bridge University Press.

3 A. Vilenkin and M. Tegmark (2011). The case for parallel universes. *Scientific American*, 19 July.

4 B. Gholipour (2019). Philosophers and neurosci- entists join forces to see whether science can solve the mystery of free will. *Science*, 21 March. Avail- able at: https://www.sciencemag.org/news/2019/03/philosophers-and-neuroscientists-join-forc-es-see-whether-science-can-solve-mystery-free

5 B. Libet et al. (1983). Time of conscious intention to act in relation to onset of cerebral activity (readiness-potential). The unconscious initiation of a freely voluntary act. *Brain*, 106: 623–642.

6 W.R. Klemm (2010). Free will debates: simple ex- periments are not so simple. *Advances in Cognitive Psychology*, 6: 47–65.

7 R.H. Anderberg (2016). The stomach-derived hormone ghrelin increases impulsive behavior. *Neuropsychopharmacology*, 41: 1199–1209.

8 J. Skrynka and B.T. Vincent (2019). Hunger increas- es delay discounting of food and non-food rewards. *Psychonomic Bulletin and Review*, 26: 1729–1737.

9 M. Reynolds (2014). When you should never make a decision. *Psychology Today*, 17 April.

10 A. Vyas et al. (2007). Behavioral changes induced by *Toxoplasma* infection of rodents are highly specific to aversion of cat odors. *Proceedings of the National Academy of the Sciences of the USA*, 104: 6442–6644.

11 J. Flegr (2007). Effects of toxoplasma on human behavior. *Schizophrenia Bulletin*, 33: 757–760.

12 A. Stock (2017). Humans with latent toxoplasmo- sis display altered reward modulation of cognitive control. *Scientific Reports*, 7: 10170.

13 C. Dixon (2018). How much control do we really have over how we think and act? *Irish Examiner*, 11 January.

14 J. Lindova et al. (2006). Gender differences in be- havioural changes induced by latent toxoplasmosis. *International Journal for Parasitology*, 36: 1485–1492.

15 Better Explained (n.d.). Understanding the birth- day paradox. Available at: https://betterexplained.com/articles/understanding-the-birthday-paradox/

16 V. Jessop (2007). *Titanic Survivor: The Memoirs of Violet Jessop, Stewardess*. History Press.
17 G. Adams (2006). How to live your life by num- bers. *The Independent*, 26 November.
18 R. Gillett and I. De Luce (2019). Science says parents of successful kids have these 23 things in common. *Business Insider*, 23 May. Available at: https://www.businessinsider.com/how-parents-set-their-kids-up-for-success-2016-4?r=US&IR=T
19 Harvard Business School (2015). Having a working mother is good for you. 18 May. Available at: https://www.hbs.edu/news/releases/Pages/having-working-mother.aspx
20 E.J. Dixon-Roman et al. (2013). Race, poverty and SAT scores: modeling the influences of family income on black and white high school students' SAT performance. *Teachers College Record*, 115(4).
21 T.R. Mitchell et al. (2003). 'Motivation' in Walter C. Borman et al. (eds), *Handbook of Psychology*, Vol. 12. John Wiley & Sons.
22 T.N. Robinson et al. (2007). Effects of fast-food branding on young children's taste preferences. *Archives of Pediatric and Adolescent Medicine*, 161: 792–797.
23 L. Donnelly (2019). Junk food giants must stop marketing to children – or see their ads banned entirely, says health chief. *The Telegraph*, 14 March.
24 D. Campbell (2017). Children seeing up to 12 adverts for junk food an hour on TV, study finds. *The Guardian*, 28 November.
25 World Health Organization (2019). Reducing the impact of marketing of foods and non-alcoholic beverages on children. Available at: https://www. who.int/elena/titles/food_marketing_children/en/
26 S. Boseley (2016). Junk food ads targeting children banned in non-broadcast media. *The Guardian*, 8 December.
27 J. Shannon (2018). Majority favour ban on junk food advertising to kids. *Irish Heart Foundation Newsletter*, 7 November.
28 E. Ring (2018). Junk food adverts have become a monster. *Irish Examiner*, 8 November.
29 C.C. Steele et al. (2017). Diet-induced impulsiv- ity: effects of a high-fat and a high-sugar diet on impulsive choice in rats. *PLOS One* 12, e0180510.
30 D. Lynkova (2019). Key smartphone addiction statistics. *Leftronic*. Available at: https://leftronic. com/smartphone-addiction-statistics/
31 S.C. Matz (2017). Psychological targeting as an effective approach to digital mass persuasion. *Proceedings of the National Academy of the Sciences of the USA*, 114: 12714–12719.
32 R. Verkaik (2018). Cambridge Analytica: inside the murky world of swinging elections and advising dictators. *iNews*, 23 March (updated 6 September 2019). Available at: https://inews.co.uk/news/technology/cambridge-analytica-facebook-data-protec- tion-312276.
33 J. Doward *and A. Gibbs (2017).* Did Cambridge Analytica influence the Brexit vote and the US election? *The Guardian*, 4 March.
34 N. Lomas (2018). Facebook finally hands over Leave campaign Brexit ads. *Techcrunch*, 26 July.
35 J. Doward and A. Gibbs.

2 為什麼不打疫苗？

1 K. Mills and D. Ahlstrom (2019). Vaccines: a life-saving choice. *Royal Irish Academy Expert Statement, Life and Medical Sciences Committee.*
2 World Health Organization (2019). Immunization. 5 December. Available at: https://www.who.int/news-room/facts-in-pictures/detail/immunization

3 J.L. Goodson. and J.F. Seward (2015). Measles 50 years after use of measles vaccine. *Infectious Disease Clinics of North America*, 29(4):725–743.
4 World Health Organization (2019) Ten threats to global health in 2019. Available at: https://www. who.int/emergencies/ten-threats-to-global-health- in-2019
5 M. Ferren et al. (2019). Measles encephalitis: towards new therapeutics. *Viruses*, 11(11).
6 H. Wang et al. (2016). Global, regional, and national levels of maternal mortality, 1990–2015: a systematic analysis for the global burden of disease study 2015. *Lancet*. 388(10053): 1775–1812.
7 N. Nathanson and O.M. Kew (2010). From emergence to eradication: the epidemiology of poliomyelitis deconstructed. *American Journal of Epidemiology*, 172(11):1213–1229.
8 Centers for Disease Control and Prevention (2019). Polio elimination in the United States. Available at: https://www.cdc.gov/polio/what-is-po- lio/polio-us.html
9 I. Grundy (2019). Montagu, Lady Mary Wortley. *Oxford Dictionary of National Biography*. Oxford University Press.
10 J.R. Smith (2006). Jesty, Benjamin. *Oxford Dic- tionary of National Biography*. Oxford University Press.
11 G. Williams (2019). The original anti-vaxxers. *The Economist 1843*, 30 August.
12 M. Arbyn et al. (2018). Prophylactic vaccination against human papillomaviruses to prevent cervi- cal cancer and its precursors. *Cochrane Database of Systematic Reviews*, 5: CD009069.
13 J. Zheng et al. (2019). Prospects for malaria vaccines: pre-erythrocytic stages, blood stages, and transmission-blocking stages. *BioMed Research International*, 2019:9751471.
14 D. Malvy et al. (2019). Ebola virus disease. *Lancet*, 18: 936–948.
15 F. Amanat and F. Krammer (2020). SARS-CoV-2 vaccines: status report. *Immunity*. pii: S1074-7613(20)30120. Available at: https://www.ncbi.nlm. nih.gov/pubmed/32259480
16 A.J. Young (2019). Adjuvants: what a difference
15 years makes! *Veterinary Clinics of North America: Food Animal Practice*, 35(3): 391-403. doi: 10.1016/j. cvfa.2019.08.005.
17 S. Marsh (2018). Take-up of MMR vaccine falls for fourth year in a row in England. *The Guardian*, 18 September.
18 National Vaccine Injury Compensation Program. *Health Resources and Services Administration*. Available at: https://www.hrsa.gov/vaccine-compensa- tion/index.html
19 Centers for Disease Control and Prevention (2014). Report shows 20-year US immunization program spares millions of children from disease. Available at: https://www.cdc.gov/media/releas- es/2014/p0424-immunization-program.html
20 Centers for Disease Control and Prevention (2019). Q&As about vaccination options for preventing measles, mumps, rubella, and varicella. Available at: https://www.cdc.gov/vaccines/vpd/ mmr/hcp/vacopt-faqs-hcp.html
21 Centers for Disease Control and Prevention (n.d.). Measles, mumps, and rubella diseases and how to protect against them. Available at: https://www. cdc.gov/vaccinesafety/vaccines/mmr-vaccine.html
22 N.P. Klein et al. (2012). Safety of quadrivalent human papillomavirus vaccine administered routinely to females. *Archives of Pediatric and Adolescent Medicine* 166(12):1140–1148. doi: 10.1001/archpediatrics.2012.1451
23 D. Gorski (2010). The fall of Andrew Wakefield. *Science-Based Medicine*, 22 February. Available at: https://sciencebasedmedicine.org/the-fall-of-an- drew-wakefield/
24 American Academy of Pediatrics (n.d.). American Academy of Pediatrics urges parents to vaccinate

children to protect against measles. Available at: https://www.aap.org/en-us/about-the-aap/aap- press-room/Pages/American-Academy-of-Pediat- rics-Urges-Parents-to-Vaccinate-Children-to-Pro- tect-Against-Measles.aspx
25 L.E. Taylor et al. (2016). Vaccines are not associat- ed with autism: an evidence-based meta-analysis of case-control and cohort studies. *Vaccine* 34: 3223–3224.
26 T. Leonard (2019) Rewards for the High Priest of MMR hysteria. *Daily Mail*, 10 October. Available at: https://www.dailymail.co.uk/news/article-7556279/ Andrew-Wakefield-struck-anti-MMR-science-millionaire-lifestyle.html
27 S. Pollak (2019). Number of Irish measles cases more than triples between 2017 and 2018. *Irish Times*, 25 April. Available at: https://www. irishtimes.com/news/health/number-of-irish- measles-cases-more-than-triples-between-2017- and-2018-1.3871238
28 H. Holzmann (2016). Eradication of measles: remaining challenges. *Medical Microbioogy and Immunology*, 205(3):201–208. doi: 10.1007/s00430- 016-0451-4.
29 F. Rahimi and Amin Talebi Bezmin Abadi (2020). Practical strategies against the novel coronavirus and COVID-19 – the imminent global threat. *Ar- chives of Medical Research*, S0188-4409(2) 30287–3. Available at: https://www.sciencedirect.com/ science/article/abs/pii/S0188440920302873#!
30 Z. Horne et al. (2015). Countering anti-vaccination attitudes. *Proceedings of the National Academy of Science of the USA* 112: 10321–10324.
31 C.A. Bonville et al. (2017). Immunization attitudes and practices among family medicine providers. *Human Vaccines and Immunotherapeutics*, 13: 2646–2653.
32 M.F. Daley and J.M. Glanz (2011). Straight talk about vaccination. *Scientific American*, 1 September.

3 新藥為什麼這麼貴，成本又該由誰負擔？

1 D. Stipp (2013). Is fasting good for you? *Scientific American*, 308(1): 23–24.
2 W.F. Pirl and A.J. Roth (1999). Diagnosis and treatment of depression in cancer patients. *Cancer Network*, 13(9): 1293–1301.
3 S. Rezaei et al. (2019). Global prevalence of depression in HIV/AIDS: a systematic review and meta-analysis. *BMJ Supportive and Palliative Care*, 9: 404–412.
4 T. Sullivan (2019). A tough road: cost to develop one new drug is $2.6 billion; approval rate for drugs entering clinical development is less than 12%. *Policy and Medicine*, 21 March.
5 A. Nieto-Rodriguez (2017). Is the iPhone the best project in history? *CIO*. Available at: https://www.cio.com/article/3236171/is-the-iphone-the-best- project-in-history.html
6 S. Held et al. (2009). Impact of big pharma organi- zational structure on R&D productivity. *Schriften zur Gesundheitsoekonmie* 17.
7 UK Medical Research Council (n.d.). Facts & figures. Available at: https://mrc.ukri.org/about/ what-we-do/spending-accountability/facts/
8 E.J. Emanuel (2019). Big pharma's go-to defense of soaring drug prices doesn't add up. Just how expensive do prescription drugs need to be to fund innovative research? *The Atlantic*. Available at: https://www.theatlantic.com/health/ar- chive/2019/03/drug-prices-high-cost-research-and-development/585253/
9 Blass, B. (2015). *Basic Principles of Drug Discovery and Development*. Elsevier.
10 Hilt, P.J. (2003). *Protecting America's Health: The FDA, Business, and One Hundred Years of Regulation*. Random House.

11 DTS Language Services (2018). How much does it cost to run a clinical trial? Available at: https://www.dtstranslates.com/clinical-trials-translation/ clinical-trial-cost/
12 I. Torjesen (2015). Drug development: the journey of a medicine from lab to shelf. *Pharmaceutical Journal.* Available at: https://www.pharmaceuti- cal-journal.com/publications/tomorrows-pharma-cist/drug-development-the-journey-of-a-medicine- from-lab-to-shelf/20068196.article?firstPass=false
13 Biotechnology Innovation Organization (n.d.). Clinical Development Success Rates 2006–2015. Available at: https://www.bio.org/sites/default/files/ legacy/bioorg/docs/Clinical%20Development%20Success%20Rates%202006-2015%20-%20BIO,%20 Biomedtracker,%20Amplion%202016.pdf
14 R. Imai Takebe, S. Ono et al. (2018). The current status of drug discovery and development as originated in United States academia: The influence of industrial and academic collaboration on drug discovery and development. *Clinical and Translational Science*, 11(6).
15 C. Hale (2018) New MIT study puts clinical research success rate at 14 percent. *CenterWatch*. Available at: https://www.centerwatch.com/arti- cles/12702-new-mit-study-puts-clinical-research- success-rate-at-14-percent
16 R. Bazell (1998). *Her-2: The Making of Herceptin, a Revolutionary Treatment for Breast Cancer.* Random House.
17 P.D. Risse (2017). Bet on biomarkers for better outcomes. *Life Science Leader*, 6 April.
18 Leber congentical amaurosis. *Genetics Home Refer- ence.*
19 A.M. Maguire et al. (2008). Safety and efficacy of gene transfer for Leber's congenital amaurosis. *New England Journal of Medicine*, 358: 2240–2248.
20 Institute for Clinical and Economic Review (2018). Final Report: Broader benefits of Voretigene Neparvovec to affected individuals and society provide reasonable long-term value despite high price. Available at: https://icer-review.org/an- nouncements/voretigene-final-report/
21 M.E Condren and M. Bradshaw (2013). Ivacaftor: a novel gene-based therapeutic approach for cystic fibrosis. *Journal of Pediatric Pharmacology and Therapeutics*, 18: 8–13.
22 L.B. Feng et al. (2018). Precision medicine in ac- tion: the impact of Ivacaftor on cystic fibrosis-related hospitalizations. *Health Affairs (Millwood)*, 37: 773–779.
23 D. Cohen and J. Raftery (2014). Paying twice: the 'charitable' drug with a high price tag. *British Medical Journal*, 348: 18–21.
24 J. Fauber (2013). Cystic fibrosis: charity and in- dustry partner for profit. *MedPage Today*. Available at: https://www.medpagetoday.com/pulmonology/ cysticfibrosis/39217
25 B. Fidler (2014). CF Foundation cashes out on Kalydeco in $3.3B sale to Royalty Pharma. *Xconomy*. Available at: https://xconomy.com/ boston/2014/11/19/cf-foundation-cashes-out-on- kalydeco-in-3-3b-sale-to-royalty-pharma/
26 D. Sharma et al. (2018). Cost-effectiveness analysis of Lumacaftor and Ivacaftor combination for the treatment of patients with cystic fibrosis in the United States. *Orphanet Journal of Rare Diseases*, 13: 172.
27 Orkambi monograph. *Drugs.* Available at: https:// www.drugs.com/monograph/orkambi.html
28 T. Ferkol and P. Quinton. (2015). Precision medi- cine: at what price? *American Journal of Respiratory and Critical Care Medicine*. 196, 15 September.
29 S.M. Hoy. (2019). Elexacaftor/Ivacaftor/Tezacaftor: first approval. *Drugs*, 79: 2001–2007.
30 Advisory Board (2019). FDA approves drug to treat cystic fibrosis in patients 12 and older – and it will cost $311,503. Available at: https://www.advisory. com/daily-briefing/2019/10/28/cf-drug
31 P. Cullen (2019). HSE agrees to reimburse cost of new cystic fibrosis treatment. *Irish Times*, 13 December.

32 I. Shahid (ed.) (2018). *Hepatitis C: From Infection to Cure*. InTechOpen.
33 M. Goozner (2014). Why Sovaldi shouldn't cost $84,000. *Modern Healthcare*, 44(18): 26.
34 E. Hafez (2018). A new potent NS5A inhibitor in the management of hepatitis C virus: Ravidasvir. *Current Drug Discovery Technologies*, 15(1): 24–31.
35 World Health Organization (2017). Close to 3 mil- lion people access hepatitis C cure. Available at: https://www.who.int/news-room/detail/31-10-2017- close-to-3-million-people-access-hepatitis-c-cure
36 M. Costanzo et al. (2020) SARS-CoV-2: recent reports on antiviral therapies based on Lopinavir/Ritonavir, Darunavir/Umifenovir, Hydroxychlo- roquine, Remdesivir, Favipiravir and other drugs for the treatment of the new coronavirus. *Current Medicinal Chemistry*. doi: 10.2174/0929867327666200416131117.
37 R.G. Frank and L.M. Nichols (2019). Medicare drug-price negotiation – why now … and how. *New England Journal of Medicine* 381: 1404–1406.
38 Drugs.com (2018). EpiPen costs and alternatives: what are your best options? Available at: https://www.drugs.com/article/epipen-cost-alternatives. html
39 S. Gordon (2016). Cost of insulin rises threefold in just a decade: study. *HealthDay*. Available at: https://consumer.healthday.com/diabetes-infor- mation-10/insulin-news-414/cost-of-insulin-rises-threefold-in-just-a-decade-study-709697.html
40 L. Entis (2019). Why does medicine cost so much? Here's how drug prices are set. *Time*, 9 April.
41 P. Cullen (2019). Irish patients pay 'six times global average' for generic drugs. Cost of branded drugs almost 14% below average in 50 countries surveyed. *Irish Times*, 21 November.
42 E. Edwards (2018). Ireland urgently needs access to new drugs, says pharma body. *Irish Times*, 22 June.
43 E. Ring (2018). Warning to control costs of medi- cines. *Irish Examiner*, 7 April.
44 US Food and Drug Administration (2018). 2018 New Drug Therapy Approvals. Available at: https://www.fda.gov/files/drugs/published/ New-Drug-Therapy-Approvals-2018_3.pdf
45 R. Stein (2018). At $2.1 million, new gene therapy is the most expensive drug ever. *NPR*, 24 May 2019. Available at: https://www.npr.org/sections/ health-shots/2019/05/24/725404168/at-2-125-mil-lion-new-gene-therapy-is-thc-most-expensive- drug-ever
46 World Health Organization (2019). WHO Model List of Essential Medicines, 21st List. Available at: https://www.who.int/medicines/publications/ essentialmedicines/en/

4 為什麼相信飲食法？

1 J. Clarke (2018). Weight on the mind ... *Irish Health.* Available at: http://www.irishhealth.com/ article.html?id=2354
2 T. O'Brien (2019). Two-thirds of men in Ireland are overweight or obese, report finds. *Irish Times*, 20 November.
3 Health Service Executive (n.d.) Healthy Eating and Active Living Programme. Available at: https://www.hse.ie/eng/about/who/healthwellbeing/our-priority-programmes/heal/
4 A. Harris (2018). Obesity in Irish men increasing at 'alarming' rate. *Irish Times*. 5 September.
5 World Health Organization (2020). Obesity and overweight. Available at: https://www.who.int/ news-room/fact-sheets/detail/obesity-and-over- weight
6 K. Donnelly (2015). *Adolphe Quetelet, Social Physics and the Average Men of Science, 1796–1874*. Universi- ty of Pittsburgh Press.

7 N. Rasmussen (2019). Downsizing obesity: on Ancel Keys, the origins of BMI, and the neglect of excess weight as a health hazard in the United States from the 1950s to 1970s. *Journal of the Histo- ry of the Behavioral Sciences*, 55: 299–318.
8 X. Pi-Sunyer (2009). The medical risks of obesity. *Postgraduate Medical Journal* 121: 21–33.
9 PSC Secretariat (2009) Body-mass index and cause-specific mortality in 900,000 adults: collab- orative analyses of 57 prospective studies. *Lancet* 373: 1083–1096.
10 L. Donnelly (2019). Obesity overtakes smoking as the leading cause of four major cancers. *Daily Telegraph*, 3 July.
11 N. Devon (2017). You are your looks: that's what society tells girls. No wonder they're depressed. *The Guardian*, 22 September.
12 K. Miller (2015). Sad proof that most women don't think they're beautiful. *Women's Health*, 7 April.
13 DoSomething.org (n.d.). 11 facts about body image. Available at: https://www.dosomething.org/us/facts/11-facts-about-body-image
14 K. Pallarito (2016). Many men have body image issues, too. *WebMD*. Available at: https://www.webmd.com/men/news/20160318/many-men-have- body-image-issues-too#1
15 C. Markey (2019). Teens, body image, and social media. *Psychology Today*, 14 February.
16 F. Rubino et al. (2020). Joint international consensus statement for ending stigma of obesity. *Nature Medicine* 26: 485–497. doi: 10.1038/s41591- 020-0803-x. Available at: https://www.nature.com/articles/s41591-020-0803-x.
17 WebMD (n.d.). Estimated calorie requirements. Available at: https://www.webmd.com/diet/fea- tures/estimated-calorie-requirements
18 J.M. Friedman (2019). Obesity is in the genes. *Scientific American Blog*, 31 October. Available at: https://blogs.scientificamerican.com/observations/ obesity-is-in-the-genes/
19 V.V. Thaker (2017). Genetic and epigenetic causes of obesity. *Adolescent Medicine: State of the Art Reviews*, 28(2): 379–405.
20 C.T. Montague et al. (1997). Congenital leptin de- ficiency is associated with severe early-onset obesity in humans. *Nature*, 387: 903–908.
21 A.E. Locke et al. (2015). Genetic studies of body mass index yield new insights for obesity biology. *Nature*, 518: 197–206.
22 S. Kashyap et al. (2010). Bariatric surgery for type 2 diabetes: weighing the impact for obese patients. *Cleveland Clinic Journal of Medicine*, 77: 468–476.
23 R.B. Kumar and L.J. Aronne (2017). Pharmacologic treatment of obesity, in K.R. Feingold, B. Anawalt, A. Boyce et al. (eds), *Endotext*, South Dartmouth (MA). Available at: https://www.ncbi.nlm.nih.gov/books/NBK279038.
24 G. Cheyne (1724). *An Essay of Health and Long Life*. George Strahan.
25 W. Banting (1864). *Letter on Corpulence, Addressed to the Public*.
26 L.H. Peters (1918). *Diet and Health: With Key to the Calories*. Reilly and Lee.
27 Boston Medical Center (n.d.). Weight manage- ment. Available at: https://www.bmc.org/nutri- tion-and-weight-management/weight-manage- ment
28 ABC News (2005). Oprah calls her biggest moment a big mistake. 11 November. Available at: https://abcnews.go.com/GMA/story?id=1299232
29 J. Owen (2010). Human meat: just another meal for early Europeans? *National Geographic*, 2 September.
30 J.J. Hidalgo-Mora et al. (2020). The Mediterranean diet: a historical perspective on food for health.

Maturitas, 132: 65–66.
31 E. Rillamas-Sun et al. (2014). Obesity and survival to age 85 years without major disease or disability in older women. *JAMA Internal Medicine* 174: 98–106.
32 Harvard Medical School (2017). Abdominal obesity and your health. Available at: https://www.health.harvard.edu/staying-healthy/abdominal-obesi-ty-and-your-health
33 K.A. Scott et al. (2012). Effects of chronic social stress on obesity. *Current Obesity Reports*, 1: 16–25.
34 A. Astrup (2000). The role of low-fat diets in body weight control: a meta-analysis of ad libitum dietary intervention studies. *International Journal of Obesity and Related Metabolic Disorders*, 24: 1545–1552.
35 L.F. Donze and L.J. Cheskin (2003). Obesity treat- ment. *Encyclopedia of Food Sciences and Nutrition* (2nd edition), 4232–4240.
36 Mayo Clinic (2017). Low-carb diet: can it help you lose weight? Available at: https://www.mayoclinic.org/healthy-lifestyle/weight-loss/in-depth/low- carb-diet/art-20045831
37 C. Duraffourd et al. (2012). Mu-opioid receptors and dietary protein stimulate a gut-brain neural circuitry limiting food intake. *Cell*, 150: 377–388.
38 A.N. Friedman (2004). High-protein diets: potential effects on the kidney in renal health and disease. *American Journal of Kidney Diseases*, 44: 950–962.
39 C.B. Ebbeling et al. (2018). Effects of a low carbo- hydrate diet on energy expenditure during weight loss maintenance: randomised trial. *British Medical Journal*, 363:k4583.
40 E. Finkler et al. (2012). Rate of weight loss can be predicted by patient characteristics and intervention strategies. *Journal of the Academy of Nutrition and Diet*, 112: 75–80.
41 National Heart, Lung and Blood Institute (1998). Clinical guidelines on the identification, evaluation, and treatment of overweight and obesity in adults. The evidence report. NIH Publication No. 98–4083.
42 2-4-6-8 Diet. *Ana Diets.* http://anadiets.blogspot. com/2008/12/2-4-6-8-diet.html
43 Weight Watchers (n.d.). About us – history and philosophy. Available at: https://www.weightwatch- ers.com/about/his/history.aspx
44 K.A. Gudzune et al. (2015). Efficacy of commer- cial weight loss programs: an updated systematic review. *Annals of Internal Medicine*, 162: 501–512.
45 Z.J. Ward et al. (2019). Projected U.S. state-level prevalence of adult obesity and severe obesity. *New England Journal of Medicine*, 381: 2440–2450.

5 為什麼沒辦法開心起來？

1 J. Menasche Horowitz and N. Graf (2019). Teens see anxiety and depression as a major problem among their peers. *Pew Research Centre*, 20 February 2019. Available at: https://www. pewsocialtrends.org/2019/02/20/most-u-s-teens-see-anxiety-and-depression-as-a-major-problem- among-their-peers/
2 Anxiety and Depression Association of America (n.d.). Facts and statistics. Available at: https:// adaa.org/about-adaa/press-room/facts-statistics
3 C. O'Brien (2019). Mental health: record numbers of third-level students seek help. *Irish Times*, 17 June.
4 A.K. Ibrahim et al. (2013). A systematic review of studies of depression prevalence in university students. *Journal of Psychiatric Research*, 47: 391–400.
5 M. Casey Olseth (2018). Is success a risk factor for depression? *Op-Med Doximity.* Available at: https://opmed.doximity.com/articles/is-success-a-risk-fac- tor-for-depression.

6 J.W. Barnard, (2009). Narcissism, over-optimism, fear, anger and depression: the interior lives of corporate leaders. *University of Cincinnati Law Review*, vol. 77: 405–430.
7 WebMD (2018). Depression diagnosis. Available at: https://www.webmd.com/depression/guide/depres-sion-diagnosis
8 I. Kirsch (2019). Placebo effect in the treatment of depression and anxiety. *Frontiers in Psychi- atry*. Available at: https://doi.org/10.3389/fp- syt.2019.00407
9 O. Renick (2011). France, U.S. have highest depression rates in world, study finds. *Bloomberg*, 25 July. Available at: https://www.bloomberg.com/ news/articles/2011-07-26/france-u-s-have-highest-depression-rates-in-world-study-suggests
10 C.T. Beck et al. (2006). Further development of the postpartum depression predictor inventory re-vised. *Journal of Obstetric, Gynecologic and Neonatal Nursing*, 35(6): 735–745.
11 M.L. Scott (1983). Ventricular enlargement in major depression. *Psychiatry Research*, 8(2): 91–3.
12 E. Bulmore (2018). *The Inflamed Mind*. Picador.
13 ClinCalc (n.d.). Fluoxetine hydrochloride drug us- age statistics, United States, 2007–2017. Available at: https://clincalc.com/DrugStats/Drugs/Fluoxet- ineHydrochloride
14 G. Iacobucci (2019). NHS prescribed record num- ber of antidepressants last year. *British Medical Journal* 364: I15508.
15 S. McDermott (2018). HSE prescriptions for antidepressants and anxiety medications up by two thirds since 2009. *The Journal*, 1 August. Available at: https://www.thejournal.ie/ire-land-antidepressant-anxiety-medicine-prescrip- tions-4157452-Aug2018/
16 S. Borges et al. (2014). Review of maintenance trials for major depressive disorder: a 25-year perspective from the US Food and Drug Adminis- tration. *Journal of Clinical Psychiatry*, 75(3): 205–14. doi: 10.4088/JCP.13r08722.
17 A. Cipriani et al. (2018). Comparative efficacy and acceptability of 21 antidepressant drugs for the acute treatment of adults with major depressive disorder: a systematic review and network me-ta-analysis. *The Lancet* 391, 1357–1366.
18 Harvard Health Publishing (2019). What causes depression? Available at: https://www.health.har- vard.edu/mind-and-mood/what-causes-depression
19 E. Palmer et al. (2019). Alcohol hangover: underly- ing biochemical, inflammatory and neurochemical mechanisms. *Alcohol* 1; 54(3): 196–203.
20 F.W. Lohoff (2010). Overview of the genetics of major depressive disorder. *Current Psychiatry Re-ports*, 12(6): 539–546.
21 M.M. Weissman et al. (2005). Families at high and low risk for depression: a 3-generation study. *Ar-chives of General Psychiatry*, 62(1): 29–36.
22 D.M. Howard et al. (2019). Genome-wide me- ta-analysis of depression identifies 102 indepen-dent variants and highlights the importance of the prefrontal brain regions. *Nature*, 22: 343–352.
23 N.R. Wray et al. (2018). Genome-wide association analyses identify 44 risk variants and refine the genetic architecture of major depression. *Nature Genetics*, 50(5): 668–681.
24 S.K. Adams and T.S. Kisler (2013). Sleep quality as a mediator between technology-related sleep quality, depression and anxiety. *Cyberpsychology, Behavior and Social Networking*, 16(1): 25–30. doi: 10.1089/cyber.2012.0157.
25 E. Driessen and S.D. Hollon (2010). Cognitive behavioral therapy for mood disorders: efficacy, moderators and mediators psychiatry. *Medical Clinics of North America*, 33(3): 537–555.
26 R. Haringsma et al. (2006). Effectiveness of the Coping With Depression (CWD) course for older

adults provided by the community-based mental health care system in the Netherlands: a randomized controlled field trial. *International Psychogeriatrics*, 18(2): 307–325.

27 J. Spijker et al. (2002). Duration of major depres- sive episodes in the general population: results from the Netherlands general population: results from the Netherlands Mental Health Survey and Incidence Study (NEMESIS). *British Journal of Psychiatry* 181: 208–213.

28 US Department of Health and Human Services (n.d.). Does depression increase the risk of suicide? Available at: https://www.hhs.gov/answers/ mental-health-and-substance-abuse/does-depres- sion-increase-risk-of-suicide/index.html

29 Centers for Disease Control and Prevention (2015). Suicide – facts at a glance. Available at. https:// www.cdc.gov/violenceprevention/pdf/sui- cide-datasheet-a.pdf

30 S. Thibault (2018). Suicide is declining almost everywhere. *The Economist*, 24 November.

31 J. Menasche Horowitz and N. Graf (2019). Teens see anxiety and depression as a major problem among their peers. *Pew Research Centre*, 20 February 2019. Available at: https://www.pewsocialtrends.org/2019/02/20/most-u-s-teens-see-anxiety-and-de- pression-as-a-major-problem-among-their-peers/

32 A. O'Donovan (2013). Suicidal ideation is associ- ated with elevated inflammation in patients with major depressive disorder. *Depression and Anxiety*, 30: 307–314.

33 J.R. Kelly et al. (2016) Transferring the blues: depression associated gut microbiota induces neurobehavioral changes in the rat. *Journal of Psychiatric Research*, 82: 109–118.

34 F.S. Correia-Melo et al. (2020). Efficacy and safety of adjunctive therapy using esketamine or racemic ketamine for adult treatment-resistant depression: a randomized, double-blind, non-inferiority study. *Journal of Affective Disorders*, 264: 527–534.

35 J. Lawrence (2015). The secret life of ketamine. *Pharmaceutical Journal*, 21/28 March, 294(7854/5). doi 10.1211/PJ.2015.20068151.

36 S.B. Goldberg et al. (2020). The experimental effects of psilocybin on symptoms of anxiety and depression: a meta-analysis. *Psychiatry Research*, 284:112749

37 SR Chekroud et al. (2018). Association between physical exercise and mental health in 1·2 million individuals in the USA between 2011 and 2015: a cross-sectional study. Lancet Psychiatry. 5(9):739-74.

6 為什麼無法不做對自己有害的事？

1 C. Pope (2019). Typical smartphone user in Ireland checks device 50 times a day. *Irish Times*, 4 December.

2 S. Johnson (2019). Almost a third of teenagers sleep with their phones, survey finds. *Edsource*, 28 May. Available at: https://edsource.org/2019/ almost-a-third-of-teenagers-sleep-with-their- phones-survey-finds/612995

3 Business2Community (2014). 89% of us have PPV syndrome and we don't even know it. Available at: https://www.business2community.com/ mobile-apps/89-us-ppv-syndrome-dont-even- know-0757768

4 RescueTime Blog (2018). Here's how much you use your phone during the workday. Available at: https://blog.rescuetime.com/screen-time- stats-2018/

5 *Imaging Technology News* (2018). Smartphone addiction creates imbalance in brain. 11 January. Available at: https://www.itnonline.com/content/ smartphone-addiction-creates-imbalance-brain

6 S.S. Alavi et al. (2012). Behavioral addiction versus substance addiction: correspondence of psychiatric and psychological views. *International Journal of Preventive Medicine*, 3: 290–294.

7 M.G. Griswold et al. (2018). Alcohol use and bur- den for 195 countries and territories, 1990–2016: a systematic analysis for the Global Burden of Disease Study 2016. *Lancet*. 392, 1015–1035.
8 World Health Organization (2014). Global status report on alcohol and health: country profiles. *World Health Organization.* Available at: https:// www.who.int/substance_abuse/publications/glob- al_alcohol_report/msb_gsr_2014_2.pdf?ua=1
9 L. Delaney et al. (2013). Why do some Irish drink so much? Family, historical and regional effects on students' alcohol consumption and subjective normative thresholds. *Review of Economics of the Household*, 11: 1–27.
10 C. Feehan (2020). More women than men report- ing benzo and opiate use when seeking help for alcohol addiction. *Irish Independent*, 1 February.
11 V. Preedy (2019). *Neuroscience of Nicotine. Mecha- nisms and Treatment* (1st edition). Academic Press.
12 *Healthy Ireland Summary Report 2019*. Irish Gov- ernment Publications. Available at: https://assets.gov.ie/41141/e5d6fea3a59a4720b081893e11fe299e. pdf
13 HRB National Drugs Library. *Health Research Board.* Available at: https://www.drugsandalcohol.ie/30619/
14 E.J. Nesteler (2005). The neurobiology of cocaine addiction. *Science and Practice Perspectives*, 3(1): 4–10.
15 G. Battaglia et al. (1990). MDMA effects in brain: pharmacologic profile and evidence of neurotoxicity from neurochemical and autoradiographic studies. In S.J. Peroutka (ed.), *Ecstasy: The Clinical, Pharmacological and Neurotoxicological Effects of the Drug MDMA*, Topics in the Neurosciences, Vol. 9. Springer.
16 European Monitoring Centre for Drugs and Drug Addiction (2019). Ireland Country Drug Report 2019. Available at: http://www.emcdda.europa.eu/ countries/drug-reports/2019/ireland_en
17 L.A. Parker (2017). *Cannabinoids and the Brain*. MIT Press.
18 J.L. Cadet et al. (2014). Neuropathology of sub-stance use disorders. *Acta Neuropathologica*, 127: 91–107.
19 RTÉ (2019). 56% of drug addicts abuse pre- scription drugs, survey suggests, 22 February. Available at: https://www.rte.ie/news/dub- lin/2019/0222/1032123-drugs
20 National Safety Council (2020). Opioids drive addiction, overdose. Available at: https://www.nsc. org/home-safety/safety-topics/opioids
21 B. Meier (2018). *Pain Killer: An Empire of Deceit and the Origins of America's Opioid Epidemic.* Random House.
22 N. Ohler (2015). *Blitzed: Drugs in the Third Reich*. Kiepenheuer & Witsch.
23 P. Radden Keefe (2017). The family that built an empire of pain. *New Yorker*, 23 October. Available at: https://www.newyorker.com/maga-zine/2017/10/30/the-family-that-built-an-empire- of-pain
24 A.V. Zee (2009) The promotion and marketing of OxyContin: commercial triumph, public health tragedy. *American Journal of Public Health*, 99: 221–227.
25 Walters, J. (2019). OxyContin maker expected 'a blizzard of prescriptions' following drug's launch. *The Guardian*, 16 January.
26 Rutland Centre (n.d.). Treating gambling addic- tion. Available at: https://www.rutlandcentre.ie/addictions-we-treat/gambling
27 *Fresh Air* (2019). A neuroscientist explores the biology of addiction in 'never enough'. Interview with Judith Grisel, 12 February. Available at: https://www.npr.org/transcripts/693814827

28 N.D. Volkow and M. Muenke (2012). The genetics of addiction. *Human Genetics*, 131: 773–777.
29 D. Demontis et al. (2019). Genome-wide associ- ation study implicates CHRNA2 in cannabis use disorder. *Nature Neuroscience*, 22(7): 1066–1074.
30 C. Pickering et al. (2008). Sensitization to nicotine significantly decreases expression of GABA transporter GAT-1 in the medial prefrontal cortex. *Prog- ress in Neuro-Psychopharmacology and Biological Psychiatry*, 32: 1521–1526.
31 C.N. Simonti et al. (2016). The phenotypic legacy of admixture between modern humans and Neanderthals. *Science*, 351: 737–774.
32 American Psychiatric Association (2013). *Diagnos- tic and Statistical Manual of Mental Disorders: DSM-5* (5th edition), 490–497.
33 A. Agrawal et al. (2012). The genetics of addiction – a translational perspective. *Translational Psychiatry*, 2:e140.
34 Foundations Recovery Network (2018). Pros and cons of decriminalizing drug addiction, 23 April. Available at: https://www.foundationsrecovery- network.com/pros-and-cons-of-decriminaliz- ing-drug-addiction/
35 J.M. Solis et al. (2012). Understanding the diverse needs of children whose parents abuse substances. *Current Drug Abuse Reviews* 5: 135–147.
36 M. Liu et al. (2019). Association studies of up to 1.2 million individuals yield new insights into the genetic etiology of tobacco and alcohol use. *Nature Genetics* 51, 237–244.
37 J. Mennis et al. (2016). Risky substance use environments and addiction: a new frontier for environmental justice research. *International Journal of Environmental Research and Public Health*, 13: 607.
38 M. Enoch (2011). The role of early life stress as a predictor for alcohol and drug dependence. *Psychopharmacology* (Berlin), 214: 17–31.
39 Child maltreatment and alcohol. *World Health Organization*. Available at: https://www.who.int/violence_injury_prevention/violence/world_report/ factsheets/fs_child.pdf
40 G.P. Lee et al. (2012). Association between adverse life events and addictive behaviors among male and female adolescents. *American Journal on Addic- tions*, 516–523.
41 National Institute on Drug Abuse (2016). *Principles of substance abuse prevention for early childhood: a research-based guide*. Chapter 1: Why Is Early Child- hood Important to Substance Abuse Prevention?
42 E.G. Spratt et al. (2012) The effects of early neglect on cognitive, language, and behavioral functioning in childhood. *Psychology*, 3: 175–182.
43 A.G.P. Wakeford et al. (2018). A review of non- human primate models of early life stress and adolescent drug abuse. *Neurobiology of Stress*, 9: 188–198.
44 L.I. Sederer (2019). What does 'Rat Park' teach us about addiction? *Psychiatric Times*, 10 June.
45 H. Carliner (2016). Childhood trauma and illicit drug use in adolescence: a population-based na- tional comorbidity survey replication-adolescent supplement study. *Journal of the American Academy of Child and Adolescent Psychiatry*, 55, 701–708.
46 C.J. Hammond (2014). Neurobiology of adolescent substance use and addictive behaviors: prevention and treatment implications. *Adolescent Medicine: State of the Art Reviews*, 25: 15–32.
47 Age and substance abuse. *Alcohol Rehab*. Available at: https://alcoholrehab.com/drug-addiction/age-and-substance-abuse/
48 J.S. Fowler et al. (2007). Imaging the addicted hu- man brain. *Science and Practice Perspectives*, 3: 4–16.

49 M. Ushe and J.S. Perlmutter (2013). Sex, drugs and Parkinson's disease. *Brain*, 136: 371–373.
50 L. Holmes (2018). A reminder that addiction is an illness, not a character flaw. *HuffPost*, 26 July. Available at: https://www.huffpost.com/entry/ad-diction-stigma-how-to help_n_5b58806ae4b0b15a-ba942161
51 J. Hartmann-Boyce et al. (2018). Nicotine replacement therapy versus control for smoking cessation. *Cochrane Systematic Review*. Avail- able at: https://www.cochranelibrary.com/cdsr/doi/10.1002/14651858.CD000146.pub5/full
52 P. Hajek et al. (2019). A randomized trial of e-cig-arettes versus nicotine-replacement therapy. *New England Journal of Medicine*, 380: 629–637.

7 毒品為什麼不應該合法？

1 United Nations Office on Drugs and Crime (2019). World Drug Report 2019. Available at: https://wdr.unodc.org/wdr2019/
2 Monarch Shores. How much does the war on drugs cost? Available at: https://www.monarchshores.com/drug-addiction/how-much-does-the-war-on- drugs-cost
3 Drug Policy Alliance (n.d.). Drug war statistics. Available at: http://www.drugpolicy.org/issues/ drug-war-statistics
4 G. Borsa (2019). Drug markets in Europe estimat- ed to be worth $30 billion. A thriving market that empowers organized crime, posing a threat to society as a whole. *SIR: Agenzia d'Informatizone*, 26 November.
5 C.J. Coyne and A.R. Hall (2017). Four decades and counting: the continued failure of the war on drugs. CATO Institute report, 12 April.
6 A. Lockie (2019). Top Nixon adviser reveals the racist reason he started the 'war on drugs' decades ago. *Business Insider*, 31 July. Available at: https:// www.businessinsider.com/nixon-adviser-ehrlichman-anti-left-anti-black-war-on-drugs-2019- 7?r=US&IR=T
7 W.H. Park (1898). *Opinions of Over 100 Physicians on the Use of Opium in China.*
8 E. Trickey (2018). Inside the story of America's 19th-century opiate addiction. *Smithsonian Magazine*, 4 January.
9 E. Brecher et al. (1972). The Consumers Union report on licit and illicit drugs. UK Cannabis Internet Activist. Available at: https://www.ukcia. org/research/cunion/cu6.htm
10 B. Fairy (n.d.). How marijuana became illegal. Available at: http://www.ozarkia.net/bill/pot/blunderof37.html
11 United States Congress Senate Committee on the Judiciary (1955). *Communist China and illicit narcotic traffic*. United States Government Printing Office.
12 J. Clear (2018). *Atomic Habits: An Easy & Proven Way to Build Good Habits & Break Bad Ones*. Penguin Random House.
13 S.X. Zhang and K.L. Chin (2016). A people's war: China's struggle to contain its illicit drug problem. *Foreign Policy at Brookings*. Available at: https:// www.brookings.edu/wp-content/uploads/2016/07/A-Peoples-War-final.pdf
14 M.A. Lee and B. Shlain (1992). *Acid Dreams: The Complete Social History of LSD: The CIA, the Sixties, and Beyond*. Grove Press.
15 M.P. Bogenschutz and S. Ross (2018). Therapeutic applications of classic hallucinogens. *Current Topics in Behavioral Neuroscience*, 36: 361–391.

16 US Congressional Record. Controlled Substanc- es Act. Available at: https://www.congress.gov/congressional-record/congressional-record-index/114th-congress/1st-session/controlled-substanc- es-act/7918
17 Misuse of Drugs (Amendment) Act 2015. Available at: http://www.irishstatutebook.ie/eli/2015/act/6/enacted/en/html
18 F. Schifano (2018). Recent changes in drug abuse scenarios: the new/novel psychoactive substances (NPS) phenomenon. *Brain. Sciences*, 8(12): 221.
19 K. Holland (2018). Almost 75% of drugs offences last year were 'possession for personal use'. *Irish Times*, 24 June.
20 E. Dufton (2017). *Grass Roots: The Rise and Fall and Rise of Marijuana in America*. Hachette.
21 Sentencing Project (2018). Report to the United Nations on Racial Disparities in the U.S. Criminal Justice System. Available at: https://www.sen- tencingproject.org/publications/un-report-on-ra- cial-disparities/
22 American Civil Liberties Union (2020). Marijuana arrests by the numbers. Available at: https://www.aclu.org/gallery/marijuana-arrests-numbers
23 Jenny Gesley (2016). *Decriminalization of Narcotics: Netherlands*. Library of Congress, July.
24 A. Bell (1999). Deaths soar as Dutch drugs flood in. *The Observer*, 5 September.
25 C. Ort et al. (2014). Spatial differences and temporal changes in illicit drug use in Europe quantified by wastewater analysis, *Addiction* 109: 1338–1352.
26 A. Ritter et al. (2013). Government drug policy expenditure in Australia 2009–2010. *Drug Policy Modelling Program Monograph Series*. Sydney: National Drug and Alcohol Research Centre.
27 T. Makkai et al. (2018). Report on Canberra GTM Harm Reduction Service. Available at: https:// www.harmreductionaustralia.org.au/wp-content/ uploads/2018/06/Pill-Testing-Pilot-ACT-June-2018- Final-Report.pdf
28 Australian Criminal Intelligence Commission (2018). Illicit Drug Data Report 2016–17. Available at: https://www.acic.gov.au/publications/intelli- gence-products/illicit-drug-data-report-2016-17
29 Drug Policy Alliance (2019). Drug decriminal- ization in Portugal: learning from a health- and human-centered approach. Available at: http:// www.drugpolicy.org/resource/drug-decriminal- ization-portugal-learning-health-and-human-cen- tered-approach
30 N. Bajekal (2018). Want to win the war on drugs? Portugal might have the answer. *Time*, 1 August.
31 D.J. Nutt et al (2010). Drug harms in the UK: a multicriteria decision analysis. *Lancet*. 376 1558–1565
32 Foundations Recovery Network (2018). Pros and cons of decriminalizing drug addiction, 23 April. Available at: https://www.foundationsrecovery- network.com/pros-and-cons-of-decriminalizing-drug-addiction/
33 Partnership for Drug-Free Kids. Preventing teen drug use: risk factors & why teens use. Available at: https:// drugfree.org/article/risk-factors-why-teens-use
34 L.M. Squeglia et al. (2009). The influence of substance use on adolescent brain development. *Clinical EEG and Neuroscience*, 40: 31–38.
35 Substance Abuse and Mental Health Services Administration (USA) (1999). *Treatment Improve- ment Protocol (TIP) Series*, No. 33. Chapter 2: How Stimulants Affect the Brain and Behavior. Available at: https://www.ncbi.nlm.nih.gov/books/NBK64328/
36 F. Muller et al. (2018). Neuroimaging of chron- ic MDMA ('ecstasy') effects: a meta-analysis. *Neuroscience and Biobehavioral Reviews*, 96: 10–20.
37 M.D. Wunderli et al. (2018). Social cognition and interaction in chronic users of 3,4-Methylene-

dioxymethamphetamine (MDMA, 'Ecstasy'). *International Journal of Neuropsychopharmacology*, 21: 333–344.
38 G. Gobbi et al. (2019). Association of cannabis use in adolescence and risk of depression, anxiety and suicidality in young adulthood: a systematic review and meta-analysis. *JAMA Psychiatry*, 76: 426–434.
39 C.L. Odgers (2008). Is it important to prevent early exposure to drugs and alcohol among adolescents? *Psychological Science*, 19, 1037–1044.
40 A. Jaffe (2018). Is marijuana a gateway drug? *Psychology Today*, 24 July.
41 D.M. Anderson (2019). Association of marijuana laws with teen marijuana use: new estimates from the youth risk behavior surveys. *JAMA Pediatrics*, 173: 879–881.
42 M. Cerda et al. (2019). Association between recreational marijuana legalization in the United States and changes in marijuana use and cannabis use disorder from 2008 to 2016. *JAMA Psychiatry*, 13 November. doi:10.1001/jamapsychia- try.2019.3254.
43 F. Tennant (2013). Elvis Presley: Head trauma, autoimmunity, pain, and early death. *Practical Pain Management*, 13(5).
44 K. Harmon (2011). What is Propofol and how could it have killed Michael Jackson? *Scientific American*, 3 October.
45 M. Puente (2018). Prince's death: Superstar didn't know he was taking fentanyl; no one charged with a crime. *USA Today*, 19 April.
46 A. Topping (2013). Amy Winehouse died of alcohol poisoning, second inquest confirms. *The Guardian*, 8 January.
47 J. Elflein (2019). Drug use in the U.S. – statistics and facts. Statista, 10 September. Available at: https://www.statista.com/topics/3088/drug-use-in-the-us/

8 我們為什麼沒坐牢？

1 M. Hamer (1990). No forensic evidence against Birmingham Six. *New Scientist*, 24 November.
2 Alpha-1 Foundation Ireland (n.d.). New study shows health benefits of the smoking ban in Ireland. Available at: https://www.alpha1.ie/news-events/latest-news/149-new-study-shows-the- smoking-ban-improves-health
3 J.K. Hamlin and K. Wynn (2011). Young infants prefer prosocial to antisocial others. *Cognitive Development*, 26: 30–39.
4 G. Carra (2004). Images in psychiatry: Cesare Lombroso, M.D. 1835–1909. *American Journal of Psychiatry*, 161: 624
5 G.F. Vito, J.R. Maahs and R.M. Holmes (2007). *Criminology: Theory, Research, and Policy*. Jones and Bartlett.
6 L. Moccia (2018). The Experience of Pleasure: A perspective between neuroscience and psychoanalysis. *Fronrs in Human Neuroscience*, 12: 359.
7 Population Reference Bureau (2012). U.S. has world's highest incarceration rate. Available at: https://www.prb.org/us-incarceration/
8 Irish Penal Reform Trust (2020). Facts & figures. Available at: https://www.iprt.ie/prison-facts-2/
9 Statista (2017). The prison gender gap. Available at: https://www.statista.com/chart/11573/gen- der-of-inmates-in-us-federal-prisons-and-gener- al-population/
10 S. Kang (2014). Why do young men commit more crimes? *Economics of Crime* online course, Hanyang University. FutureLearn.

11 UNODC Global Study on Homicide 2013: Trends, Context, Data (2013). UNODC. Available at: https://www.unodc.org/documents/data-and-anal- ysis/statistics/GSH2013/2014_GLOBAL_HOMICIDE_BOOK_web.pdf
12 H.J. Janssen et al. (2017). Sex differences in longi- tudinal pathways from parenting to delinquency. *European Journal on Criminal Policy and Research*, 23: 503–521.
13 Lexercise (n.d.) Do more boys than girls have learning disabilities? Available at: https://www. lexercise.com/blog/boys-girls-learning-disabilities
14 M.L. Batrinos (2012). Testosterone and aggressive behavior in man. *International Journal of Endocrinology and Metabolism*, 10: 563–568.
15 D. Hollman and E. Alderman (2008). Fatherhood in adolescence. *Pediatrics in Review*, 29: 364–366.
16 S. Scheff (2017). More boys admit to cyberbullying than girls. *Psychology Today*, 5 October.
17 B. Bell (2015). Do recessions increase crime? World Economic Forum report, 4 March.
18 A. Burke and D. Chadee (2018). Effects of punish- ment, social norms, and peer pressure on delinquency: spare the rod and spoil the child? *Journal of Social and Personal Relationships* 36(9): 2714–2737.
19 A. Raine (2014). *The Anatomy of Violence: The Biological Roots of Crime*. Vintage Books.
20 K.O. Christiansen (1970). Crime in a Danish twin population. *Acta Geneticae Medicae et Gemellologiae* (Roma), 19: 323–326.
21 R.R. Crowe (1972). The adopted offspring of women criminal offenders. A study of their arrest records. *Archives of General Psychiatry*, 27: 600–603.
22 M. Bohman (1978). Some genetic aspects of alcoholism and criminality. *Archives of General Psychiatry*. 35, 269–276.
23 S.A. Mednick, W.F. Gabrielli and B. Hutchings (1983). *Genetic Influences in Criminal Behavior – Evidence from an Adoption Cohort. Prospective Studies on Crime and Deliquency*. Kluwer-Nijhoff.
24 S. Sohrabi (2015). The criminal gene: the link between MAOA and aggression. *BMC Proceedings*, 9 (Suppl. 1): A49.
25 H.G. Brunner (1993). Abnormal behavior associ- ated with a point mutation in the structural gene for monoamine oxidase A. *Science*, 262: 578–80.
26 V. Nikulina, C. Spatz Widom and L.M. Brzustowicz (2012). Child abuse and neglect, MAO-A, and men- tal health outcomes: a prospective examination. *Biological Psychiatry*, 71: 350–357.
27 E. Salinsky (2018). Violence is preventable. *Grant- makers in Health*, March.
28 Central Statistics Office (2019). Recorded crime victims 2018. Available at: https://www.cso.ie/en/releasesandpublications/ep/p-rcv/recordedcri- mevictims2018/
29 D.A. Stetler et al. (2014). Association of low-ac- tivity MAOA allelic variants with violent crime in incarcerated offenders. *Journal of Psychiatric Research*, 58: 69–75.
30 S.C. Godar et al. (2011). Maladaptive defensive be- haviours in monoamine oxidase A-deficient mice. *International Journal of Neuropsychopharmacology*, 14: 1195–1207.
31 Y. Kuepper et al. (2013). MAOA-uVNTR genotype predicts interindividual differences in experimental aggressiveness as a function of the degree of provocation. *Behavioural Brain Research*, 247:73–78.
32 L.M. Williams (2009). A polymorphism of the MAOA gene is associated with emotional brain markers and personality traits on an antisocial index. *Neuropsychopharmacology*, 34: 1797–1809.
33 D.M. Fergusson et al. (2011). MAO-A, abuse expo- sure and antisocial behaviour: 30-year longitudinal study. *British Journal of Psychiatry*, 198: 457–463.
34 T.K. Newman et al. (2005). Monoamine oxidase A gene promoter variation and rearing experience

influences aggressive behavior in rhesus monkeys. *Biological Psychiatry*, 15 January; 57(2): 167–172.
35 F.E.A. Verhoeven et al. (2012). The effects of MAOA genotype, childhood trauma, and sex on trait and state-dependent aggression. *Brain and Behavior*, 2: 806–813.
36 S. McSwiggan, B. Elger and P.S. Appelbaum (2017). The forensic use of behavioral genetics in criminal proceedings: case of the MAOA-L genotype. *Inter- national Journal of Law and Psychiatry*, 50: 17–23.
37 M.L. Baum (2009). The Monoamine Oxidase A (MAOA) genetic predisposition to impulsive violence: is it relevant to criminal trials? *Neuroethics*, doi 10.1007/s12152-011-9108–6.
38 D.A. Crighton and G.J. Towl (2015). *Forensic Psychology*. John Wiley & Sons.
39 V.A. Toshchakova et al. (2018). Association of polymorphisms of serotonin transporter (5HT- TLPR) and 5-HT2C receptor genes with criminal behavior in Russian criminal offenders. *Neuropsy- chobiology*, 75(4): 200–210.
40 N. Larsson (2015). 24 ways to reduce crime in the world's most violent cities. *The Guardian*, 30 June.
41 C. O'Keefe (2019). Sharp rise in violent crime since last year. *Irish Examiner*, 26 March.

9 為什麼還是有人認為男人來自火星、女人來自金星？

1 Intersex Society of North America (n.d.). How common is intersex? Available at: https://isna.org/ faq/frequency/
2 A. Alvergne (2016). Do women's periods really synch when they spend time together? *The Conversation*, 14 July. Available at: https://theconversation. com/do-womens-periods-really-synch-when-they-spend-time-together-61890
3 Usable Stats (n.d.). Fundamentals of statistics 2: the normal distribution. Available at: https://www.usablestats.com/lessons/normal
4 La Griffe du Lion (2000). Aggressiveness, criminali- ty and sex drive by race, gender and ethnicity, 2(11). Accessible at: http://lagriffedulion.f2s.com/fuzzy.htm
5 S.T. Ngo et al. (2014). Gender differences in autoimmune disease. *Frontiers in Neuroendocrinolo- gy*, 35 (3): 347–69. doi:10.1016/j.yfrne.2014.04.004
6 T.M. Wizemann and M.L. Pardue (2001). *Commit- tee on Understanding the Biology of Sex and Gender Differences: Exploring the Biological Contributions to Human Health: Does Sex Matter?* National Academy Press.
7 Harvard Men's Health Watch (2019). Mars vs. Ve- nus: the gender gap in health. Available at: https://www.health.harvard.edu/newsletter_article/mars- vs-venus-the-gender-gap-in-health
8 G. Lawton (2020). Why are men more likely to get worse symptoms and die from COVID-19? *New Scientist*, 16 April.
9 O. Ryan (2018). Men account for eight in ten sui- cides in Ireland. *The Journal*,4 October. Available at: https://www.thejournal.ie/suicide-rates-ireland- 4267893-Oct2018/
10 S. Naqvi et al. (2019). Conservation, acquisition, and functional impact of sex-biased gene expres- sion in mammals. *Science*, 365(6450) pii: eaaw7317.
11 S. McDermott (2019). Life expectancy: Gap narrows between Irish men and women (but both are living longer than before). *The Journal*, 23 December. Available at: www.thejournal.ie/life- expectancy-ireland-2019-4947423-Dec-2019
12 S.N. Austad (2006). Why women live longer than men: sex difference in longevity. *Gender Medicine* 3(2): 79–92.

13 M. Roser et al. (2019). Life expectancy. Our World in Data. Available at: https://ourworlddata.org/why-do-women-live-longer-than-men
14 S.H. Preston and H. Wang (2006). Sex mortality differences in the United States? The role of co- hort smoking patterns. *Demography* 43(4): 631–646.
15 D. Iliescu et al. (2016). Sex differences in intelli- gence: A multi-measure approach using nationally representative samples from Romania. *Intelligence*, 58: 54–61.
16 J. Shibley Hyde (2005). The gender similarities hypothesis. *American Psychologist*, Vol. 60: 581–592.
17 A. Grant (2019). Differences between men and women are vastly exaggerated. *Human Resources*, 1 July. Available at: https://www. humanresourcesonline.net/differences-be-tween-men-and-women-are-vastly-exaggerated
18 T. Kaiser et al. (2019). Global sex differences in personality: replication with an open online data- set. *Journal of Personality*, 2019; 00: 1–15.
19 C. Fine (2010). *Delusions of Gender: How Our Minds, Society and Neurosexism Create Difference*. W.W. Norton.
20 D. Joseph and D.A. Newman (2010). Emotional intelligence: an integrative meta-analysis and cascading model. *Journal of Applied Psychology*, 95(1): 54–78. doi:10.1037/a0017286.
21 D. Goleman (2011). Are women more emotionally intelligent than men? *Psychology Today*, 20 April.
22 C.V. Mitchell and R. Koonce (2019). Leadership traits that transcend gender. *Chief Learning Officer*, 10 June. Available at: https://www.chieflearningof- ficer.com/2019/06/10/leadership-traits-that-transcend-gender/
23 F. de Waal (2019). What animals can teach us about politics. *The Guardian*, 12 March.
24 Z. Mejia (2018). Just 24 female CEOs lead the com- panies on the 2018 Fortune 500 – fewer than last year. CNBC *Make It*, 21 May. Available at: https:// www.cnbc.com/2018/05/21/2018s-fortune-500-companies-have-just-24-female-ceos.html
25 S. Gausepohl (2016). 3 steps women can take to blaze a leadership trail. *Business Daily News*, 15 December.
26 M. Staines (2019). Survey warns women in senior roles more likely to face discrimination at work than men. Newstalk, 13 September. Available at: https://www.newstalk.com/news/women-discrimi- nation-workplace-904130
27 All Diversity (n.d.) 17 reasons women make great leaders. Available at: https://alldiversity.com/news/17-Reasons-Women-Make-Great-Leaders
28 M. Rosencrans (2019). Women make great leaders: four ways to embrace and advance your leadership skills. *Forbes Communications Council*, 4 March.
29 R. Riffkin (2014). Americans still prefer a male boss to a female boss. Gallup Poll (Economics), 14 October.
30 R.J. Haier et al. (2005). The neuroanatomy of gen- eral intelligence: sex matters. *Neuroimage*, 25(1): 320–327.
31 L. Eliot (2019). Bad science and the unisex brain. *Nature*, 566: 454–455.
32 D.F. Swaab and E. Fliers (1985). A sexually dimor- phic nucleus in the human brain. *Science*, 228, 1112–1115.
33 M. Price (2017). Study finds some significant differences in brains of men and women. *Science*, 11 April doi:10.1126/science.aal1025.
34 M. Ingalhalikar et al. (2014). Sex differences in the structural connectome of the human brain. *Proceedings of the National Academy of Sciences*, 111(2): 823–828.

35 M.M. Lauzen et al. (2008). Constructing gender stereotypes through social roles in prime-time television. *Journal of Broadcasting & Electronic Media*, 52: 200–214.
36 J. McCabe et al. (2011). Gender in twentieth-cen- tury children's books: patterns of disparity in titles and central characters. *Gender and Society*, 25: 197–226.
37 OECD (2015). *The ABC of Gender Equality in Education: Aptitude, Behaviour, Confidence*. OECD. Available at: https://www.oecd.org/pisa/keyfind- ings/pisa-2012-results-gender-eng.pdf
38 V. LoBue (2019). Are boys really better than girls at math and science? *Psychology Today*, 8 April.
39 C. O'Brien (2019). Girls outperform boys in most Leaving Cert subjects at higher level. *Irish Times*, 15 August.
40 S. Kuper and E. Jacobs (2019). The untold danger of boys falling behind in school. *Daily Dose*, 13 January. Available at: https://www.ozy.com/fast-forward/the-untold-danger-of-boys-falling-be- hind-in-school/91361
41 J. McCurry (2018). Two more Japanese medical schools admit discriminating against women. *The Guardian*, 12 December.
42 J. Marcus (2017). Why men are the new college mi- nority. *The Atlantic*, 8 August. Available at: https://www.theatlantic.com/education/archive/2017/08/ why-men-are-the-new-college-minority/536103/
43 A. Harris (2018). The problem with all-girls' schools. *Irish Times*, 27 February.
44 O. James (2009). Family under the microscope: the alarming rate of distress among 15-year-old girls affects all classes. *The Guardian*, 25 July.
45 E. Smyth (2010). Single-sex education: what does research tell us? *Revue Française de Pédagogie*, 171: 47–55.
46 G. Hamman (2013). German government cam- paigns for more male kindergarten teachers. *DW*, 8 October. Available at: https://www.dw.com/en/ger- man-government-campaigns-for-more-male-kindergarten-teachers/a-17143449
47 M.J. Perry (2018). Chart of the day: the declining female share of computer science degrees from 28% to 18%. American Enterprise Institute, 6 December. Available at: https://www.aei.org/carpe-diem/chart-of-the-day-the-declining-female-share-of-computer-science-degrees-from-28-to-18
48 OECD (2017). Women make up most of the health sector workers but they are under-represented in high-skilled jobs. OECD, March. Available at: https://www.oecd.org/gender/data/women-make- up-most-of-the-health-sector-workers-but-they- are-under-represented-in-high-skilled-jobs.htm
49 Eurostat Press Office (2018). Women in the EU earned on average 16% less than men in 2016. Eurostat News Release, 8 March. Available at: https://ec.europa.eu/eurostat/docu- ments/2995521/8718272/3-07032018-BP-EN.pdf/fb402341-e7fd-42b8-a7cc-4e33587d79aa
50 J. Doward and T. Fraser (2019). Hollywood's gender pay gap revealed: male stars earn $1m more per film than women. *The Guardian*, 15 September.
51 YouGov (2013). Women do all the work this Christmas. YouGov, 22 December. Available at: https://yougov.co.uk/topics/politics/articles-re- ports/2013/12/22/women-do-all-the-work-christmas
52 R. Jensen and E. Oster (2009). The power of TV: cable television and women's status in India. *Quarterly Journal of Economics*, 124: 1057–1094.
53 AFP (Paris) (2019). French toymakers sign pact to rid games and toys of gender stereotypes. *The Journal*, 24 September. Available at: https://www. thejournal.ie/gender-stereotypes-toys-france- 4823655-Sep2019/
54 S. Murray (2020). Two lads from Cork have won this year's BT Young Scientists top award. *The Journal*, 10 January. Available at: https://www.the- journal.ie/young-scientist-2020-4961513-Jan2020/

55 K. Langin (2018). What does a scientist look like? Children are drawing women more than ever before. *Science*, 20 March.
56 L.W. Wilde (1997) *Celtic Women in Legend, Myth and History*. Sterling Publishing Co.

10 別人為什麼怕你？

1 C. Stringer and J. Galway-Witham (2018). When did modern humans leave Africa? *Science*, 359: 389–390.
2 J. Gabbatiss (2017). Nasty, brutish and short: are humans DNA-wired to kill? *Scientific American*, 19 July.
3 F. Marlowe (2010). *The Hadza Hunter-Gatherers of Tanzania*. University of California Press.
4 S. Müller-Wille (2014). *Linnaeus and the Four Corners of the World: The Cultural Politics of Blood, 1500–1900*. Palgrave Macmillan.
5 R. Bhopal (2007). The beautiful skull and Blu- menbach's errors. *British Medical Journal*, 22–29 December.
6 W.H. Goodenough (2002). Anthropology in the 20th century and beyond. *American Anthropologist*, 104: 423–440.
7 T. Ott (2019). How Jesse Owens foiled Hitler's plans for the 1936 Olympics. *Biography*, 20 June.
8 E. Kolbert (2018). There's no scientific basis for race – it's a made-up label. *National Geographic*. Available at: https://www.nationalgeographic.com/ magazine/2018/04/race-genetics-science-africa/
9 A.R. Templeton (2019). *Human Population Genetics and Genomics*. Academic Press.
10 A. Gibbons (2015). How Europeans evolved white skin. *Science*, 2 April. doi: 10.1126/science. aab2435.
11 R.P. Stokowski et al. (2007). A genome-wide association study of skin pigmentation in a South Asian population. *American Journal of Human Genetics*, 81: 1119–1132.
12 J.K. Wagner (2017). Anthropologists' views on race, ancestry, and genetics. *American Journal of Physical Anthropology*, 162: 318–327.
13 A. Arenge et al. (2018). Poll: 64 percent of Amer- icans say racism remains a major problem. NBC News, 29 May. Available at: https://www.nbcnews. com/politics/politics-news/poll-64-per cent-americans-say-racism-remains-major-problem-n877536
14 A. Brown (2019). Key findings on Americans' views of race in 2019. Pew Research Centre, 9 April. Available at: https://www.pewresearch.org/fact- tank/2019/04/09/key-findings-on-americans-views- of-race-in-2019/
15 M. Snow (2019). Trump is racist, half of US voters say. Quinnipiac University Poll. Available at: https://poll.qu.edu/national/release-detail?Release- ID=3636
16 G. Armstrong (2003). *Football Hooligans: Knowing the Score*. Explorations in Anthropology. Berg.
17 D. Kilvington (2019). Racist abuse at football games is increasing, Home Office says – but the sport's race problem goes much deeper. *The Conversation*, 9 October. Available at: https://the- conversation. com/racist-abuse-at-football-games- is-increasing-home-office-says-but-the-sports- race-problem-goes-much-deeper-124467
18 Bridge Initiative Team (2019). Factsheet: polls on Islam, Muslims and Islamophobia in Canada. Georgetown University. Available at: https://bridge.georgetown.edu/research/fact-sheet-polls-on-islam-muslims-and-islamopho- bia-in-canada/

19 R. Reeve (2015). *Infamy: The Shocking Story of the Japanese American Internment in World War II*. Henry Holt & Co.

20 S. Yamoto (1997). *Personal Justice Denied. Report of the Commission on Wartime Relocation and Intern- ment of Civilians*. University of Washington Press.

21 Pew Research Center (2011). Muslim-Western tensions persist: common concerns about Islamic extremism. Pew Research Center. Available at: https://www.pewresearch.org/global/2011/07/21/muslim-western-tensions-persist/

22 Human Rights Watch (2012). World Report 2012: Israel/Occupied Palestinian Territories: Events of 2011. Human Rights Watch. Available at: https:// www.hrw.org/world-report/2012/country-chapters/israel/palestine

23 M.G. Bard (2020). Human rights in Israel: background and overview. Jewish Virtual Library. Available at: https://www.jewishvirtuallibrary.org/ background-and-overview-of-human-rights-in-israel

24 T. Stafford (2017). This map shows what white Europeans associate with race – and it makes for uncomfortable reading. *The Conversation*, 2 May. Available at: https://theconversation.com/this-map-shows-what-white-europeans-associate-with-race- and-it-makes-for-uncomfortable-reading-76661

25 World Bank et al. (2018). Overcoming Poverty and Inequality in South Africa. International Bank for Reconstruction and Development, and World Bank. Available at: http://documents.worldbank. org/curated/en/530481521735906534/pdf/124521- REV-OUO-South-Africa-Poverty-and-Inequality-Assessment-Report-2018-FINAL-WEB.pdf

26 M. O'Halloran (2019). Ireland has 'worrying pattern' of racism, head of EU agency warns. *Irish Times*, 27 September.

27 Department of Justice and Equality (2017). *Nation- al Traveller and Roma Inclusion Strategy 2017–2021*. Department of Justice and Equality. Available at: http://www.justice.ie/en/JELR/National%20 Traveller%20and%20Roma%20Inclusion%20 Strategy,%202017-2021.pdf/Files/National%20 Traveller%20and%20Roma%20Inclusion%20Strat- egy,%202017-2021.pdf

28 J. O'Connell (2013). Our casual racism against Travellers is one of Ireland's last great shames. *Irish Times*, 27 February.

29 IrishHealth.com (n.d.). Health and the Travelling community. IrishHealth.com. Available at: http://www.irishhealth.com/article.html?id=1079

30 B. Shoot (2019). Immigrants founded nearly half of 2018's *Fortune* 100 companies, new data analysis shows. *Fortune*, 15 January.

31 D. Kosten (2018). Immigrants as economic contributors: immigrant entrepreneurs. National Immigration Forum. 11 July. Available at: https:// immigrationforum.org/article/immigrants-as-economic-contributors-immigrant-entrepreneurs/

32 T. Jawetz (2019). Building a more dynamic econo- my: The benefits of immigration. Testimony before the US House Committee on the Budget. Centre for American Progress. Available at: https://docs.house.gov/meetings/BU/BU00/20190626/109700/ HHRG-116-BU00-Wstate-JawetzT-20190626.pdf

33 The Sentencing Project (2019). Criminal justice facts. Sentencing Project. Available at: https:// www.sentencingproject.org/criminal-justice-facts/

34 C. Kenny (2017). The data is in: Young people are increasingly less racist than old people. *Quartz*, 24 May. Available at: https://qz.com/983016/the-data- are-in-young-people-are-definitely-less-racist- than-old-people/

35 Reni Eddo-Lodge, Guardian, 30 May 2017 https:// www.theguardian.com/world/2017/may/30/why-im-no-longer-talking-to-white-people-about-race

11 為什麼做狗屁工作？

1 AO Show (2018). 83% of Irish workers think about quitting their job every day. iRadio, 20 November. Available at: https://www.iradio.ie/jobdone/

2 K. Iwamoto (2017). East Asian workers remarkably disengaged. *Nikkei Review*, 25 May.

3 A. Adkins (2015). Majority of US employees not engaged despite gains in 2014. Gallup, 28 January. Available at: https://news.gallup.com/poll/181289/majority-employees-not-engaged-de- spite-gains-2014.aspx

4 D. Spiegel (2019). 85% of American workers are happy with their jobs, national survey shows. CNBC, 2 April. Available at: https://www.cnbc. com/2019/04/01/85percent-of-us-workers-are-hap- py-with-their-jobs-national-survey-shows.html

5 B. Rigoni and B. Nelson (2016). Few millennials are engaged at work. Gallup, 30 August. Available at: https://news.gallup.com/businessjour- nal/195209/few-millennials-engaged-work.aspx

6 T. Kohler et al (2017). Greater post-Neolithic wealth disparities in Eurasia than in North Ameri- ca and Mesoamerica. *Nature*, 551: 619–622.

7 *The Economist* (2019). Redesigning the corporate office. *The Economist*, 28 September. Available at: https://www.economist.com/business/2019/09/28/ redesigning-the-corporate-office

8 M. Guta (2018). 68 per cent of workers still get most work done in traditional offices. *Small Busi- ness Trends*, 13 June.

9 K2Space (n.d.). The history of office design. K2Space. Available at: https://k2space.co.uk/knowl- edge/history-of-office-design

10 Goldman Sachs (2019). A new European headquar- ters for Goldman Sachs. Goldman Sachs. Available at: https://www.goldmansachs.com/careers/blog/ posts/goldman-sachs-london-plumtree-court.html

11 British Council for Offices (2018). The rise of flex- ible workspace in the corporate sector. Available at: http://www.bco.org.uk/Research/Publications/ The_Rise_of_Flexible_Workspace_in_the_Corpo- rate_Sector.aspx

12 S. Bevan and S. Hayday (2001). Costing Sickness Absence in the UK. Institute for Employment Stud- ies. Available at: https://www.employment studies. co.uk/system/files/resources/files/382.pdf

13 Unilever (n.d.). Improving employee health & well-being. Unilever. Available at: https://www. unilever. com/sustainable-living/enhancing-liveli- hoods/fairness-in-the-workplace/improving-em- ployee-health-nutrition-and-well-being/

14 S. Bean (2016). Two-thirds of British workers more productive working in the office. *Insight*, 26 October. Available at: https://workplaceinsight.net/ two-thirds-of-british-workers-more-productive-working-in-the-office/

15 J. Oates (2019). Hot desk hell: staff spend two weeks a year looking for seats in open-plan offices *Reg- ister*, 21 June. Available at: https://www.thereg-ister.co.uk/2019/06/21/staff_hot_desk_seats/

16 Gallup (2017). State of the Global Workplace. Gallup. Available at: https://www.gallup.de/183833/ state-the-global-workplace.aspx

17 J. Butler (2018). Link between earnings and happi- ness is a tenuous one. *Financial Times*, 7 February.

18 S. Nasiripour (2016). White House predicts robots may take over many jobs that pay $20 per hour. *HuffPost*, 24 June. Available at: https://www. huffpost.com/entry/white-house-robot-work- ers_ n_56cdd89ce4b0928f5a6de955

19 U. Gentilini et al. (2020). *Exploring Universal Basic Income: A Guide to Navigating Concepts, Evi- dence, and Practices*. World Bank Group.

20 IGM Economic Experts Panel. Universal Basic Income. IGM Forum. Available at: http://www.igmchicago.org/surveys/universal-basic-income/
21 A. Kauranen (2019). Finland's basic income trial boosts happiness but not employment. Reuters, 8 February. Available at: https://www.reuters.com/ article/us-finland-basic-income/finlands-basic-income-trial-boosts-happiness-but-not-employ- ment-idUSKCN1PX0NM
22 A.H. Maslow (1943). A theory of human motiva- tion. *Psychological Review*, 50(4): 370–396.
23 J. Gabay (2015). *Brand Psychology: Consumer Per- ceptions, Corporate Reputations*. Kogan Page.
24 R.T. Kreutzer and K.H. Land (2013). *Digital Dar- winism: Branding and Business Models in Jeopardy*. Springer Publishing.
25 D. Graeber (2018). *Bullshit Jobs: A Theory*. Simon & Schuster.
26 S. Cook (2019). *Making a Success of Managing and Working Remotely*. IT Governance Publishing.
27 R. Biederman et al. (2018). *Reimagining Work: Strategies to Disrupt Talent, Lead Change, and Win with a Flexible Workforce*. Wiley.
28 S. Russell (2019). How remote working can increase stress and reduce well-being. *The Conver- sation*, 11 October. Available at: http://theconver- sation.com/how-remote-working-can-increase- stress-and-reduce-well-being-125021
29 J. Grenny and D. Maxfield (2017). A study of 1,100 employees found that remote workers feel shunned and left out. *Harvard Business Review*, 2 November.
30 J. Holmes and M. Stubbe (2014). *Power and Polite- ness in the Workplace*. Routledge.
31 S. Pinker (2015). *The Village Effect: How Face-to-Face Contact can Make Us Healthier and Happier*. Vintage Canada.
32 P. Gustavson and S. Liff (2014). *A Team of Leaders: Empowering Every Member to Take Ownership, Demonstrate Initiative and Deliver Results*. American Management Association.
33 A. Grant (2011). How customers can rally your troops. *Harvard Business Review*, June.
34 H.P. Gunz and M. Peiperi (2007). *Handbook of Career Studies*. Sage.
35 L. Kellaway (2012). Manual work holds the key to spiritual bliss. *Financial Times*, 3 June.
36 B. Mitchell (2017). Unemployment is miserable and doesn't spawn an upsurge in personal creativ- ity. Bill Mitchell – Modern Monetary Theory, 21 November. Available at: http://bilbo.economicout- look.net/blog/?p=37429

12 為什麼不把所有的錢捐給慈善機構？

1 Credit Suisse (2019). Global Wealth Report 2019. Available at: https://www.credit-suisse.com/about-us/en/reports-research/global-wealth-report.html
2 M. Goldring (2017). Eight men own more than 3.6 billion people do: our economics is broken. *The Guardian*, 16 January.
3 Wikipedia (n.d.). Distribution of wealth. Available at: https://en.wikipedia.org/wiki/Distribution_of_wealth
4 Wealth-X Billionaire Census 2019. Available at: https://www.wealthx.com/report/the-wealth-x-billionaire-census-2019/
5 E. Horton (2019). Female billionaires: the new emerging growth market. *Financial News*. 8 November.
6 P. Jacobs (2014). The 20 universities that have produced the most billionaires. *Business Insider Australia*, 18 September. Available at: https://www. businessinsider.com.au/universities-with-most-bil-

lionaire-undergraduate-alumni-2014-9
7 L. Stangel (2018). Stanford mints more billionaires than any other college on the planet – except one. Silicon Valley. *Business Journal*, 18 May.
8 *Forbes* (n.d.). World's billionaires list. Available at: https://www.forbes.com/billionaires/#2db-1b704251c
9 F. Reddan (2019). Number of Irish millionaires ris- es by 3,000 to nearly 78,000. *Irish Times*, 13 March.
10 C. Clifford (2016). 62 percent of American billionaires are self-made. *Entrepreneur Europe*, 14 January.
11 M. Henney (2019). How much do billionaires donate to charity? *Fox Business*, 26 November.
12 Wealth-X Philanthropy Report 2019. Available at: https://www.wealthx.com/report/uhnw-giv- ing-philanthropy-report-2019/
13 Giving Pledge (website). https://givingpledge.org/
14 Donald Read (1994). *The Age of Urban Democracy: England 1868–1914*. Routledge.
15 P. Malpass (1998). *Housing, Philanthropy and the State: A History of the Guinness Trust*. University of the West of England
16 Iveagh Trust (website). http://www.theiveaghtrust. ie/?m=2018
17 National Philanthropic Trust (2019). The 2019 DAF Report. Available at: https://www.nptrust.org/philanthropic-resources/charitable-giving-statistics/
18 O. Ryan (2018). Irish charities have an annual in- come of €14.5 billion and employ 189,000 people. *The Journal*, 25 July. Available at: https://www.thejournal.ie/irish-charities-4145144-Jul2018/
19 H. Waleson (2017). *Atlantic Insights: Giving While Living*. Atlantic Philanthropies.
20 D. Russakoff (2015). *The Prize: Who's in Charge of America's Schools?* Houghton Mifflin Harcourt.
21 C. Fiennes (2017). We need a science of philan- thropy. Nature, 546: 187.
22 Center for Effective Philanthropy. Philanthropy Awards, 2017. Available at: https://cep.org/2017-in-the-news/
23 Bill & Melinda Gates Foundation (n.d.) Who we are: foundation fact sheet. Available at: https:// www.gatesfoundation.org/who-we-are/general-in- formation/foundation-factsheet
24 V. Goel and N. Wingfield (2015). Mark Zuckerberg vows to donate 99% of his Facebook shares for charity. *New York Times*, 1 December.
25 Bezos Day One Fund (website). https://www. bezosdayonefund.org/
26 C. Clifford (2019). Billionare Ray Dalio: 'Of course' rich people like me should pay more taxes. CNBC *Make It*, 8 April. Available at: https://www.cnbc. com/2019/04/08/bridgewaters-ray-dalio-of-course-rich-people-should-pay-more-taxes.html
27 PATH group (2015). The Meningitis Vaccine Proj- ect: a groundbreaking partnership. 13 June. https://www.path.org/articles/about-meningitis-vac-cine-project/
28 D. Fluskey (2019). Why fewer people are giving to charity and what we can do about it. *Civil Society*, 8 May. Available at: https://www.civilsociety.co.uk/ voices/daniel-fluskey-why-fewer-people-are-giving-to-charity-and-what-we-can-do-about-it.html
29 State Street Global Advisers (2018). Global Retirement Reality Report Ireland 2018: Ireland Snapshot. State Street Corporation.
30 GiveWell (n.d.) Top charities. Available at: https:// www.givewell.org/charities/top-charities
31 F. Reddan (2016). Charities reveal how every €1 donated is spent. *Irish Times*. 2 January.
32 C. Mortimer (2015). One in five charities spends less than half their total income on good causes, says

new report. *The Guardian.*
33 Charities Aid Foundation (2019). Charity Land- scape Report 2019. Available at: https://www.cafonline.org/about-us/publications/2019-publications/ charity-landscape-2019
34 O.F. Williams (2016). *Sustainable Development: The UN Millennium Development Goals, the UN Global Compact, and the Common Good*, John W. Houck Notre Dame Series in Business Ethics. University of Notre Dame Press.
35 M.B. Weinberger (1987.) The relationship between women's education and fertility: selected findings from the world fertility surveys. *International Family Planning Perspectives*, Vol. 13, 35–46.
36 S. Konrath (2017). Six reasons why people give their money away, or not. *Psychology Today*, 26 November.
37 S. Konrath and F. Handy (2017). The development and validation of the motives to donate scale. *Nonprofit and Voluntary Sector Quarterly*, 47: 347–375.
38 H. Cuccinello (2020). Jack Dorsey, Bill Gates and at least 75 other billionaires donating to pandemic relief. *Forbes*, 15 April. Available at https://www. forbes.com/sites/hayleycuccinello/2020/04/15/jack-dorsey-bill-gates-and-at-least-75-other-billion- aires-donating-to-pandemic-relief/#6700456621bd
39 Charities Aid Foundation (2019). CAF UK Giving 2019. Available at: https://www.cafonline.org/docs/default-source/about-us-publications/caf-uk-giv- ing-2019-report-an-overview-of-charitable-giving- in-the-uk.pdf

13 為什麼破壞地球？

1 Adventures in Energy (n.d.). How are oil and natural gas formed? Available at: http://www.adventuresinenergy.org/What-are-Oil-and-Natu- ral-Gas/How-Are-Oil-Natural-Gas-Formed.html
2 M. Vassiliou (2018). *Historical Dictionary of the Petroleum Industry* (2nd edition). Rowman & Littlefield.
3 Wikipedia (n.d.) List of countries by proven oil reserves. Available at: https://en.wikipedia.org/ wiki/List_of_countries_by_proven_oil_reserves
4 G. Liu (ed.) (2012). *Greenhouse Gases.* IntechOpen.
5 R. Jackson (2018). *The Ascent of John Tyndall: Vic- torian Scientist, Mountaineer and Public Intellectual.* Oxford University Press.
6 S. Arrhenius (1896). On the influence of carbonic acid in the air upon the temperature of the ground. *London, Edinburgh, and Dublin Philosophical Magazine and Journal of Science*, 41:251, 237–276.
7 Z. Hausfather (2017). Analysis: Why scientists think 100% of global warming is due to humans. Available at: https://www.carbonbrief.org/analysis- why-scientists-think-100-of-global-warming-is-due-to-humans
8 D. Lüthi, M. Le Floch, B. Bereiter, T. Blunier, J.M. Barnola et al. (2008). High-resolution carbon dioxide concentration record 650,000–800,000 years before present. *Nature*, 453: 379–382.
9 MuchAdoAboutClimate (2013). 4.5 billion years of the earth's temperature. 3 August. Available at: https://muchadoaboutclimate.wordpress. com/2013/08/03/4-5-billion-years-of-the-earths- temperature/
10 J. Watts (2019). 'No doubt left' about scientific consensus on global warming, say experts. *The Guardian*, 24 July. Available at: https://www. theguardian.com/science/2019/jul/24/scientif- ic-consensus-on-humans-causing-global-warm- ing-passes-99
11 J. Hansen et al. (2006). Global temperature change. *Proceedings of the National Academy of Sciences of the United States of America*, 103(39): 14288–14293. doi:10.1073/pnas.0606291103

12 J. Mouginot et al. (2019). Forty-six years of Greenland ice sheet mass balance from 1972 to 2018. *Proceedings of the National Academy of Sciences of the United States of America*, Vol. 116: 9239–9244.
13 C. Nunez (2019) Sea level rise, explained. *National Geographic*. Available at: https://www.nationalgeographic.com/environment/global-warming/sea-lev- el-rise/
14 V. Masson-Delmotte et al. (2018) IPCC Report 2018: Global Warming of 1.5°C. An IPCC Special Report on the impacts of global warming of 1.5°C above pre-industrial levels and related global greenhouse gas emission pathways. Available at: https://www.ipcc.ch/site/assets/uploads/sites/2/2019/06/SR15_Full_Report_High_Res.pdf
15 M. Bevis et al. (2019). Accelerating changes in ice mass within Greenland, and the ice sheet's sensitivity to atmospheric forcing. *Proceedings of the National Academy of Sciences of the United States of America*. Vol. 116, 1934–1939.
16 P. Griffen (2017). CDP Carbon Majors Report 2017. Available at: https://b8f65cb373b1b7b-15feb-c70d8ead6ced550b4d987d7c03fcdd1d.ssl.cf3. rackcdn.com/cms/reports/documents
17 *The Economist* (2019) Leader: A warming world. 21 September.
18 H. Ritchie and M. Roser (2020). Renewable energy. *Our World in Data*. Available at: https://ourworldindata.org/renewable-energy
19 D. Cross (2019). Engulfed in plastic: life is at risk in the planet's oceans sustainability. *The Times*. 3 September.
20 Green Home (n.d.). Energy – carbon footprint. Available at: https://www.greenhome.ie/Energy/Carbon-Footprint
21 S. Wynes and K.A. Nicholas (2017). The climate mitigation gap: education and government recommendations miss the most effective individual actions *Environmental Research Letters* 12: 074024.
22 J. Chen et al. (2019). Methane emissions from the Munich Oktoberfest. *Atmospheric Chemistry and Physics Discussions*, https://doi.org/10.5194/acp- 2019-709
23 E. Chenoweth and M. Stephan (2012). *Why Civil Resistance Works: The Strategic Logic of Nonviolent Conflict*, Columbia Studies in Terrorism and Irreg- ular Warfare. Columbia University Press.

14 為什麼不應該讓想死的人死？

1 E.J. Emanuel et al. (2016). Attitudes and practices of euthanasia and physician-assisted suicide in the United States, Canada and Europe. *JAMA* 316(1), 79–90.
2 S. Andrew (2020). Where is euthanasia legal? Three terminally ill minors choose to die in Bel- gium, new report finds. *Newsweek*, 18 January.
3 Irish Hospice Foundation (n.d.). Study Session 3: Healthcare Decision-making and the Role of Rights. Available at: http://hospicefoundation.ie/ wp-content/uploads/2013/06/Module_3.pdf
4 D. McDonald (2013). Marie Fleming loses Supreme Court 'Right-to-die' case. *Independent*, 29 April.
5 P. Hosford (2015). Gail O'Rourke found not guilty of assisting the suicide of her friend. *The Journal*, 28 April. Available at: https://www.thejournal.ie/assist- ed-suicide-a-crime-if-suicide-isnt-2073607-Apr2015/
6 Health Service Executive (n.d.). Euthanasia and assisted suicide. Available at: https://www.hse.ie/ eng/health/az/e/euthanasia-and-assisted-suicide/al- ternatives-to-euthanasia-and-assisted-suicide.html
7 I. Dowbiggin (2005). *A Concise History of Euthana- sia: Life, Death, God, and Medicine*, Critical Issues in World and International History. Rowman & Littlefield.

8 J. Lelyveld (1986). 1936 secret is out: doctor sped George V's death. *New York Times*, 28 September.
9 ProCon.org (2019). History of euthanasia and physician-assisted suicide. Available at: https://euthanasia.procon.org/historical-timeline/
10 A.M.M. Eggermont et al. (2018). Combination immunotherapy development in melanoma. *Amer- ican Society of Clinical Oncology Education Book*, 38: 197–207.
11 BBC (n.d.) Ethics of euthanasia – introduction. Available at: http://www.bbc.co.uk/ethics/euthana- sia/overview/introduction.shtml
12 J.A. Colbert et al. (2013). Physician-assisted suicide – polling results. *New England Journal of Medicine*, 369: e15.
13 J. Wood and J. McCarthy (2017). Majority of Amer- icans remain supportive of euthanasia. Gallup. Available at: https://news.gallup.com/poll/211928/ majority-americans-remain-supportive-euthana- sia.aspx
14 O. Bowcott (2019). Legalise assisted dying for ter- minally ill, say 90% of people in UK. *The Guardian*. 3 March. Available at: https://www.theguardian. com/society/2019/mar/03/legalise-assisted-dying-for-terminally-ill-say-90-per-cent-of-people-in-uk
15 Populus (2019). Largest ever poll on assisted dying conducted by Populus finds increase in support
to 84% of the public. Available at: https://www. populus.co.uk/insights/2019/04/largest-ever-poll- on-assisted-dying-conducted-by-populus-finds-in- crease-in-support-to-84-of-the-public/
16 H. Halpin (2019). 3 in 5 people in Ireland support the legalisation of euthanasia. *The Journal*, 1 December. Available at: https:// www.thejournal.ie/legalisation-euthanasia-ire- land-poll-4913894-Dec2019/
17 J. Pereira (2011). Legalising euthanasia or assisted suicide: the illusion of safeguards and controls. *Current Oncology*, 18, e38–e45.
18 M. Erdek (2015). Pain medicine and palliative care as an alternative to euthanasia in end-of-life cancer care. *Linacre Quarterly*, 82(2): 128–134.
19 S. Dierickx et al. (2018). Drugs used for euthanasia: a repeated population-based mortality follow-back study in Flanders, Belgium, 1998–2013. *Journal of Pain and Symptom Management*, 56: 551–559.
20 R.W. Olsen (1986.) Barbiturate and benzodiazepine modulation of GABA receptor binding and function. *Life Sciences* 39: 1969–76.
21 A. von Baeyer (1864). Untersuchungen über die Harnsäuregruppe. *Annalen*, 130:129.
22 C. de Bellaigue (2019). Death on demand: has euthanasia gone too far? *The Guardian*, 18 January. Available at: https://www.theguardian.com/ news/2019/jan/18/death-on-demand-has-euthana- sia-gone-too-far-netherlands-assisted-dying.
23 C. de Lore (2019). The Dutch ethics professor who changed his mind on euthanasia. *New Zealand Listener*,19 October.
24 S. Caldwell (2018). Dutch euthanasia regulator quits over dementia killings. *Catholic Herald*, 23 January.
25 S. Boztas (2018). Dutch doctor reprimanded for 'asking family to hold down euthanasia patient'. *The Telegraph*, 25 July.
26 G. Blobel (2013). Christian de Duve (1917–2013): biologist who won a Nobel Prize for insights into cell structure. *Nature*, 498: 300.
27 *Le Soir* (Belgium) (2013). Christian de Duve a choisi le moment de sa mort. Available at: https://www.lesoir. be/art/237537/article/actualite/belgique/2013-05-06/ christian-duve-choisi-moment-sa-mort

15 未來會有什麼發展？

1 M. Blitz (2018). We already know how to build a time machine. *Popular Mechanics*.

2 J. Knight (2018). France has a brand new Defense Innovation Agency. *Open Organization.* Available at: https://open-organization.com/en/2018/11/03/ francais-la-france-a-son-agence-de-linnovation- de-defense/

3 C. Fernández (2019). New Arup report reveals best and worst scenarios for the future of our planet. Arup. https://www.arup.com/news-and-events/ new-arup-report-reveals-best-and-worst-scenari- os-for-the-future-of-our-planet

4 M. Venables (2013). Why Captain Kirk's call sparked a future tech revolution. *Forbes*, 3 April.

5 A. Boyle (2017). Make it so, Alexa: Amazon adds a few new Star Trek skills to AI assistant's repertoire. *GeekWire*. 21 September. Available at: https:// www.geekwire.com/2017/make-alexa-amazon- adds-star-trek-skills-ai-assistants-repertoire/

6 J. Merkoski (2013). *Burning the Page: The eBook Rev- olution and the Future of Reading*. Sourcebooks Inc.

7 C. Peretti (2020). Instagram CEO Adam Mosseri says an episode of 'Black Mirror' inspired the decision to test hiding likes. *Business Insider*, 18 January.

8 D. Mosher (2018). The US military released a study on warp drives and faster-than-light travel. Here's what a theoretical physicist thinks of it. *IFLScience!* Available at: https://www.iflscience.com/physics/the-us-military-released-a-study-on-warp-drives-and-faster-than-light-travel-heres-what-a-theoreti- cal-physicist-thinks-of-it/

9 NASA (n.d.) Explore Moon to Mars. Available at: https://www.nasa.gov/topics/moon-to-mars/lu- nar-gateway

10 K. O'Sullivan (2019). Aviation emissions set to grow sevenfold over 30 years, experts warn. *Irish Times*. 26 January.

11 T. Gabriel (2017). Ryanair crisis: aviation industry expert warns 600,000 new pilots needed in next 20 years. *The Conversation*, 28 September. Available at: https://theconversation.com/ryanair-crisis-aviation-industry-expert-warns-600-000-new-pilots- needed-in-next-20-years-84852

12 J. Stewart (2018). A better motor is the first step towards electric planes. *Wired*, 27 September. Available at: https://www.wired.com/story/magnix-elec-tric-plane-motor/

13 P. Birch (1982). Orbital ring systems and Jacob's ladders. *Journal of the British Interplanetary Society*, 35: 475–497.

14 J. Grant (2019). How will we travel the world in 2050? *Irish Examiner*. 1 September.

15 C. Loizos (2019). Boom wants to build a superson- ic jet for mainstream passengers: here's its game plan. *TechCrunch*, 23 May. Available at: https:// techcrunch.com/2019/05/22/boom-wants-to-build-a-supersonic-jet-for-mainstream-passengers-her- es-its-game-plan/

16 C. Edwardes (2019). 'Spaceplane' that flies 25 times faster than the speed of sound passes crucial test. News.com.au, 10 April. Available at: https:// www.news.com.au/technology/innovation/inven- tions/spaceplane-that-flies-25-times-faster-than- the-speed-of-sound-passes-crucial-test/news-sto- ry/97a98211666d58448981cf636f0dc619

17 E. Seedhouse (2016). *SpaceX's Dragon: America's Next Generation Spacecraft*. Springer International.

18 SpaceX (website). Starlink Mission. Available at: https://www.spacex.com/webcast

19 NASA (n.d.). Moonbase alpha overview. Available at: https://www.nasa.gov/offices/education/programs/national/ltp/games/moonbasealpha/mbal- pha-landing-collection1-overview.html

20 BBC (2020). Yusaku Maezawa: Japanese billionaire seeks 'life partner' for Moon voyage. 13 Jaunary. Available at: https://www.bbc.com/news/world- asia-51086635
21 D. Palanker, A. Vankov and S. Baccus (2005). Design of a high-resolution optoelectronic retinal prosthesis. *Journal of Neural Engineering*, 2: S105–20.
22 C. Chang et al. (2019). Stable Immune Response Induced by Intradermal DNA Vaccination by a Novel Needleless Pyro-Drive Jet Injector. *AAPS PharmSciTech*, 21: 19.
23 S.M. McKinney, M. Sieniek and S. Shetty (2020). International evaluation of an AI system for breast cancer screening. *Nature*, 577: 89–94.
24 Phys.org (2009). Triage technology with a Star Trek twist. 27 May. Available at: https://phys.org/news/2009-05-triage-technology-star-trek.html
25 NASA (n.d.). National Space Biomedical Research Institute. Available at: https://www.nasa.gov/exploration/humanresearch/HRP_NASA/research_ at_nasa_NSBRI.html
26 B. Curley (2017). Medical device used in 'Star Trek' is now a reality. *Healthline*, 11 August. Available at: https://www.healthline.com/health-news/medical- device-used-in-star-trek-is-now-a-reality#5
27 ClinicalTrials.gov (website). https://clinicaltrials. gov/
28 ClinicalTrials.gov (2020). Trends, charts and maps. Available at: https://clinicaltrials.gov/ct2/ resources/trends
29 Microsoft (2013). IllumiRoom: peripheral project- ed illusions for interactive experiences. Available at: https://www.microsoft.com/en-us/research/ project/illumiroom-peripheral-projected-illu- sions-for-interactive-experiences/
30 J. Danaher and N. McArthur (2017). *Robot Sex: Social and Ethical Implications*. MIT Press.
31 K. Dowd (2019). Automation takes flight: a look at VC's soaring interest in robotics & drones. PitchBook. 25 March. Available at: https://pitchbook. com/news/articles/automation-takes-flight-a- lookat-vcs-soaring-interest-in-robotics-drones
32 C. Purtill (2019). Stop me if you've heard this one: a robot and a team of Irish scientists walk into a senior living home. Time, 4 October. Available at: https://time.com/longform/senior-care-robot/
33 J.D. Bernal (1929). *The World, the Flesh and the Dev- il: An Enquiry into the Future of the Three Enemies of the Rational Soul*. Kegan Paul, Trench, Trubner & Co.
34 FutureTimeline.net (n.d.) The 21st century. Avail- able at: https://www.futuretimeline.net/21stcentury/21stcentury.htm
35 Bank My Cell (n.d.) How many smartphones are in the world? Available at: https://www.bankmycell.com/blog/how-many-phones-are-in-the-world
36 L. Ying (2019). 10 Twitter Statistics Every Market- er Should Know in 2020. Oberlo, 30 November. Available at: https://ie.oberlo.com/blog/twitter-sta- tistics
37 J. D'Urso (2018). What's the least popular emoji on Twitter? *BBC Trending*, 29 July. Available at: https://www.bbc.com/news/blogs-trend- ing-44952140
38 D. Noyes (2020) The top 20 valuable Facebook statistics. *Zephoria*, April. Available at: https://zephoria.com/top-15-valuable-facebook-statistics/